Vinay Sharma
Bhumi Nath Tripathi

Biologia Molecular e Biotecnologia

Vinay Sharma
Bhumi Nath Tripathi

Biologia Molecular e Biotecnologia

Contribuições seleccionadas da Conferência Internacional - 2008

ScienciaScripts

Imprint

Any brand names and product names mentioned in this book are subject to trademark, brand or patent protection and are trademarks or registered trademarks of their respective holders. The use of brand names, product names, common names, trade names, product descriptions etc. even without a particular marking in this work is in no way to be construed to mean that such names may be regarded as unrestricted in respect of trademark and brand protection legislation and could thus be used by anyone.

Cover image: www.ingimage.com

Este livro é uma tradução do original publicado sob ISBN 978-3-8433-6029-6.

Publisher:
Sciencia Scripts
is a trademark of
International Book Market Service Ltd., member of OmniScriptum Publishing Group
17 Meldrum Street, Beau Bassin 71504, Mauritius
Printed at: see last page
ISBN: 978-620-2-72273-5

EFEITOS DA SECURA NO DESEMPENHO FOTOSSINTÉTICO, PIGMENTO E PROLINA LIVRE INTRACELULAR NA VARIEDADE *BRASSICA JUNCEA*

Shweta Mittal, Nilima Kumari e Vinay Sharma

Departamento de Ciências da Vida e Biotecnologia, Universidade de Banasthali, Rajasthan-304022

INTRODUÇÃO

O défice hídrico (vulgarmente conhecido como seca) pode ser definido como a ausência de humidade suficiente necessária para o crescimento normal e a conclusão do ciclo de vida de uma planta (Zhu, 2002). Uma planta sofre de stress de seca, quer quando o abastecimento de água às raízes se torna difícil, quer quando a taxa de transpiração se torna muito elevada, uma condição que coincide frequentemente em climas áridos e semi-áridos. A tolerância ao stress hídrico pode ser observada em quase todas as espécies vegetais, mas a sua extensão varia de espécie para espécie (Chaitanya et al., 2003). A aclimatação das plantas ao défice hídrico é o resultado de muitos mecanismos fisiológicos e bioquímicos diferentes, incluindo uma série de eventos integrados desde a percepção do sinal de stress à transdução e regulação da expressão genética, levando a alterações adaptativas no crescimento das plantas e processos físico-bioquímicos, tais como alterações na estrutura das plantas, taxa de crescimento, condutividade estomacal, potencial osmótico dos tecidos e defesa antioxidante (Kozlowski e Pallardy 2002, Zhang *et al*, 2005, Yin *et al.*, 2005, Lei *et al.*, 2006). As plantas podem evitar o stress da seca maximizando a absorção de água (p. ex., explorando as águas subterrâneas através de raízes profundas) ou minimizando a perda de água (p. ex. através do fechamento de estomas e pequenas folhas, etc.) (Kozlowski e Pallardy, 2002; Chaves et al., 2003). O défice hídrico e o stress salino são problemas globais para assegurar a sobrevivência das culturas agrícolas e a produção alimentar sustentável (Jaleel *et al.,* 2007b-e; Nakayama *et al.*, 2007). O stress hídrico grave pode levar a uma paragem na fotossíntese, a perturbações metabólicas e finalmente à morte de plantas (Jaleel *et al.,* 2008). Reduz o crescimento vegetal influenciando vários processos fisiológicos e bioquímicos tais como fotossíntese, respiração, translocação, captação de iões, hidratos de carbono, metabolismo de nutrientes e promotores de crescimento (Jaleel et *al.,* 2008a-e; Farooq *et al.*, 2008). Nas plantas, uma melhor compreensão da base morfo-anatómica e fisiológica das alterações na resistência ao stress hídrico poderia ser utilizada para seleccionar ou criar novas variedades de culturas para alcançar uma melhor produtividade em condições de stress hídrico (Nam *et al.,* 2001; Martinez *et al.*, 2007). Compreender como as plantas respondem à seca é importante e também uma componente fundamental no desenvolvimento de culturas tolerantes ao stress (Reddy *et al.*, 2004; Zhao *et al.*, 2008).

Em condições naturais, a seca ocorre geralmente em combinação com altas temperaturas e alta irradiação (Pereira e Chaves, 1993), resultando em

Fotoinibição da fotossíntese, caracterizada por uma diminuição da eficiência fotoquímica da PS II. A PS II é certamente o principal alvo dos danos foto-inibidores (Barber and Anderson, 1992), embora Genty *et al.*, (1987) e Havaux (1992) tenham concluído que a seca tem pouco efeito na função PS II. Compreender como as plantas respondem à seca e ao stress concomitante pode desempenhar um papel importante na estabilização do desempenho das culturas em condições de seca e na protecção da vegetação natural. Juntamente com o crescimento celular, a fotossíntese é um dos processos primários influenciados pela água. Os estados mais afectados na Índia são Rajasthan, partes de Gujarat, Haryana e Andhra Pradesh. O objectivo desta investigação foi determinar se os valores de fluorescência de clorofila obtidos a partir de folhas de plantas de *B.* juncea expostas à desidratação fornecem um indicador mensurável do desempenho de plantas inteiras após a seca *in situ*, e obter uma melhor compreensão das alterações das propriedades fotossintéticas das folhas entre espécies. As alterações relacionadas com o stress na composição dos pigmentos fotossintéticos alteram as assinaturas ópticas das folhas e como tal são um indicador do funcionamento da planta e do stress a curto ou longo prazo. A detecção precoce do crescimento inibido por plantas deve estar directamente relacionada com processos fundamentais na fisiologia das plantas. Um desses processos fundamentais é a fotossíntese, e o composto foi encontrado na fluorescência da vegetação. A fluorescência de clorofila é uma medida da eficiência da fotossíntese e pode por isso ser usada como indicador da saúde e vitalidade da   vegetação. Embora a fluorescência induzida pela luz tenha sido estudada durante décadas, não perdeu a sua atracção pela fisiologia experimental das plantas. Além disso, está a atrair um interesse crescente como resposta a várias tensões que poderiam ser qualificadas e quantificadas pelo comportamento de fluorescência das plantas. Nos últimos anos, o rastreio   de assinaturas de fluorescência de plantas desenvolveu-se como um instrumento específico que poderia ser utilizado para identificar a função e o estado sanitário das plantas (Dahn et al., 1992; Lichtenthaler et al., 1999; Samson et al., 2000).

O presente trabalho é uma abordagem in vivo utilizando duas variedades de *B. juncea* com sensibilidade diferente à seca. Foram cultivados hidroponicamente em condições normais e subletais de stress de cobre. Utilizámos estas duas variedades porque a sua diferente resistência à seca reflecte provavelmente uma sensibilidade mais geral diferente a múltiplas tensões. Este estudo poderia ser útil na elucidação de mecanismos não específicos de resposta ao stress. Para estudar a influência do stress hídrico na fotossíntese e possíveis diferenças entre as duas variedades a este nível, aplicámos parâmetros bioquímicos diferentes e técnicas de clorofila e fluorescência.

MATERIAIS E MÉTODOS

Material vegetal

O material vegetal era *B. juncea* var. Bio902 e Urvashi, sendo este último mais sensível à seca. Caryopses foram fornecidos pelo Centro de Ciência Agrícola (Banasthali, Rajasthan). As plantas de teste são cultivadas no solo para tratamento contra a seca. As experiências foram realizadas em plântulas de um mês cultivadas numa câmara de crescimento a 200 mol m-2 s-1 PAR com um fotoperíodo de 16 horas, temperaturas de 21/16°C (dia/noite) e 75% de humidade relativa para stress hídrico. O conjunto de plantas mantidas como controlo é irrigado diariamente com uma solução de Hoagland semi forte, e um conjunto de plantas de teste é mantido sem irrigação para indução de seca.

Medição do conteúdo da prolina

A acumulação prolinear livre foi determinada pelo método de Bates et al. [20]. 0,1 grama de peso fresco do material foliar foi homogeneizado com 3% de ácido sulfosalicílico e depois foi libertada a prolina; o homogeneizado foi centrifugado a 3000 g durante 20 minutos. O sobrenadante foi tratado com ácido acético e ninidrina, cozido durante 1 hora e depois a absorvância a 520 nm foi determinada com um espectrofotómetro visível por UV. O conteúdo da prolina foi expresso como g g-1FW.

Determinação dos pigmentos

O teor de clorofila foi determinado em 80% de extractos de acetona de 0,1 g de segmentos de folhas de acordo com o método do Arnon (1949). A concentração total de carotenóides de absorção foi estimada em 480 (Davies 1976).

Medidas de Clorofila-a-Fluorescência

As medições de clorofila-fluorescência foram realizadas com o analisador de rendimento de fotossíntese miniaturizada de amplitude de pulso modulada (Mini-PAM) de correspondente à luz quando um impulso de luz saturada de 800ms de duração (LQWHQVLW\ 3000 ɜPRO. P-2.s-1) é sobreposto aos níveis de luz ambiente predominantes (Schreiber and Bilger, 1993). Foram obtidas curvas de resposta imediata da luz com o programa de curva da luz do Mini-PAM, em que a intensidade da luz actínica foi aumentada durante 4 min em 8 passos consecutivos dentro de 30 s. A luz foi fornecida pela lâmpada de halogéneo interna do instrumento, utilizando a fibra óptica e o suporte da pinça de lâmina.

A determinação dos pontos cardeais através de curvas de resposta à luz foi realizada de acordo com os métodos de Genty *et al.*, 1989.

Análise estatística

Os resultados foram expressos como valor médio ± S.E.M. A análise estatística foi realizada utilizando uma análise de variância unidireccional (ANOVA). Seguido do teste de comparação múltipla post-hoc de Tukey com SPSS (versão 16.0) e Student's't' test com Sigmaplot (versão 8.0). Os valores de P<0,01 e P<0,05 foram considerados estatisticamente significativos.

RESULTADOS E DISCUSSÃO:

Efeitos da seca sobre o conteúdo de pigmentos fotossintéticos:

Alterações no conteúdo/concentração de pigmentos fotossintéticos líquidos numa base de peso fresco na terceira fase de *B. juncea* foram utilizadas para determinar o papel dos pigmentos sob stress de seca. As taxas de clorofila total, cl a, cl b, cl a:cl b, carotenóide e car:cl variam significativamente em 1% e 5% para ambas as espécies (Tabela). O teor total de cloro diminuiu de 0,69g/g para 0,48g/g para a var Bio902 e diminuiu de 0,71g/g para 0,37g/g para a var Urvashi. Em contraste, observámos um ligeiro aumento do   seu conteúdo na var bio902 durante os primeiros dias de indução de stress, enquanto que uma diminuição contínua foi observada na var Urvashi. Inicialmente, o conteúdo de carotenóides aumentou, mas a sua degradação ocorreu durante a experiência de 6,20g/g para 4,69g/g para a var Bio902, não se observou tal aumento na var Urvashi, enquanto que uma diminuição contínua de 6,61g/g para 2,69g/g foi observada. A diferença entre os contcúdos carotenóides foi considerada estatisticamente significativa (*níveis P< 0,01* e P< 0,05) *para* ambas as variedades. Chl b não foi fortemente influenciado nos primeiros dias de stress, mas uma forte diminuição foi observada nos últimos dias, com uma diminuição pronunciada da var Urvashi, e as diferenças foram estatisticamente significativas para ambas as variedades de B juncea. Quantidades mais elevadas de Chl a foram degradadas significativamente (*P<0,01*) na var Urvashi, mas a degradação foi observada em ambas as variedades com um ligeiro aumento na fase inicial de stress na var Bio902. Globalmente, foi encontrado um aumento no rácio de Chl a:Chl b e as diferenças foram estatisticamente significativas para ambas as variedades. A diminuição da relação Chl a:Chl b inicialmente aumentou bt nas últimas fases de stress da var Bio902, mas tal aumento não foi encontrado em Var Urvashi. Foram obtidos resultados interessantes na relação Car:Chl em Var Bio902, a relação Car:Chl diminuiu inicialmente até ao dia 4, após o qual a relação começou a aumentar de 6,25 g/g para 7,89 g/g, mas uma diminuição global foi encontrada em Var Urvashi durante o decurso da experiência. Os resultados Até agora, Bio902 tem mostrado mais tolerância ao stress da seca em comparação com a var Urvashi de *B. juncea.*

Foram utilizadas alterações no teor de clorofila para avaliar o impacto do stress ambiental no crescimento e rendimento das plantas, e estudos anteriores demonstraram que o teor de clorofila diminui normalmente sob stress devido à sua lenta síntese ou rápida degradação (Majumdar *et al.*, 1991). Os pigmentos fotossintéticos são importantes para as plantas, especialmente para a colheita ligeira e a produção de forças redutoras. Tanto a clorofila a como a clorofila b são susceptíveis à secagem do solo (Farooq *et al.*, 2009). No entanto, os carotenóides desempenham um papel adicional e ajudam as plantas a resistir, até certo ponto, ao stress da seca. No nosso estudo, o stress ligeiro e moderado da seca resultou num pequeno aumento do teor total de clorofila por unidade de peso das folhas frescas, o que pode, em certa medida, ser devido à diminuição do teor relativo de água (RWC) das folhas durante a seca. A diminuição significativa do teor de clorofila nas plantas sob stress severo de seca indicou que a clorofila pode estar sujeita a alguma degradação. Uma diminuição mais forte no Var Urvashi indica que o var Urvashi é mais sensível às deficiências hídricas do que o var Bio902. O stress da seca levou a alterações na proporção de clorofila "a" e "b" e carotenóides (Anjum *et al.* , 2003b; Farooq *et al.*, 2009). Foi relatada uma redução no teor de clorofila no algodão em estresse hídrico (Massacci *et al.*, 2008) e *Catharanthus roseus* (Jaleel *et al.*, 2008a-d). O teor de clorofila diminuiu para um nível significativo com défices de água mais elevados nas plantas de girassol (Kiani *et al.*, 2008) e no *Vaccinium myrtillus* (Tahkokorpi *et al.*, 2007). Os carotenos formam uma parte importante da defesa antioxidante das plantas V\VWHP, EXW WKH\ DUH YHU\ VXVFHSWLEOH WR R[LGDWLYH GHVWUXFWLRQ. ü-Caroteno, que ocorre nos cloroplastos de todas as plantas verdes, está ligado exclusivamente aos complexos centrais de PS I e PS II (Havaux, 1998).

Manirannan *et al*, (2007) descobriram a depressão da clorofila a e b e da clorofila total em plantas de *Helianthus annuus L.* sob stress hídrico. Foram realizados numerosos estudos para investigar o efeito interactivo da seca e das diferenças varietais sobre os pigmentos fotossintéticos da beterraba sacarina. Van der Beek e Hoffman. Abdul Jaleel, *et al. descobriram que* ambas as variedades *Catharanthus* roseus mostraram uma redução significativa no conteúdo de pigmentos fotossintéticos. Foram relatados rácios aumentados de clorofila devido ao stress ambiental em folhas de espinafre (Delfine et al., 1999). Uma elevada proporção de clorofila também indica uma mudança na proporção PS II/PS I em folhas em stress (Anderson, 1986). Burd e Elliott (1996) relataram que o local primário dos danos pode ser a proteína do centro de reacção, proteína D1, que tem uma alta taxa de rotação mesmo em condições fotossintéticas normais (Heldt 1997). Além disso, a proporção de

Auto:Chl aumentou significativamente durante a seca na var Bio902. O conteúdo de carotenóides e a relação carro/cloro estão correlacionados com a capacidade dos mecanismos de protecção solar (Boardman 1977). Os carotenóides têm funções essenciais na fotossíntese e na protecção solar. Uma vez que os carotenóides servem como agentes protectores das membranas celulares, a remoção de pigmentos carotenóides pode levar à degradação das membranas (Timko 1998). Isto pode ajudar a explicar as semelhanças nos padrões de perda de carotenóides e clorofilas nas variedades susceptíveis e resistentes de *B. juncea*. Para além do seu papel estrutural, são conhecidos pela sua actividade antioxidante ao extinguirem 3Chl e 1O2, inibindo a peroxidação lipídica e estabilizando membranas (Demmig-Adams e Adams 1992, Frank e Cogdell 1996, Niyogi 1999). Desempenham também um papel crucial na montagem do complexo de colheita de luz e na dissipação não-radiativa do excesso de energia (Streb et al. 1998, Munné-Bosch e Alegre 2000). A diminuição significativa do teor de carotenóides na var Bio902 sob grave seca indicou que a seca provocou um stress oxidativo significativo devido à acumulação de ROS. Uma elevada taxa de crescimento corresponde geralmente a um elevado teor de Chl, enquanto uma elevada relação carro/cloro está associada a uma baixa taxa de crescimento e a uma maior tolerância à seca. Em geral, uma elevada relação Car/Chl significa que se investe mais em Car para protecção solar do que em Chl para melhorar a assimilação de C. Além disso, a correlação negativa entre a taxa de crescimento das plantas e outros índices relacionados com a tolerância à seca, tais como a prolina e o teor de proteínas, mostrou que as plantas sob stress de seca investirão mais em mecanismos de protecção contra o stress do que no crescimento.

Neste estudo, o teor de prolina atingiu um máximo nas plantas aclimatadas pela seca. Foi observada uma acumulação de prolina em ambas as variedades, de 15,17g/g a 131,44g/g para a var Bio902 e de 16,70 a 105,47g/g para a var Urvashi. A diferença na acumulação em linha não foi significativa no início, mas durante a experiência a diferença tornou-se estatisticamente significativa em 1% e 5%. A acumulação de prolina foi muito elevada para a var Bio902 em comparação com a var Urvashi.

A acumulação em linha nas plantas em stress hídrico pode desempenhar um papel de osmólita para manter as organelas, levando à folha esverdeada quando exposta ao estado de défice hídrico (Yamada *et al.*, 2005; Sankar *et al.*, 2007; Safarnejad, 2008). Os dados sugerem que as plantas podem ter desenvolvido um mecanismo para coordenar as actividades de síntese, catabolismo e transporte para a acumulação de prolelines. Durante a experiência descobrimos que a variedade Bio902 mostrou um maior aumento no conteúdo de prolina do que a variedade Urvashi. É possível que estas diferenças se devam a uma upregulação de enzimas de decomposição prolina, tais como a prolina desidrogenase (PDH) em plântulas Bio902 propensas à seca. Isto

Os resultados provam que as plântulas de Bio902 mantêm a sua prolina a um nível consistentemente elevado através de uma gestão adequada e são resistentes ao stress da seca. As diferenças médias no conteúdo da prolina em ambas as variedades foram significativas ao nível de 0,05. Isto significa que a variedade Bio902 tinha uma maior tolerância ao stress de seca do que a variedade Urvashi.

Verificámos também que a var Bio902 não acumulou significativamente a prolina sob um ligeiro stress de seca, mas à medida que a seca durou mais tempo e se intensificou, a quantidade de prolina livre aumentou acentuadamente, atingindo um nível muito superior ao da var Urvashi. Em conclusão, o crescimento e as características fisiológicas das duas variedades de *B. juncea* foram influenciados pela disponibilidade de água e estas respostas adaptativas ao stress da seca dependem do momento e da intensidade do défice hídrico; o stress da seca prolongada inibiu significativamente o crescimento das plantas, o aumento do teor de carotenóides e a acumulação de prolina livre e proteínas com a seca prolongada. A acumulação em linha poderia responder ao stress como a temperatura, a seca e a fome (Sairam *et al.*, 2002). Os altos níveis de prolina permitem que uma planta mantenha um baixo potencial hídrico. Ao reduzir o potencial de água, a acumulação de osmólitos compatíveis envolvidos na osmoregulação permite a absorção de água adicional do ambiente, amortecendo assim o efeito imediato da escassez de água no organismo (Kumar et al., 2003).

Comparando a proteína celular total, torna-se claro que a seca induziu uma forte reacção de adaptação em ambas as variedades de *B. juncea.* A tendência geral que as plantas mostraram foi a estimulação da síntese proteica durante a indução do stress. Foi observado um aumento no teor de proteínas em ambas as variedades até um certo nível de 1,42g/g a 4,67g/g e 1,83g/g a 2,95g/g para a var Bio902 e Urvashi respectivamente, mas também foi observada degradação nos últimos dias da experiência.

O conteúdo de proteínas solúveis em organismos, um importante indicador de alterações reversíveis e irreversíveis no metabolismo, é conhecido por responder a uma variedade de factores de stress, tais como os naturais e xenobióticos (Singh e Tewari, 2003). Neste estudo, o teor de proteína solúvel nas plântulas de *B. juncea foi* aumentado pelo stress hídrico. É possível que estas diferenças se devam a uma upregulação da síntese proteica e ao aumento das actividades enzimáticas em Bio902 em condições de seca. As curvas de 30 minutos de folhas escuras adaptadas têm um ponto de partida bem definido a partir do qual mostram uma diminuição acentuada com intensidades de luz muito baixas. Dependendo da hora do dia em que as medições foram efectuadas, um pequeno turno i¨n)/)P' YDOXHV ZDV REVHUYHG dentro das curvas de Resposta à Luz Instantânea Após o cálculo de uma melhor regressão sobre todos os pontos de dados, obtém-se uma curva característica de resposta luminosa para o sistema em investigação.

sob stress de seca. Todos os pontos cardinais calculados com

O ajustamento de regressão diminuiu sob ambas as cargas em *B. juncea* com uma redução pronunciada na var Urvashi. A actividade de transporte fotossintético de electrões sob PS II foi reduzida.

Sabe-se que o stress da seca inibe a actividade fotossintética nos tecidos devido a um desequilíbrio entre a captura da luz e a sua utilização (Foyer e Noctor, 2000). A regulação para baixo da actividade PS II conduz a um desequilíbrio entre a produção e utilização de electrões, o que aparentemente leva a alterações no rendimento quântico. Estas alterações na fotoquímica dos cloroplastos nas folhas das plantas em stress de seca levam à dissipação do excesso de energia luminosa no núcleo e na antena PS II, produzindo espécies de oxigénio activo potencialmente perigosas em condições de stress de seca (Peltzer *et al.*, 2002). A seca não só causa uma perda dramática de pigmentos, como também leva a uma desorganização das membranas tilacóides (Ladjal *et al.*, 2000). Ficou demonstrado que as reacções fotoquímicas associadas à PS II são mais susceptíveis à seca. A redução da fotossíntese em plantas de *Myracrodruon urundeuva* sob seca deveu-se principalmente à oclusão estomacal e não aos danos da PS II (Queiroz *et al.*, 2002). Nas plantas de café em condições de seca foi observada uma retenção parcial do rendimento quântico da PS II, apesar da supressão da fotossíntese. Neste caso, alguns processos poderiam contribuir para a manutenção do fluxo de electrões, tais como a reacção Mehler e o processo fotorrespiratório (Lima *et al.*, 2002). Sob grave seca, porém, os declínios na fotossíntese foram atribuídos a fenómenos foto-inibidores associados à sobreexcitação da PS II (Angelopoulos *et al.*, 1996).

A seca pode também afectar diferentes fases do ciclo de desenvolvimento invisível. E avaliar a tolerância à seca com base no rendimento é um exercício a muito longo prazo. Portanto, o desenvolvimento de uma técnica rápida, fiável e menos invasiva como a fluorescência de clorofila no contexto do rastreio de tolerância à seca parece importante e benéfica. Tem havido uma controvérsia de longa data sobre a utilização de outros parâmetros para além do rendimento para o rastreio de tolerância à seca. Lawlor (1995) argumentou que não existe uma relação directa entre parâmetros fisiológicos como a taxa de fotossíntese e o rendimento das colheitas. As provas recentes mostraram, no entanto, o contrário. Por exemplo, Mann (1999) relatou uma boa correlação entre o aumento da taxa fotossintética e o aumento do rendimento das culturas, enquanto Mitchell *et al* (1999) encontraram um aumento médio de 50% na fotossíntese num único genótipo de trigo de Primavera, que está associado a sete

locais na Europa (Alemanha, Reino Unido, Irlanda, Bélgica e Holanda), que aumentaram os rendimentos dos cereais em 35%, em média. Ainsworth *et al.* , (2002) relataram aumentos comparáveis na fotossíntese e no rendimento em grãos de soja sob níveis elevados de CO_2. Por conseguinte, a utilização de outros parâmetros para além do rendimento para o rastreio das culturas torna-se cada vez mais aceitável quando se obtêm provas para diferentes culturas de diferentes partes do mundo. Neste contexto, a fluorescência de clorofila provou ser uma ferramenta rápida e não invasiva para estudar a actividade do sistema fotográfico II da máquina de fotossíntese na folha da planta.

Autor correspondente:
Prof. Vinay Sharma
e-mail: vinaysharma30@yahoo.co.uk

Quadro 1: Teor de clorofila nas variedades de B. juncea expostas ao stress hídrico 2, 4, 6 e 8 dias após o tratamento

Diversidade do B. Juncea	Dias	Carotenóides (g /g FW)	Chl b (g /g FW)	Chl a (g /g FW)	Chl total (g /g FW)	Chl a:Chl b	Automóvel : Chl
Orgânico 902	0	6.20 ± 0.018	0.25 ± 0.006	0.69 ± 0.001	0.94 ± 0.007	2.79 ± 0.058	6.62 ± 0.027
	2	6.35 ± 0.010	0.27 ± 0.004	0.72 ± 0.001	0.99 ± 0.005	2.66 ± 0.040	6.40 ± 0.022
	4	5.68 ± 0.020	0.24 ± 0.002	0.67 ± 0.002	0.91 ± 0.001	2.75 ± 0.034	6.25 ± 0.026
	6	5.46 ± 0.015	0.22 ± 0.002	0.65 ± 0.001	0.87 ± 0.002	3.01 ± 0.033	6.30 ± 0.028
	8	4.69 ± 0.013	0.12 ± 0.001	0.48 ± 0.001	0.59 ± 0.002	4.07 ± 0.030	7.89 ± 0.010
Urvashi	0	6,61 ± 0,015 de	0,28 ± 0,003 de	0.70 ± 0.001 b	0,97 ± 0,004 de	2,51 ± 0,027 de	6,79 ± 0,009 de
	2	6,46 ± 0,038 de	0.26 ± 0.002 b	0,68 ± 0,001 de	0,94 ± 0,003 de	2.64 ± 0.012	6,85 ± 0,022 de
	4	5,44 ± 0,010 de	0,22 ± 0,001 de	0,65 ± 0,001 de	0,87 ± 0,002 de	3,01 ± 0,025 de	6.25 ± 0.022
	6	4,57 ± 0,015 de	0.21 ± 0.005	0,53 ± 0,001 de	0,74 ± 0,005 de	2,56 ± 0,055 de	6,16 ± 0,038 de
	8	2,69 ± 0,010 de	0,09 ± 0,002 de	0,37 ± 0,003 de	0,47 ± 0,004 de	4.03 ± 0.064	5,78 ± 0,030 de

Os valores são expressos como valor médio ± SD para triplicados (n=3)
[a] indica diferenças estatisticamente significativas a $p < 0,001$ entre os respectivos controlos de duas variedades
[b] indica diferenças estatisticamente significativas a $p < 0,005$ entre os respectivos controlos de duas variedades.

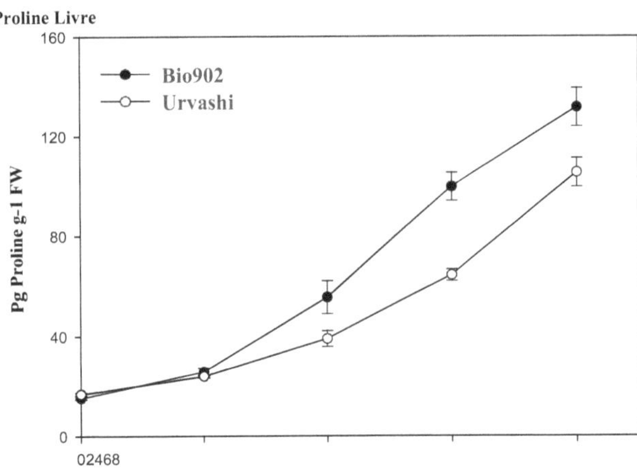

Quadro 2: Teor de prolina livre em B. juncea variedades expostas ao stress hídrico 2, 4, 6 e 8 dias após o tratamento

Diversidade	Dias	Sistema de controlo g Proline g-1 FW	Sublinhado g Proline g-1 FW
Orgânico 902	0	15.17 ± 0.48	15.17 ± 0.48
	2	15.33 ± 0.18	25.69 ± 1.52
	4	15.25 ± 0.18	55.46 ± 6.48
	6	15.37 ± 0.18	99.81 ± 5.55
	8	15.45 ± 0.18	131.44 ± 7.59
Urvashi	0	16.70 ± 0.54	16.70 ± 0.54
	2	16.98 ± 0.21	23.88 ± 0.66
	4	16.94 ± 0.14	38.97 ± 3.10b
	6	16.70 ± 0.07	64,37 ± 2,28ab
	8	16.58 ±0.18	105,47 ± 5,64ab

Os valores são expressos como valor médio ± SD para triplicados (n=3)
[a] indica diferenças estatisticamente significativas a p<0,001 entre os respectivos controlos de duas variedades
[b indica] diferenças estatisticamente significativas a p<0,005 entre os respectivos controlos de duas variedades.

Quadro 3. pontos cardeais das linhas de regressão das dependências do PPFD em relação à taxa aparente de transporte de electrões (ETR) e rendimento quântico efectivo ¨( )/)P') IRU WZR YDULHWLHV RI
B. juncea sob seca

Diversidade do *B. Juncea*	Dias	ETRmax (mol m-2 s-1)	PPFDsat (mol m-2 s-1)	½PPFDsat (mol m-2 s-1)	¨)/)P' VDW	½¨)/)P' VDW
Bio902 (controlo)	0	114 ± 2.52	1090 ± 1.85	230 ± 10.00	0.26 ± 0.01	0.58 ± 0.03
	2	107 ± 3.05	1040 ± 20.0	228 ± 3.00	0.23 ± .007	0.53 ± 0.03
	4	111 ± 6.65	1075 ± 13.0	201 ± 7.00	0.30± 0.015	0.61 ± 0.02
	6	106 ± 2.00	1033 ± 11.0	208 ± 12.0	0.26 ± 0.02	0.6 ± 0.01
	8	112 ± 1.15	1058 ± 7.60	211 ± 10.4	0.25 ± 0.01	0.57 ± .005
Bio902 (sublinha do)	0	114 ± 2.52	1090 ± 1.85	230 ± 10.00	0.26 ± 0.01	0.58 ± 0.03
	2	132 ± 10.39	1210 ± 3.59	243 ± 5.77	0.33 ± 0.02	0.59 ± 0.01
	4	93 ± 11.72	813 ± 5.77	173 ± 11.55	0.28 ± 0.05	0.61 ± 0.03
	6	44 ± 2.00	693 ± 11.55	153 ± 5.77	0.15 ± 0.06	0.48 ± 0.01
	8	37 ± 2.31	657 ± 49.33	93 ± 11.55	0.11 ± 0.02	0.49 ± 0.01
Urvashi (controlo)	0	123 ± 1.15	1190 ± 10.00	223 ± 5.77	0.25 ± 0.01	0.62 ± 0.02
	2	113 ± 2.30	1016 ± 10	198 ± 7.6	0.25 ± 0.015	0.58±0.036
	4	116 ± 3.4	1058 ± 2.8	201 ± 208	0.24 ± 0.02	0.57 ± .001
	6	116 ± 1.52	1034 ± 6.02	207 ± 2.5	0.23 ± 0.011	0.61 ± .02
	8	120 ± 2	1028 ± 7.6	211 ± 3.6	0.26 ± 0.01	0.61 ± .02
Urvashi (sublinha do)	0	123 ± 1.15	1190 ± 10.00	223 ± 5.77	0.25 ± 0.01	0.62 ± 0.02
	2	86 ± 2.00	1167 ± 5.77	213 ± 60.28	0.21 ± 0.03	0.56 ± 0.02
	4	68 ± 9.17	777 ± 15.28	81 ± 10.07	0.18 ± 0.08	0.65 ± 0.04
	6	39 ± 3.06	673 ± 15.28	90 ± 8.66	0.13 ± 0.02	0.44 ± 0.02
	8	33 ± 1.15	630 ± 26.46	67 ± 5.77	0.11 ± 0.05	0.52 ± 0.05

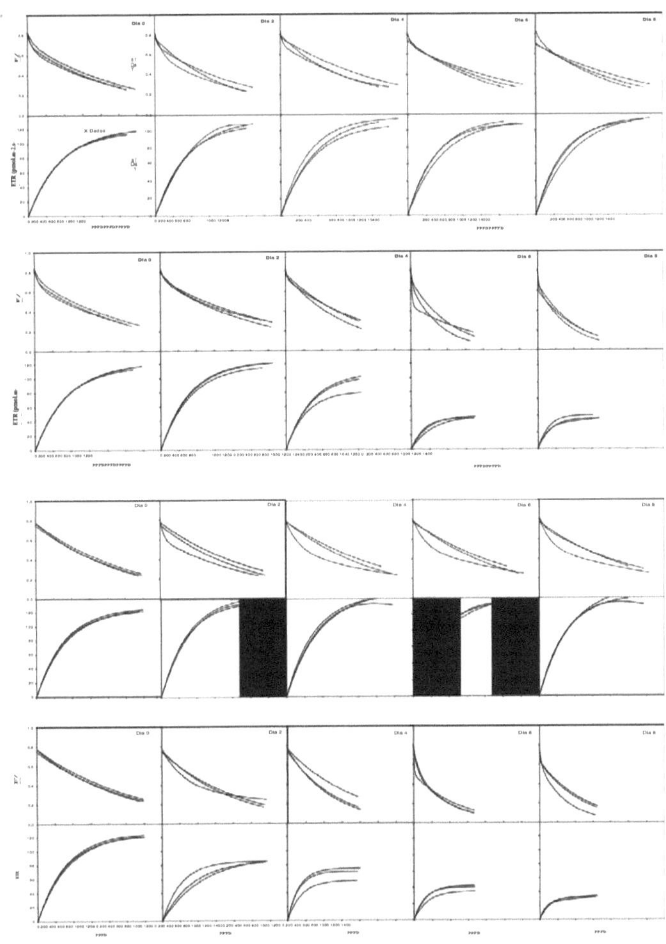

REFERÊNCIAS:

Ainsworth, E.A., Davey, P.A. e Bernacchi, C.J. (2002). Uma meta-análise do aumento dos efeitos $[CO_2]$ na fisiologia, crescimento e rendimento da soja (*Glycine max*). *Alterações globais Biologia* 8: 695-709.

Anderson, J.M. (1986). Fotoregulação da composição, função e estrutura das membranas tilacoides. *Annu Rev Plant Physiol*, 37: 93-136.

Angelopoulos, K., B. Dichio e C. Xiloyannis. 1996. inibição da fotossíntese nas oliveiras (*Olea europaea* L.) durante o stress hídrico e a rega *J. Exp. Bot.* 301:1093–1100.

Anjum, F., M. Yaseen, E. Rasul, A. Wahid e S. Anjum (2003). Stress hídrico na cevada (*Hordeum vulgare* L.). II. influência na composição química e no teor de clorofila. *Paquistão J. Agricultura. Ciência.* , 40: 45-49.

Barber, J., Andersson, B. (1992) Demasiadas coisas boas: A luz pode ser má para a fotossíntese. *Tendências em bioquímica*. Sci. 17:61-66.

Bilger, W.; Schreiber, U.; Bock, M. (1995). Determinação da eficiência quântica do photosistema II e têmpera não fotoquímica da fluorescência de clorofila no campo. *Oecologia*, v. 102, no. 4, pp. 425-432.

Burd, J. D., e N. C. Elliott (1996). Alterações na cinética da indução da clorofila-fluorescência em cereais infestados pelo afídeo russo do trigo (Homoptera: Aphididae). *J. Econ. Entomol.* 89: 1332Ð1337.

Chaitanya, K. V., Sundar, D., Yutur, P. P., Reddy, A. R. (2003). Efeitos do stress hídrico na fotossíntese em diferentes variedades de amora. *Regulação do crescimento das plantas*. 40, 75–80.

Chaves MM, Pereira JS, Maroco J, Rodrigues ML, Ricardo CPP, Oso'rio ML, et al. 2002: How plants deal with water stress in the field: fotossíntese e crescimento. *Anais de Botânica,* 89: 907-916.

Chaves MM, Maroco JP, Pereira JS. (2003). Compreender as respostas das plantas à seca - desde os genes até à planta inteira. *Biologia vegetal funcional*, 30: 239-264.

Dahn H., K. Gunther, W. Ludeker, (1992). Characterization of Drought Stress in Maize and Wheat Canopies by Spectrally Resolved Laser Induced Fluorescence, EARSeL *Adv. note by the editor*, Volume 1, pp. 12-19.

Demig-Adams, B., Adams. III W.W. (1992). Composição carotenóide ao sol e folhas de sombra de plantas com diferentes formas de vida. *Planta, célula e ambiente* 15, 411-419.

Farooq, M., S.M.A. Basra, A. Wahid, Z.A. Cheema, M.A. Cheema e A. Khaliq (2008). Papel fisiológico da glicina betaína exógena aplicada na melhoria da seca

Tolerância ao arroz aromático de grão fino (*Oryza sativa* L.). *J. Agron. Plant Sciences*, 194: 325- 333.

Foyer, C.H. & Noctor, G. (2005). Sinalização oxidativa e anti-oxidante nas plantas: uma reavaliação do conceito de stress oxidativo num contexto fisiológico. *Célula vegetal e ambiente* 28: 1056-1071.

Frank, H.A., e R.J. Cogdell. (1996). Carotenóides durante a fotossíntese. *Fotoquímica. Photobiol.* 63:257-264.

Genty, B., Briantais, J.M., Vieira Da Silva, J.B. (1987). Efeitos da seca nos processos de fotossíntese primária das folhas de algodão. *Planta Physio* 83, 360-364.

Genty, B., Briantais, J.M., Baker, N.R. (1989). A relação entre o rendimento quântico do transporte fotossintético de electrões e a extinção da fluorescência de clorofila. *Biochimica et Biophysica Acta* 990: 87-92.

Havaux, M. e F. Tardy (1999). Perda de clorofila com redução limitada da fotossíntese como resposta adaptativa da cevada síria a um elevado stress de luz e calor. *Australian J. Plant Physiol.*, 26(6): 569 - 578.

Havaux, M., (1992). Tolerância ao stress do sistema fotográfico II *in vivo*. Efeitos antagónicos da água, do stress térmico e da foto-inibição. *Fisiologia Vegetal* 100, 424-32.

Heldt, H. W. (1997). A utilização de energia da luz solar por fotossíntese, S. 39Ð59. *Em* bioquímica vegetal e biologia molecular. Instituto de Bioquímica Vegetal, *Oxford University Press*, NY.

Jaleel, C.A., P. Manivannan, B. Sankar, A. Kishorekumar, R. Gopi, R. Somasundaram e R. Panneerselvam, 2007a. *Pseudomonas fluorescens* aumenta a produção de biomassa e ajmalicina em *Catharanthus roseus* sob stress hídrico deficitário. *Surf coloidal. B: Bio-interfaces*, 60/7-11.

Jaleel, C.A., P. Manivannan, B. Sankar, A. Kishorekumar, R. Gopi, R. Somasundaram e R. Panneerselvam, 2007b. Redução do stress hídrico causado pelo cloreto de cálcio em *Catharanthus roseus*; efeitos sobre o stress oxidativo, metabolismo da prolina e acumulação de alcalóides internos. *Surf coloidal. B: Bio-interfaces*, 60: 110-116.

Jaleel, C.A., P. Manivannan, A. Kishorekumar, B. Sankar, R. Gopi, R. Somasundaram e R. Panneerselvam, 2007c. Alterações na osmoregulação, enzimas antioxidantes e níveis de alcalóides internos em *Catharanthus roseus* expostos a um défice hídrico *Surf coloidal. B: Bio-interfaces*, 59: 150-157.

Jaleel, C.A., P. Manivannan, B. Sankar, A. Kishorekumar, R. Gopi, R. Somasundaram e R. Panneerselvam, 2007d. Indução de tolerância ao stress da seca por ketoconazole em

O Catharanthus roseus é mediado pelo aumento do potencial antioxidante e pela acumulação de metabolitos secundários. *Os colóides surfam. B: Bio-interfaces*, 60: 201-206.

Jaleel, C.A., P. Manivannan, B. Sankar, A. Kishorekumar, S. Sankari e R. Panneerselvam, 2007e. O paclobutrazol aumenta a fotossíntese e a produção de ajmalicina em *Catharanthus roseus*. *Processo Bioquímico*, 42: 1566-1570.

Jaleel, C.A., B. Sankar, P.V. Murali, M. Gomathinayagam, G.M.A. Lakshmanan e R. Panneerselvam, 2008. efeitos do stress do défice hídrico no metabolismo reactivo do oxigénio em *Catharanthus roseus*; efeitos na acumulação de ajmalicina. *Surf coloidal. B: Interfaces de Io*,

62: 105–111.

Kiani, S.P., P. Maury, A. Sarrafi e P. Grieu (2008). Análise QTL de parâmetros de fluorescência de clorofila em girassóis (*Helianthus annuus* L.) em condições bem irrigadas e encharcadas. *Plant Sci.*, 175: 565-573.

Kozlowski, T.T., Pallardy, S.G. (2002). Aclimatação e respostas adaptativas das plantas lenhosas ao stress ambiental. *Bot Rev* 68:270-334.

Kumar, S. G., Mattareddy, A., Sudhakar, C. (2003). Efeitos de NaCl no metabolismo da prolina em dois genótipos de alto rendimento da amoreira (*Morus alba* L.) com tolerância ao sal contrastante *Plant Sci.* 165, 1245-1251.

Ladjal, M., Epron, D. e Ducrey, M. (2000). Efeitos do pré-condicionamento da seca sobre a tolerância térmica do sistema fotográfico II e a susceptibilidade da fotossíntese ao stress térmico nas plântulas de cedro. Fisiologia das Árvores 20, 1235-1241.

Advogado, D.W. (1995). Fotossíntese, produtividade e o ambiente. *Journal of Experimental Botany* 46: 1449-1461.

Lichtenthaler, H., Wenzel O., Buschmann, C., Gitelson, A. (1999). Recognition of plant stress by reflection and fluorescence, *Annals New York Academy of Sciences*, pp. 271-285.

Lima, A.L.S., Da Matta, F.M., Pinheiro, H.A., Tótola, M.R., Loureiro, M.E. (2002). Reacções fotoquímicas e stress oxidativo em dois clones de *Coffea canephora* em condições de défice hídrico. *O ambiente. Exp. Bot.* 47:239-247.

Majumdar, S., Ghosh, S., Glick, B.R., Dumbroff, E.B. (1991) Activities of chlorophyllase, phosphoenolpyruvate carboxylase and ribulose-L,5-bisphosphate carboxylase in primary soybean leaves during senescence and drought. *Planta de Fisiol* 81: 473-480.

Manirannan, P., Abdul Jaleel, C., Sankar, B., Kishore kumar A., Somasundaram, R., Lakshmanan, G.M. e Panneerselvam, R. (2007). Crescimento, modificações bioquímicas e prolonga o metabolismo em *Helianthus annuus L.* como resultado do stress da seca. *Colóides e superfícies B: Interfaces biológicas*, 59(2): 141-149.

Man, G.C. (1999). Os cientistas vegetais procuram uma nova revolução. *Ciência*. 283: 310-314. Martinez, J.P., Silva, H., Ledent, J.F. e Pinto, M. (2007). Efeito do stress da seca na adaptação osmótica, elasticidade da mudança celular e volume celular de seis variedades de feijão de jardim (*Phaseolus vulgaris* L.). *Europeu J. Agron*, 26: 30-38.

Massacci, A., Nabiev, S.M., Pietrosanti, L., Nematov, S.K., Chernikova, T.N., Thor K. e Leipner, J. (2008). Reacção do aparelho fotossintético do algodão (*Gossypium hirsutum*) ao início do stress de seca em condições de campo, investigado pela análise de trocas gasosas e imagens de fluorescência de clorofila. *Fisiologia vegetal. bioquímica.*

Mitchell, R. A. C., Black, C. R., Burkart, S., Burke, J. I., Donnelly, A., de Temmerman, L, Fangmeier, A., Mulholland, B. J., Theobald, J. C. e van Oijen, M. (1999). Reacções fotossintéticas no trigo de Primavera cultivado sob elevadas concentrações de CO2 e condições de stress na experiência europeia multi-site "ESPACE wheat". *European Journal of Agronomy* 10: 205-214.

Munne-Bosch, S., Alegre, L. (2000). Alterações nos carotenóides, tocoferóis e diterpenos durante a seca e recuperação e o significado biológico da perda de clorofila nas plantas de *Rosmarinus* officinalis. *Planta* 210: 925-931.

Nam, N.H., Y.S. Chauhan e C. Johansen (2001). Influência do tempo de seca stress no crescimento e na produção de grãos das linhas de pombo com uma vida útil extra curta. *J. Agrícola. Ciência.* , 136: 179- 189.

Niyogi, K.K. (1999). Fotoprotecção retomada: Genética e abordagens moleculares. *Annu. Rev. Fisiol Vegetal. Planta Mol. Biol.* 50:333-359.

Peltzer, D., E. Dreyer e A. Polle (2002). Dependência da temperatura de enzimas antioxidantes em duas espécies contrastantes. *Fisiol vegetal. bioquímica.* , 40: 141-150.

Pereira, J.S., Chaves, M.M. (1993) Pflanzenwasserdefizite in mediterranen Ökosystemen. In: Smith JAC, Griffiths J (Hrsg.), Water Deficits - Plant Responses from Cell to Community, *Bios Scientific Publishers, Oxford* S.221-235.

Queiroz, C.G.S., Garcia, Q.S., Lemos Filho, J.P. (2002). Actividade fotossintética e peroxidação de lípidos de membrana em plantas de arroz sob stress hídrico e após reidratação. *Braz. J. Fisiol Vegetal.* 14:59-63.

Reddy, A.R., K.V. Chaitanya e M. Vivekanandan (2004). Reacções induzidas pela seca de fotossíntese e metabolismo antioxidante em plantas superiores. *J. Plant Physiol.*, 161: 1189-1202.

Samson, G., Tremblay, N., Dudelzak, A., Babichenko, S., Dextraze, L., Wollring, J. (2000). Stress nutritivo das plantas de milho: Detecção precoce e diferenciação com um lidar compacto de fluorescência multi-comprimento de onda, EARSeL e-Proceed., Dresden,.

Safarnejad, A, 2008 Respostas morfológicas e bioquímicas ao stress osmótico na alfafa (*Medicago sativa* L.). *Pak. J. Bot.* , 40: 735-746.

Sairam, R. K., Veerbhadra Rao, K., Srivastava, G. C. (2002). Resposta diferente dos genótipos do trigo ao stress da salinidade a longo prazo, dependendo do stress oxidativo, da actividade antioxidante e da concentração de osmolil. *Plant Sci.* 163, 1037-1046.

Sankar, B., Jaleel, C.A., Manivannan, P., Kishorekumar, A., Somasundaram, R. e Panneerselvam, R. (2007). Alterações bioquímicas relacionadas com a seca e o metabolismo da prolina em *Abelmoschus esculentus* (L.) Moench. *Acta. Bot. croata.* , 61: 43-56.

Schreiber, U., Bilger, W. (1993). Progresso na investigação da fluorescência da clorofila: uma revisão dos desenvolvimentos mais importantes dos últimos anos. *Progresso em botânica* 54:151-173.

Singh, P.K., Tewari, R.K. (2003). A toxicidade do cádmio induziu alterações nas relações hídricas das plantas e no metabolismo oxidativo das plantas de *Brassica juncea* L. *J. Ambiente. Biol.*, *24*: 107-112.

Streb, P., Shang, W., Feierabend, J., Bligny, R. (1998). Estratégias divergentes de protecção da luz para plantas de alta montanha. *Planta* 207: 313-324.

Tahkokorpi, M., Taulavuori, K., Laine, K. e Taulavuori, E. (2007). Rescaldo do stress de Inverno relacionado com a seca no ano passado e no ano corrente Estirpes de *Vaccinium myrtillus*

L. *Os arredores. Exp. Bot.* , 61: 85–93.

Timko, deputado. (1998). Biossíntese de pigmentos: clorofilas, heme e carotenóides, pp. *in* J. D. Rochaix, M. Goldschmidt-Clemont und S. Merchant [Hrsg.], The molecular biology of chloroplasts and mitochondria in chlamydomonas. *Kluwer Academic Publishers*, Niederlande. 377-414.

Yamada, M., Morishita, H., Urano, K., Shiozaki, N., Yamaguchi-Shinozaki, K., Shinozaki, K. e Yoshiba, Y. (2005). Efeitos da acumulação de prolina livre em petúnias sob stress de seca. *J. Exp. Bot.* , 56: 1975-1981.

Yin, C., Wang, X., Duan, B., Luo, J., Li, C. (2005). Crescimento precoce, distribuição de matéria seca e eficiência na utilização da água de duas espécies de Populus Sympatric afectadas pelo stress hídrico. *Ambiente. Exp. Bot.* 53, 315-322.

Zhang, X.B., Aguilar, E., Sensoy, S., Melkonyan, H., Tagiyeva, U., Ahmed, N., Kutaladze, N., Rahimzadeh, F., Taghipour, A., Hantosh, T.H., Albert, P., Semawi, M, Ali, M.K, Al-Shabibi, M.H.S., Al-Oulan, Z., Zatari, T., Khelet, I.A., Hamoud, S., Sagir,

R., Demircan, M., Eken, M., Adiguzel, M., Alexander, L., Peterson, T.C., Wallis, T. (2005). Desenvolvimento de extremos climáticos no Médio Oriente de 1950 a 2003. *J Geophys Res-Atmosfera* 110:D22104.

Zhao, C.X., Guo, L.Y., Jaleel, C.A., Shao, H.B. e Yang, H.B. (2008). Perspectivas para a análise dos mecanismos moleculares adaptáveis às plantas para melhorar as variedades de trigo em zonas secas. *Rendimento comp. Biol.* , 331: 579-586.

Zhu, J.K. (2002). Trandução de sinais de stress salino e de seca nas plantas. *Annu.Rev. Plant Biol.* , 53: 247-273.

TECNOLOGIA DE CÉLULAS ANIMAIS: UMA ALTERNATIVA À UTILIZAÇÃO DE ANIMAIS NA INVESTIGAÇÃO

Veena Garg* e Nidhi Sharma

Departamento de Biociências e Biotecnologia, Universidade de Banasthali (Raj.)

A experimentação animal/ensaios em animais é a utilização de animais não humanos para experiências científicas. Estima-se que entre 50 e 100 milhões de vertebrados - desde zebrafish a primatas não humanos - são utilizados em todo o mundo todos os anos. [1] A investigação é realizada em universidades, escolas médicas, empresas farmacêuticas, explorações agrícolas, instituições de defesa e instalações comerciais que fornecem testes em animais para a indústria. [2] Inclui tanto a investigação básica como a genética, biologia do desenvolvimento, estudos comportamentais e investigação aplicada como a investigação biomédica, xenotransplantação, testes de drogas e toxicologia, incluindo testes cosméticos. Os animais são também utilizados para a educação, criação e investigação de defesa. Há informações de que apenas 20% da investigação pode ser elevada a este nível e 80% do que vai para os laboratórios não tem nada a ver com seres humanos. [3]

Os defensores desta prática, como a British Royal Society, argumentam que praticamente todas as realizações médicas do século XX dependeram de alguma forma do uso de animais[4], embora o Institute for Laboratory Animal Research of the U.S. National Academy of Sciences argumente que mesmo computadores altamente sofisticados são incapazes de modelar as interacções entre moléculas, células, tecidos, órgãos, organismos e o ambiente, o que em algumas áreas requer investigação animal. [5] Algumas organizações não governamentais tais como PETA e BUAV questionam a necessidade desta investigação. Estes opositores apresentam uma série de argumentos: que é cruel, que é uma má prática científica, que os efeitos no ser humano não podem ser previstos de forma fiável, que os custos superam os benefícios, ou que os animais têm um direito inerente de não serem utilizados em experiências. [6]

Há um consenso geral de que a vida animal não deve ser tomada deliberadamente, e os regulamentos exigem que os cientistas utilizem o menor número possível de animais. [7] Contudo, enquanto os decisores políticos vêem o sofrimento como uma questão central e a eutanásia animal como uma forma de reduzir o sofrimento, outros, como a RSPCA, argumentam que as vidas dos animais de laboratório têm um valor intrínseco. [8] Os regulamentos concentram-se em saber se certos métodos causam dor e sofrimento, não em saber se a sua morte é intrinsecamente indesejável. [9] Os animais são eutanizados no final de estudos de amostragem ou exames post-mortem durante os estudos, quando a sua dor ou sofrimento se enquadram em certas categorias consideradas inaceitáveis, tais como depressão, infecções que não respondem ao tratamento, ou quando animais de grande porte não comem durante cinco dias [10] ou quando são impróprios para a reprodução ou de outra forma indesejáveis. [11]

Os métodos de eutanásia dos animais de laboratório são escolhidos de tal forma que rapidamente ficam inconscientes e morrem sem dor e sem dor ou dor dolorosa. [12] É dada preferência aos métodos publicados pelos veterinários. O animal pode ser induzido a inalar um gás, tal como monóxido de carbono e dióxido de carbono, sendo colocado numa câmara, ou usando uma máscara facial, com ou sem sedação ou anestesia prévia. Sedativos ou anestésicos tais como barbitúricos podem ser administrados por via intravenosa ou podem ser usados anestésicos inalados. Anfíbios e peixes podem ser imersos em água contendo um anestésico como o Tricain. São também utilizados métodos físicos, com ou sem sedação ou anestesia, dependendo do método. Os métodos recomendados incluem a decapitação (decapitação) de pequenos roedores ou coelhos. Em aves, ratos, ratos e coelhos imaturos, pode ser realizado um deslocamento da coluna cervical (partir o pescoço ou a coluna vertebral). A maceração (esmagamento em pequenos pedaços) é utilizada em pintos de um dia de idade. A irradiação de microondas de alta intensidade do cérebro pode preservar o tecido cerebral e causar a morte em menos de 1 segundo, mas actualmente isto só é utilizado em roedores. Podem ser utilizados parafusos presos, tipicamente em cães, ruminantes, cavalos, porcos e coelhos. Provoca a morte por uma concussão. O tiro pode ser utilizado, mas apenas nos casos em que um parafuso penetrante não deve ser utilizado. Alguns métodos físicos só são aceitáveis se o animal estiver inconsciente. Bovinos, ovelhas, porcos, raposas e martas podem ser electrocutados após os animais estarem inconscientes, muitas vezes através de um tratamento prévio de electrochoque. Os tubos medulares (inserção de uma ferramenta na base do cérebro) são aplicáveis aos animais que já estão inconscientes. O congelamento lento ou rápido ou embolia aérea só é aceitável com anestesia prévia para induzir a inconsciência. [13]

Apesar da utilização em grande escala de animais de laboratório em vários estudos de diagnóstico e farmacêuticos, nas últimas duas décadas desenvolveu-se em todo o mundo uma sensibilização e aceitação da utilização de métodos alternativos aos estudos de segurança com animais de laboratório. A maioria dos cientistas e governos dizem que concordam que os testes em animais devem causar o mínimo de sofrimento possível e que devem ser desenvolvidas alternativas aos testes em animais. Os princípios orientadores para a utilização de animais na investigação em muitos países reflectem-se nos "três Rs", ou seja, redução, aperfeiçoamento e substituição. Em 1954, Charles Hume, o fundador da Federação Universitária para o Bem-Estar Animal (UFAW), fez uma proposta original à UFAW para os três Rs de ter em conta alternativas à experimentação animal e de mudar os estudos científicos para a experimentação animal. Contra este pano de fundo, o microbiologista R. L. Burch e o zoólogo W. M. S. propuseram os três Rs.

Russell publicou o livro 'The Principles of Humane experimental technique'[14] em Londres em 1959. Este livro definiu as alternativas de experimentação animal 'The three Rs'. A **redução** refere-se a métodos que permitem aos investigadores obter informação comparável de menos animais ou mais informação do mesmo número de animais. **Refinamento refere-se a** métodos que aliviam ou minimizam a dor, sofrimento ou angústia potenciais e melhoram o bem-estar dos animais ainda em uso. A **substituição refere-se à** utilização preferencial de métodos não animais em detrimento de métodos animais sempre que seja possível alcançar o mesmo objectivo científico.

Duas importantes alternativas às experiências invivas em animais são as técnicas de cultura de células in vitro e a simulação por computador do insilico. Contudo, tem sido relatado que estes métodos não podem substituir completamente os animais, uma vez que provavelmente nunca fornecerão informação suficiente sobre a interacção completa dos sistemas vivos. [15] Mesmo assim, estas alternativas são capazes de reduzir o número de animais utilizados. Outras alternativas que não são objecto desta crítica incluem a utilização de humanos para testes de irritação cutânea e a doação de sangue humano para estudos de pirogenicidade. Outra alternativa é a chamada micro-dose, em que o comportamento básico dos medicamentos é avaliado em voluntários humanos que recebem doses muito abaixo daquelas em que se esperam efeitos em todo o corpo. [16] Apesar da introdução e desenvolvimento de várias alternativas, a tecnologia de células animais (ACT) mudou rapidamente na última década, de um instrumento de investigação e tecnologia altamente especializada para um recurso de inovação chave na investigação e desenvolvimento farmacêutico. [17] A tecnologia/citotecnologia da cultura celular é actualmente a alternativa mais bem sucedida e promissora à utilização de animais, que pode ser claramente decifrada a partir dos exemplos seguintes.

- As células cultivadas foram desenvolvidas para produzir anticorpos monoclonais. Antes da introdução da citotécnica, os animais tinham de ser submetidos a um procedimento que poderia causar dor e angústia antes da produção. [18]

- Testes equivalentes em pele humana podem substituir os estudos de decapagem animal. Dois produtos, Epiderm [19] e EpiSkin [20], são derivados de células de pele humana cultivadas para produzir um modelo de pele humana. Estes métodos são actualmente aceites como substitutos no Canadá e na União Europeia. [21]

- Vários métodos de cultura de tecidos que medem a taxa de absorção química através da pele foram aprovados pela Organização para a Cooperação e Desenvolvimento Económico (OCDE), embora ainda não tenham sido aprovados como substitutos nos EUA.

- A fototoxicidade é uma erupção cutânea, inchaço ou inflamação, tal como queimadura solar grave, causada pela exposição à luz após exposição a um produto químico. O teste de fototoxicidade 3T3 Neutral Red Uptake (NRU) aprovado pela Organização para a Cooperação e Desenvolvimento Económico (OCDE) demonstra a viabilidade das células 3T3 (originalmente derivadas de um embrião de rato) após exposição a um produto químico na presença ou ausência de luz.

- Os pirogénios são geralmente produtos farmacêuticos ou drogas administradas por via intravenosa que podem causar inflamação ou febre quando interagem com as células do sistema imunitário. Esta interacção pode ser testada rápida e precisamente *in vitro* com sangue humano doado (especialmente células sanguíneas).

Devido a estas possibilidades de aplicação versáteis, a citotécnica é a técnica mais bem sucedida e preferida. Permite a produção de uma gama de bioprodutos em grande escala. A tecnologia de células animais pode ser definida como a parte da biotecnologia que utiliza células animais propagadas *in vitro* para a produção de bioprodutos e como uma ajuda na descoberta e teste de medicamentos. Reduz significativamente o número total de animais utilizados para fins preventivos, terapêuticos ou de diagnóstico.

Para além das aplicações acima mencionadas, a tecnologia de células animais também provou ser útil no desenvolvimento de várias vacinas. Para este efeito, os cientistas isolaram o material de base de uma vacina, por exemplo, as bactérias e vírus responsáveis, que muitas vezes se revelaram ser a causa de várias doenças infecciosas. Nos primeiros tempos, a indústria de vacinas utilizava animais como coelhos infectados artificialmente para a vacina da raiva ou vacas para a vacina da varíola como fonte de alguns dos vírus necessários para as vacinas virais. As bactérias e toxinas também serviram de base para as vacinas bacterianas. Entre 1920 e 1950, foram desenvolvidas e introduzidas vacinas virais e bacterianas contra doenças como a febre tifóide, a difteria, a tuberculose, o tétano, a cólera, a tosse convulsa, a gripe e a febre amarela. Contudo, no início da década de 1950, estavam disponíveis técnicas de cultivo de células de animais para a produção de vírus. As vacinas de vírus baseadas na tecnologia de células animais podem conter variantes vivas mas inofensivas do agente infeccioso, os chamados vírus atenuados, ou podem conter vírus mortos. Estas primeiras aplicações da tecnologia de células animais salvaram milhões de vidas humanas e animais ao longo dos últimos 30 anos. Entre os anos 50 e 1985, a citotécnica e os avanços simultâneos de outras técnicas levaram à introdução de vacinas humanas contra várias doenças como a poliomielite, sarampo, papeira, rubéola, hepatite B e varicela zoster.

Os vírus são uma ferramenta poderosa para a transferência genética e, por conseguinte, há um interesse crescente em todo o mundo no seu uso potencial em terapias genéticas. O Grupo ACT é

Desenvolvimento de processos integrados robustos, escaláveis e compatíveis com cGMP para a produção e purificação de vectores virais recombinantes para a transferência de genes. Os vectores virulentos de interesse são o adenovírus (AV), o vírus adeno-associado (AAV), o retrovírus (RV) e o baculovírus (BacMam), todos eles com potencial para serem vectores virais para transferência de genes. O grupo está a desenvolver métodos que utilizam células SF9 de insectos (derivadas do verme de queda do exército) para BacMam e AAV e células HEK293 para AdV, AAV e RV. A equipa de investigação conseguiu realizar um processo médio de 100 ltr. de suspensão-soro livre para a expressão de vectores de adenovírus recombinantes em grande escala. Além disso, desenvolveu um novo processo com uma linha de células de embalagem HEK293 para retrovírus. O grupo também desenvolveu técnicas de cromatografia escalável para a purificação de vectores virais. [22]

Nos primeiros tempos da tecnologia de células animais, as culturas de células primárias eram utilizadas para produzir vacinas a fim de aumentar a produção e o número de animais tinha de ser aumentado. Como esta tecnologia rapidamente se tornou o método preferido para a produção de vacinas virais, o desenvolvimento visava aumentar a eficiência do processo e reduzir a utilização de animais para a cultura de células. Um verdadeiro avanço foi o desenvolvimento de linhas de células contínuas. Para este fim, as células são retiradas dos animais e reproduzidas *in vitro* sob certas condições para aumentar grandemente o número de células disponíveis para a produção do vírus. Ocasionalmente, são criados alguns clones de células que podem crescer indefinidamente. Estas células são cultivadas para criar "bancos de células" compostos por muitas alíquotas do mesmo tipo de células. Isto elimina a necessidade de repor as células, salvando a vida de inúmeros animais cujos órgãos e vidas teriam sido necessários para a produção dos vírus necessários. Ainda mais importante foi o efeito na qualidade. A utilização de bancos de células estaminais altamente caracterizados eliminou a variabilidade entre animais e reduziu grandemente a possibilidade de introdução acidental de agentes infecciosos de animais.

O acelerador e mediador na tecnologia de células animais era "engenharia genética" ou "tecnologia de ADN recombinante". Esta tecnologia torna possível inserir a codificação da informação genética das proteínas de interesse em células adequadas para a reprodução à escala industrial. A tecnologia permite a produção eficiente de muitas proteínas que anteriormente não estavam disponíveis ou não estavam disponíveis em quantidades suficientes. A tecnologia do DNA recombinante, juntamente com a tecnologia dos hibridomas, promoveu a utilização da tecnologia das células animais para a produção de vacinas e, em particular, a sua utilização para compostos terapêuticos ou de diagnóstico naturais. A lista de produtos resultantes destes métodos inclui medicamentos para o tratamento de

Doenças cardiovasculares (activador do plasminogénio tecidual: tPA), fibrose cística (DNases), anemia (eritropoietina: EPO), hemofilia (factores de coagulação VIII e IX), cancro e infecções virais (interferões) e nanismo (hormona de crescimento humano: hGH). A lista inclui também muitos anticorpos monoclonais utilizados como agentes de diagnóstico e muitos mais estão em fase final de ensaios clínicos como terapêutica. As vacinas são também produzidas a partir de células animais geneticamente modificadas. Estes exemplos mostram a enorme influência da tecnologia das células animais na melhoria da saúde humana e animal (Ram e Reed).

O tipo de produto requerido determina a escolha da linha celular, ou seja, animais/microorganismos derivados. Todos estes sistemas têm as suas vantagens e desvantagens. Embora os microorganismos sejam mais fáceis de cultivar do que as células animais, estas últimas têm algumas propriedades úteis. Em organismos superiores, muitas modificações pós-traducionais têm lugar antes de serem libertadas no ambiente da célula. Estas modificações são frequentemente necessárias para a actividade biológica do produto. As células animais recombinantes são capazes de modificar e secretar proteínas da mesma forma que o fazem nas fontes originais. No sistema microbiano, no entanto, estas modificações raramente são levadas a cabo de forma completa ou correcta. A partir disto, pode-se concluir que os sistemas microbianos tendem a ser utilizados para proteínas relativamente pequenas e simples sem modificações pós-tradução extensivas, tais como a insulina. Os sistemas de células animais são utilizados principalmente para proteínas grandes e complexas que requerem modificações pós-tradução pela sua bioactividade, tais como o activador do plasminogénio tecidual (tPA) ou eritropoietina (EPO). Em alguns casos, contudo, a produção de uma substância é possível quer num sistema de células animais quer num sistema microbiano. Por exemplo, a hormona de crescimento humano e o interferon-alfa, que não implicam modificação pós-tradução, podem ser produzidos quer em células animais quer em microrganismos. Nesses casos, as considerações do fabricante, tais como custos de produção ou facilidade de limpeza, determinarão a escolha dos sistemas.

Além disso, a substituição de células estaminais por experiências em animais é a última tendência na tecnologia de células animais. Diz-se que a tecnologia R.E. tox, que se baseia na investigação de células estaminais, irá substituir num futuro próximo milhares de experiências em animais. O método determina se uma substância danifica as células durante o desenvolvimento embrionário. O Centro Europeu para a Validação de Métodos Alternativos (ECVAM) confirmou que o método R.E. Toxicidade fornece resultados válidos de um ponto de vista científico.

A partir disto, pode-se concluir que a tecnologia de células animais pode ser utilizada para reduzir o consumo de animais de laboratório. Devido ao refinamento crescente dos procedimentos no ACT, as experiências em animais estão a tornar-se mais sofisticadas. Ao mesmo tempo, o progresso tecnológico está a ter lugar nesta área.

de modo a que num futuro próximo seja possível a substituição de animais de laboratório em experiências/ensaios.

REFERÊNCIAS

"Vivisection FAQ, British Union for the Abolition of Vivisection; "The Ethics of research involving animals", Nuffield Council on Bioethics, Abschnitt 1.6.

"Introduction", Relatório do Comité Especial para os animais em procedimentos científicos, Parlamento do Reino Unido.

Sapontzis, S. F., Capítulo 1 "O caso contra a investigação invasiva com animais", Os animais de laboratório na investigação biomédica.

A utilização de animais não humanos na investigação: um guia para cientistas The Royal Society, 2004, página 1

"Science, Medicine and Animals", Institute for Laboratory Animal Research, publicado pelo National Research Council of the National Academies 2004; página 2

Croce, Pietro. *Vivisecção ou ciência? Uma investigação sobre testes de drogas e cuidados de saúde.* Zed books, 1999.

Flecknell P (2002): "Replace, Reduce and Refine" (Substituir, Reduzir e Refinar). *ALTEX* : PMID 12098013.

Committee on Animal Process Engineering: Review of the cost-benefit assessment of the use of animals in research The Committee on Animal Process Engineering, Junho de 2003, pp. 46 - 7.

Carbone, Larry, "Eutanásia", em Bekoff, M. e Meaney, C. Encyclopedia of *Animal Rights and Animal Welfare* Greenwood Publishing Group, pp. 164-166, citado em Carbone 2004, pp. 189-190.

"Euthanasia Guidelines", Resources for Laboratory Animals, Universidade de Minnesota.

Close, Bryonyl et al. "Recommendations on euthanasia of laboratory animals: Part 1", *Experimental animals, Volume* 30, Número 4, Outubro de 1996, p. 295.

Guidelines for the care and use of laboratory animals, edição de 1996, secção eutanásia na p. 65.

AVMA Guidelines on Euthanasia, edição de Junho de 2007 Relatório do Painel AVMA sobre Eutanásia, disponível a partir de 8 de Fevereiro de 2008.

RussellWMSandBurchRL   .   Theremovalofinhumanity   :

         ThethreeR'   s

(http://altweb.jhsph.edu/publications/humane_exp/chap4d.htm). Recuperado em 2007-05-24. Lipinski e Christopher. Navegar no espaço químico para biologia e medicina. Natureza, 2004; 432 (7019): 855-861.

Rowland Malcolm. Microdosagem e os 3 Rs. Substituição, aperfeiçoamento e redução de animais em Forschung.

http://nc3rs.org.uk/downloaddoc.asp?id=339&page=193&skin=0.Retrieved 2007-09-22.

Carrondo, manual J. T, Grffiths, Bryan, Moreira, Joselp (Eds.), Animal Cell Technology, 1997, pp- 836, ISBN- 978-0-07923-4321-9.

Escola de Saúde Pública John Hopkins Bloomberg.

http://altweb.jhsph.edu/mabs/ascites.htm. Recuperado em 2007-09-20.

EpiDermAutoridades reguladoras dos EUA (http://www.mattek.com/pages/news/wn009).

Humanskintoreplaceanimaltests-New Scientist (http://www.newscientist.com/article/mg19526144.100)

Amines A., actividades de investigação no domínio da tecnologia das células animais. Conselho Nacional de Investigação Cnada, 2009.

O Teste de Fototoxicidade de Imagem Vermelha Neutra 3T3 (NRU) - MB Research Labs (http://3t3nru.mbresearchlabs.com/background.htm)

*Autor.

D r.Veena Garg, Professor Associado

Biosc. e Biotech. Universidade Banasthali (Raj.)

Fax: 01438-228365 E-mail: gargveenain2003@yahoo.com

DEGRADAÇÃO DO ANTRACENO POR UMA NOVA ESTIRPE *BRACHYBACTERIUM PARACONGLOMERATUM* BMIT637C (MTCC 9445)

Madhuri K. Lily, Ashutosh Bahuguna, Koushalya Dangwal, Veena Garg*

Departamento de Biotecnologia, Instituto de Tecnologia Moderna (MIT), Dhalwala, Rishikesh-249201, Uttarakhand, Índia

** Faculdade de Ciências da Vida e Biotecnologia, Universidade Banasthali, Rajasthan, Índia Autor correspondente: e-mail: gargveenain2003@yahoo.com, Tel. Ph: 01438-228368; Fax: 01438-228365*

Sumário executivo

Os hidrocarbonetos aromáticos policíclicos (HAP) são uma classe de compostos constituídos por três ou mais anéis de benzeno fundidos em formação angular ou de aglomerados e são considerados ecologicamente significativos devido à sua potencial toxicidade para organismos mais elevados e à sua resistência ao ataque microbiano. Muitos PAHs, incluindo antraceno, fenantreno, acenafteno, acenafteno, fluoranteno, pireno, benzo[a]pireno (BaP) & benzo[a]antraceno (BAA), são altamente cancerígenos, genotóxicos e citotóxicos. O antraceno, um hidrocarboneto aromático tricíclico, causa muitos problemas relacionados com a saúde e os efeitos ambientais. É libertado por combustão incompleta de combustíveis em veículos motorizados. Encontra-se em altas concentrações em sedimentos contaminados com HAP, solos superficiais e aterros sanitários. O antraceno serve como um composto de assinatura para a detecção de contaminação por HAP, uma vez que a sua estrutura química é encontrada em HAP cancerígeno. Também tem sido utilizado como modelo para PAHs para determinar os factores que afectam a biodisponibilidade, potencial de biodegradação e taxa de degradação microbiana dos PAHs no ambiente. Portanto, o presente estudo visava isolar bactérias capazes de utilizar o antraceno como única fonte de carbono e energia.

A cultura pura da estirpe bacteriana BMIT637C foi isolada de solo contaminado por automóveis, com meio mineral de sal basal suplementado com antraceno (0,5mg/ml) como a única fonte de carbono e energia. A estirpe bacteriana foi identificada e caracterizada com base em reacções morfológicas, coloração, testes bioquímicos e análise de 16 S rDNA.

Dois parâmetros foram utilizados para caracterizar a actividade de degradação do antraceno BMIT637C, incluindo o estudo da cinética da biodegradação do antraceno através da avaliação dos subprodutos do antraceno por análise espectroscópica UV a 254 nm e o impacto do antraceno na viabilidade do BMIT637C foi analisado pelo

"

método de medição das Unidades Formadoras de Colónias (UFC)/ml

A estirpe bacteriana BMIT637C foi identificada e caracterizada como *Brachybacterium paraconglomeratum* **BMIT637C (MTCC 9445, NCBI GenBank adesão no. EU125186).** A análise espectroscópica UV a 254 nm mostrou que *Brachybacterium paraconglomeratum* **BMIT637C** é capaz de degradar **70,32%** do antraceno em 10 dias, indicando que é um produtor eficaz de degradação do antraceno. Estes dados foram ainda confirmados pelo método indirecto, ou seja, o método de contagem CFU, que mostrou que a biomassa do **BMIT637C** aumentou rapidamente do zero dia, CFU/ml nº 2x107, para 4.020 x ^{1052} no 6º dia de incubação, conseguindo um aumento de 2 x $^{1045 \ vezes}$ na biomassa, indicando a utilização do antraceno como única fonte de carbono e energia. A UFC/ml diminuiu drasticamente no dia 7 e depois diminuiu lentamente para zero após o dia 10. A diminuição da UFC/ml após 6 dias pode ser devida ao esgotamento do antraceno ou à acumulação de metabolitos tóxicos no meio de cultura. Este é o primeiro relatório que implica o papel de *Brachybacterium* na degradação dos hidrocarbonetos poliaromáticos. *Em resumo, Brachybacterium* **paraconglomeratum BMIT637C (MTCC 9445) é capaz de degradar o antraceno de forma muito eficiente e poderia servir como melhor candidato à bioremediação de sítios contaminados com HAP.**

Palavras-chave: HAP, biorremediação, antraceno, *paraconglomerato de Brachybacterium* estirpe BMIT637C (MTCC9445), espectroscopia UV, unidades formadoras de colónias/ml

INTRODUÇÃO

Os hidrocarbonetos aromáticos policíclicos (HAP) compreendem uma classe de compostos constituídos por três ou mais anéis de benzeno fundidos em ângulo ou formação de clusters, constituídos unicamente por átomos de carbono e hidrogénio (Launen et al., 1995).

Os hidrocarbonetos aromáticos policíclicos (HAP) e os compostos heterocíclicos são considerados ambientalmente relevantes devido à sua potencial toxicidade para organismos mais elevados e à sua resistência ao ataque microbiano (Kanaly & Harayama, 2000). Os HAP são formados como resultado da combustão incompleta de combustíveis fósseis e estão, portanto, presentes numa variedade de produtos tais como alcatrão, carvão, fuligem, petróleo, óleos de corte e fumo de tabaco (Agência Internacional para a Investigação do Cancro, 1983). Alguns HAP são altamente cancerígenos, genotóxicos e citotóxicos (Boldrin et al., 1993; Cerniglia, 1993). Muitos PAHs, incluindo antraceno, fenantreno, acenafteno, acenafteno, fluoranteno, pireno, benzo[a]pireno (BaP) & benzo[a]antraceno (BAA), são sensíveis ao ambiente nos Estados Unidos

Lista de poluentes prioritários da Agência (Cerniglia, 1981). A HAP e os seus derivados foram reconhecidos como as principais causas de cancro do pulmão, anemia, asma, esplenomegalia, cancro da bexiga e da mama, etc. nos seres humanos (Doll & Peto, 1981; Okana-Mensah et al., 2005; Booker & White, 2005; Hazra et al., 2004; Miller et al., 2005).

O antraceno, juntamente com outros hidrocarbonetos aromáticos policíclicos (HAP), é um contaminante persistente e tóxico do solo (Hyotylainen et al., 1999, Juhasz e Naidu, 2000, Lotufo, 1997). Entre os vários HAP emitidos durante a combustão do combustível, o antraceno, um hidrocarboneto aromático tricíclico, causa muitos problemas relacionados com os efeitos na saúde e no ambiente. É libertado devido à combustão incompleta dos combustíveis presentes nos veículos a motor. Encontra-se em altas concentrações em sedimentos contaminados com HAP, solos superficiais e aterros sanitários. Este poluente hidrofóbico está amplamente distribuído no ambiente e ocorre como um componente natural dos combustíveis fósseis e dos seus produtos de pirólise antropogénica (Cerniglia, 1992; Kanaly & Harayama, 2000).

O antraceno mostra toxicidade para peixes e algas e mostra bioacumulação na cadeia alimentar (Sutherland et al., 1990; Sutherland et al., 1992). O antraceno serve como um composto de assinatura para a detecção de contaminação por HAP porque a sua estrutura química é encontrada em HAP carcinogénico. Também tem sido utilizado como modelo para PAHs para determinar os factores que afectam a biodisponibilidade, potencial de biodegradação e taxa de degradação microbiana dos PAHs no ambiente (Bouchez et al., 1995; Cerniglia, 1992; Kanaly & Harayama, 2000; Sutherland et al., 1995). A poluição por HAP é normalmente encontrada nos locais das fábricas de gás e das instalações de preservação da madeira. Bioremediação é uma solução económica e ecologicamente atraente para a limpeza destes locais (Kastner e Mahro, 1996).

A degradação microbiana desempenha um papel importante na remoção de HAP de sedimentos e solos de superfície contaminados. A capacidade de degradar HAP é demonstrada por vários grupos de organismos, incluindo bactérias, fungos e algas (Cerniglia, 1992; Cerniglia, 1993; Hammel, 1995; Sutherland et al., 1995; Muncnerova & Augustin, 1994; Feitkenhauer et al., 1996; Kanaly e Harayama, 2000; Van Hamme et al., 2003). Tendo em conta os problemas acima mencionados, deve ser adoptada uma abordagem para isolar micróbios que possam degradar o antraceno e os seus subprodutos, que podem ser nocivos para a saúde humana e animal. Com o objectivo de remediação e remoção do antraceno do ambiente, o presente estudo centra-se no isolamento e caracterização de bactérias que podem degradar o antraceno.

MATERIAIS E MÉTODOS

Produtos químicos e reagentes

Todos os produtos químicos e reagentes de maior pureza foram adquiridos à HiMedia, Glaxo e Merck Pvt. Ltd. Índia.

Meios de comunicação e condições culturais

O meio mineral basal (BSM) utilizado para o enriquecimento de bactérias degradantes do antraceno continha (por litro) 0,38 g KH2PO4, 0,6 g K2HPO4, 0,2 g MgSO4.7H2O, 1,0 g NH4Cl e 0,05 g FeCl3; o pH foi ajustado para 7,0. O caldo de nutrientes autoclavado continha 5 g de peptona, 5 g de NaCl, 3 g de extractos de carne, 3 g de extractos de levedura por litro em água bidestilada. Todos os meios sólidos continham 1,5% de ágar juntamente com BSM ou caldo de nutrientes. A solução de reserva de antraceno (10 mg/ml) foi preparada em dimetilformamida e esterilizada com um conjunto de filtro de microsseringa Millipore (0,45 m de porosidade).

Enriquecimento e isolamento de bactérias degradantes do antraceno

Uma amostra de solo contaminado com HAP foi retirada de uma oficina de reparação automóvel em Hardwar, Uttarakhand, Índia. As culturas de enriquecimento foram realizadas no BSM contendo antraceno (0,5 mg/ml) como a única fonte de carbono e energia. Uma amostra de solo contaminado com HAP foi utilizada como inóculo. Para este fim, o solo contaminado com automóveis foi suspenso em BSM (10% p/v) durante 10 minutos com agitação vigorosa e depois deixado a descansar à temperatura ambiente durante uma hora. O sobrenadante foi removido e diluído em série até [10-9.] 100 3O A suspensão do solo diluída com LQRFXOXP RI [10-7] foi aplicada a uma placa de ágar BSM suplementada com antraceno (0,5 mg/ml) como única fonte de carbono e energia. As placas foram incubadas durante uma semana a 37oC nos sacos de plástico transparente para preservar a humidade. As 10 colónias bacterianas maiores obtidas na placa de BSM-antraceno foram retiradas assepticamente e novamente seleccionadas na placa de BSM-antraceno para obter a sua cultura pura.

Rastreio das mais eficientes bactérias degradantes do antraceno

Para rastrear as mais eficientes bactérias degradantes do antraceno, uma única colónia de cada um dos 10 isolados do solo é inoculada em 10 ml de caldo de nutrientes e cultivada a 37 ^{oC} durante 24 horas com agitação contínua a 150 rpm (Incubadora B.O.D.; Remi, Índia, modelo nº CIS- 24). As suspensões celulares foram centrifugadas a 8000 rpm durante 10 minutos para obter pellets celulares de cada isolado de solo. As pastilhas de células foram cuidadosamente lavadas três vezes com BSM para remover vestígios de caldo de nutrientes e estes foram finalmente suspensos em BSM. A óptica

As densidades das suspensões celulares foram ajustadas para 1,0, o que corresponde aproximadamente às 10^8 células por ml. Para confirmar a capacidade dos isolados individuais do solo de crescer na presença de antraceno como única fonte de carbono e energia, foi verificado através da inoculação de 1 ml de cada isolado de solo (aproximadamente 10^8 células/ml) no BSM de 10 ml suplementado com antraceno (0,5 mg/ml) como única fonte de carbono e energia e agitação durante 1 semana a 370°C com DW

Placa BSMG (placa de ágar BSM com glucose 10 g/L) espalhada e incubada a 370C durante 12-24 horas. Após a incubação, foram determinadas UFC/ml e turbidez em A600 para cada cultura. O isolado com a UFC/ml mais alta (Tabela 1) e turbidez em A600 foi seleccionado como a bactéria degradante do antraceno mais eficiente (BMIT637C).

Identificação e caracterização da bactéria degradante do antraceno BMIT637C

O BMIT637C foi retido em placas de ágar antracénico BSM. A identificação e caracterização de BMIT637C baseou-se na morfologia das células e colónias, características de crescimento, motilidade, várias reacções de coloração e vários testes bioquímicos, como mencionado nos resultados (Quadro 2). Para a caracterização molecular, o ADN genómico BMIT637C foi isolado e o fragmento do gene 16S rDNA foi amplificado pela reacção em cadeia da polimerase (Biometra, Alemanha, modelo Tpersonal)

Electroforese de gel de agarose purificado e clonado no vector pGEM-T (Promega Scientific, Santa Barbara, Califórnia). As duas vertentes do fragmento clonado do gene rDNA 16S foram sequenciadas utilizando uma instalação de sequenciação fornecida por Bangalore Genei, Índia. As sequências foram comparadas com as do GenBank utilizando a Ferramenta de Alinhamento de Explosivos e armazenadas nas bibliotecas do GenBank, EMBL e DDBJ. A cultura de BMT637C foi depositada na Colecção de Cultura Microbiana Tipo (MTCC), Instituto de Tecnologia Microbiana (IMTECH), Chandigarh, Índia.

Viabilidade do BMIT 637C na presença de antraceno

Para testar a viabilidade do BMIT637C em meio antracénico, a unidade formadora de colónias (UFC) foi determinada em diferentes momentos de incubação. Uma única colónia de BMIT 637C foi inoculada em 5 ml de caldo de nutrientes e cultivada a 370°C durante 12-16 horas até o D.O600 da cultura atingir uma (aproximadamente ^{108} células/ml). A cultura foi lavada três vezes com BSM para remover vestígios do caldo de nutrientes e suspensa em 5 ml de BSM sem fonte de carbono. 5 ml de BSM em suspensão de BMIT637C foi inoculado em 50 ml de BSM suplementado com antraceno (0,5 mg/ml em dimetilformamida) num Erlenmeyer de 250 ml como única fonte de carbono e energia e cultivado a 370C e 150 rpm durante 10 dias. O controlo negativo também foi inoculado com BSM e

Avaliação da capacidade do BMIT637C para degradar o antraceno

Todas as experiências foram montadas em triplicatas. Uma única colónia de BMIT637C mantida numa placa de ágar antraceno -BSM foi inoculada em 10 ml de caldo de nutrientes e cultivada a 370°C com agitação contínua até o valor A600 atingir 1,0 (aprox. 1x108 células/ml). A cultura celular foi centrifugada a 8000 rpm durante 10 minutos e foi lavada três vezes com BSM para remover vestígios do caldo de nutrientes. A contagem de células de BMIT637C foi ajustada para ^{108} células/ml em BSM. Para os estudos do curso de tempo, 1 ml de suspensão de BMIT637C-BSM em diferentes frascos (^{107} células/ml) foi reinoculado com 10 ml de BSM suplementado com 0,5 mg/ml de antraceno como única fonte de carbono e energia e incubado a 37oC no agitador de incubação a 120 rpm durante diferentes períodos de tempo, juntamente com os seus respectivos controlos sem BMIT637C. Para a extracção dos produtos biodegradáveis em momentos diferentes (0, 2, 4, 6, 8 e 10), as respectivas culturas foram extraídas duas vezes com acetato de etilo (1:1 v/vl), acidificadas a pH 4,0 com HCl 0,1 N e re-extraídas duas vezes com acetato de etilo para melhorar a recuperação dos metabolitos ácidos. O total dos extractos triplamente extraídos do respectivo período de tempo foram secos separadamente num evaporador rotativo (Perfit, Ambala, Índia, modelo nº 951) e finalmente suspensos em 1,0 ml de metanol. A recuperação dos produtos biodegradáveis por extracção de acetato de etilo foi superior a 96 %. A extensão da biodegradação do antraceno foi verificada através da quantificação do resíduo de antraceno remanescente na suspensão de metanol de extractos biodegradáveis por análise espectroscópica UV a 254 nm. A percentagem de degradação do antraceno foi determinada pela subtracção dos resíduos de antraceno no antraceno experimental (com BMIT637C) dos controlos correspondentes (sem BMIT637C os produtos recuperados foram considerados 100%) em diferentes intervalos de tempo (0, 2, 4, 6, 8 e 10 dias).

RESULTADOS

Isolamento e identificação de uma bactéria degradante do antraceno

Vários isolados bacterianos degradantes do antraceno foram obtidos de solos contaminados por veículos motorizados, utilizando o antraceno como única fonte de carbono e energia, utilizando técnicas padrão de enriquecimento de culturas. O isolado BMIT637C foi seleccionado como o degradante antracénico mais eficiente entre todos os isolados de solo obtidos, com base no mais elevado

UFC/ml (Tabela 1) e turbidez em A600 após 7 dias de crescimento. A identificação e caracterização de BMIT637C foi baseada na morfologia das células e colónias, diferentes reacções de coloração, actividades bioquímicas (Quadro 2) e análise do gene rDNA 16S. Todas as características do BMIT637C foram comparadas com as características do género *Brachybacterium* tal como descritas no Manual Bergey. Por conseguinte, BMIT637C foi identificado como uma **estirpe de Brachybacterium BMIT 637C** em forma de bastão, gram-positiva. A sequência e análise filogenética comparativa do fragmento de gene rDNA 16S amplificado por PCR de BMIT637C com os de BMIT637C confirmado no GenBank como o homólogo mais próximo e como uma nova estirpe de *Brachybacterium paraconglomeratum* (NCBI Genbank Accession No. EU125186). A bactéria, *Brachybacterium paraconglomeratum* estirpe BMIT637C, foi depositada na Microbial Type Culture Collection (MTCC), IMTECH Chandigarh, Índia. (Número de depósito MTCC 9445) (Figura 1).

Viabilidade da estirpe de Brachybacterium paraconglomeratum BMIT637C em meio antracénico

A experiência para avaliar a viabilidade do BMIT637C na presença de antraceno mostrou que o BMIT637C tem a capacidade de utilizar o antraceno como única fonte de carbono e energia para a produção de biomassa. Como se pode ver no gráfico de log10 UFC/ml versus tempo, log10 UFC/ml aumenta exponencialmente com o aumento do tempo de incubação até ao sexto dia e aí depois de decrescer (Figura 2). Inicialmente, 7.3010 log10 CFU/ml ($\sim 2 \times 10^{7}$ CFU/ml) de BMIT637C foi adicionado ao meio antracénico BSM, que atingiu um número máximo de CFU/ml de até 52.6042 log10 CFU/ml (4.020×10^{1052}) no sexto dia de incubação e mostrou um aumento de $2 \times 10^{1045\ vezes}$

na biomassa. A UFC/ml diminuiu drasticamente no dia 7 e depois diminuiu lentamente para zero após o dia 10. O aumento de aproximadamente 2x1045 vezes no número de UFC está directamente correlacionado com a capacidade do *Brachybacterium paraconglomeratum* BMIT637C de utilizar o antraceno como única fonte de carbono e energia, resultando num elevado aumento da biomassa em apenas 6 dias, que depois começa a diminuir ou devido ao esgotamento do antraceno ou possivelmente devido à acumulação de metabolitos tóxicos.

Avaliação da capacidade do BMIT637C para degradar o antraceno

A eficiência da degradação do antraceno BMIT637C foi verificada extraindo as culturas de antraceno BMIT637C com acetato de etilo em diferentes tempos de incubação (0, 2, 4, 6, 8 e 10 dias) e determinando a percentagem de degradação do antraceno. O diagrama da degradação percentual do antraceno contra o tempo de incubação (Figura 3) demonstrou que o BMIT637C tem a capacidade de degradar o antraceno no seu crescimento

médio. BMIT637C inicia a extracção de antraceno no dia 2 e continua até ao dia 10. No dia 2, o BMIT637C conseguiu degradar **28,95%** do antraceno, que se tornou **70,32%** no dia 10. Em contraste, BMIT637C conseguiu degradar **42,77%, 53,34% e 67,11% de** antraceno nos dias 4, 6 e 8, **respectivamente.** Como evidenciado pelos dados da UFC, não foi observado qualquer aumento da degradação do antraceno após 10 dias porque o BMIT637C não era viável no meio, o que poderia ser devido ao esgotamento do antraceno ou à acumulação de metabolitos tóxicos.

DISCUSSÃO

O presente estudo relata o isolamento, identificação e caracterização de uma espécie bacteriana muito eficiente capaz de degradar o antraceno como a única fonte de carbono e energia. A estirpe de ***Brachybacterium*** paraconglomeratum BMIT637C é um eficiente degradador de antraceno, capaz de degradar mais de 50% de antraceno em 6 dias, aumentando a sua biomassa por um factor de **2x1045.** Embora a biomassa tenha diminuído drasticamente após 7 dias, a degradação do antraceno continuou por até 10 dias e atingiu um máximo de 70%.

O aumento de 2 x [1045 vezes] no número CFU está directamente relacionado com a capacidade da estirpe BMIT637C de *Brachybacterium* paraconglomeratum utilizar o antraceno como única fonte de carbono e energia, resultando num elevado aumento da biomassa em apenas 6 dias, que depois começa a diminuir devido ao esgotamento do antraceno ou possivelmente devido à acumulação de metabolitos tóxicos. Nesta fase, é demasiado cedo para concluir que o antraceno está totalmente mineralizado a CO_2 & H_2O. É possível que ocorra uma acumulação de metabolitos tóxicos terminais durante a exploração mineira, resultando na cessação do crescimento da **estirpe BMIT637C (MTCC 9445)** de *Brachybacterium paraconglomeratum* e na continuação da exploração de antraceno. Das duas possibilidades acima mencionadas, uma das quais é verdadeira, a outra precisa de ser mais investigada.

Tanto quanto sabemos, este é o primeiro relatório que implica o papel do *Brachybacterium* na degradação dos HAP, incluindo o antraceno. Foi demonstrado que uma variedade de espécies bacterianas utilizam antraceno como única fonte de carbono e energia (Evans et al., 1965; Cerniglia, 1992; Sutherland et al., 1995; Lal & Khanna et al., 1996; Yamazoe at al, 2004). Várias espécies de *Mycobacterium, Nocardia, Rhodococcus, Acinetobacter, Alcaligenes* e Janibacter têm a capacidade de degradar o antraceno, incluindo outros PAHs (Boldrin et al., 1993; Cerniglia & Heitkamp, 1989; Churchill et al, 1999; Dean-Ross & Cerniglia, 1996; Fritsche, 1994; Grosser et al., 1991; Grosser et al., 1995; Guerin & Jones, 1988; Heitkamp & Cerniglia, 1988; Jimenez & Bartha, 1996; Kastner

et al, 1994; Kelley & Cerniglia, 1991; Kleespies et al, 1996; Lloyd-Jones & Hunter, 1997; Rehmann et al, 1998; Rehmann et al, 1996; Schneider et al, 1996; Teihm & Fritzsche, 1995; Walter et al, 1991; Weissenfels et al, 1990; Weissenfels et al, 1991; Lal & Khanna et al, 1996; Yamazoe at al, 2004). Contudo, nenhuma das espécies bacterianas mostrou um aumento tão grande da biomassa no prazo de 6 dias. Conclui-se assim que a **estirpe BMIT637C (MTCC 9445)** de *Brachybacterium paraconglomeratum* **é um eficiente agente de degradação do antraceno e** pode ser utilizado para remover e controlar os HAP de ecossistemas contaminados, reduzindo os riscos sanitários associados à exposição ao antraceno e a outros HAP.

OBRIGADO

Este trabalho foi apoiado pelo Modern Institute of Technology, Rishikesh, Uttarakhand, Índia, o qual é reconhecido com gratidão.

REFERÊNCIAS

Boldrin, B., Tiehm, A., e Fritzsche, C., 1993; degradação do fenantreno, flúor, fluoranteno e pireno por um *Mycobacterium sp.* appl. Env. microbiol., Junho, Volume

59, No. 6. 1927-1930

Booker, C.D., White, KL., 2005. benzo[a]anemia e esplenomegalia induzidas por pirenoma em ratos NZB/WF-1 Toxicol químico alimentar. 43 Setembro (9): 1423-1431

Bouchez, M., Blanchet, D., Vandecastelle, J.P., 1995. degradação dos hidrocarbonetos aromáticos policíclicos por estirpes puras e por associações de estirpes definidas: fenómenos de inibição e cometabolismo. Aplicação Microbiol Biotechnol. 43: 156-164.

Ceringlia, C. E., 1981 Hidrocarbonetos aromáticos: metabolismo por bactérias, fungos e algas. Em revisão em toxicologia bioquímica. Volume 3, editado por E. Hodyson, J. R. Bend e R. M. Philpot. Elsevier North-Holland Inc.; New York. S. 321-361.

Cerniglia, C.E., 1993. biodegradação de hidrocarbonetos aromáticos policíclicos. Moeda. opinião. Biotecnol. 4. 331- 338.

Cerniglia, C. E. & Crow, S. A., 1981. metabolismo de hidrocarbonetos aromáticos por leveduras. Arco. Microbiol. 129: 9-13.

Cerniglia, C. E. Sutherland, J. B. & Crow, S. A., 1992. Metabolismo fúngico dos hidrocarbonetos aromáticos. Durante a degradação microbiana de substâncias naturais, ed. G. Winkelmann. VCH Verlagsegesellschaft, Weinheim.

Cerniglia, C. E. & Heitkamp, A., 1989 Degradação microbiana dos HAP no ambiente aquático. Sobre o metabolismo dos HAP no ambiente aquático, Universidade, ed. Varansi. CRC Press, Boca Raton, FL, pp. 41-68.

Cerniglia, C. E., Campbell, W. L., Freeman, J. P. & Evans, F. E., 1990. Metabolismo fúngico estereolectivo de antracénios metilados. Aplicar. Ambiente. Microbiol., 56, 661- 668. Cerniglia, C. E.; White, G. L. & Heflich, R. H., 1985. Metabolismo fúngico e desintoxicação dos HAP. Arco. Micrbiol, **50**, 649-655.

Cerniglia, C. E. Campbell, W. L. Freeman, J. P; & Evans, F. E., 1989 Identificação de um metabolito marinho no metabolismo do fenantreno pelo fungo Cunninghamella *elegans*. Aplicar. Ambiente. Microbiol, **55**: 2275-2279.

Cerniglia, C. E., 1982. Primeiras reacções durante a oxidação do antraceno por *Cunninghamella elegans*. J. Gen. Microbiol., 128, 2055-2061.

Churchill, S.A., Harper, J.P. e Churchill, P.F., 1999. isolamento e caracterização de uma espécie de micobactéria capaz de degradar hidrocarbonetos aromáticos e alifáticos de 3 e 4 anéis: Aplicar. Enviro. Microbiol. 65 (2): 549 - 552.

Dean- Ross, D., Cerniglia, C. E., 1996. degradação do pireno por *Mycobacterium flavescens*. Aplicação de Microbiol Biotechnol. 46: 307-312.

Puppe e Peto, R., 1981. Natl. Krebs-Inst: J. 66, 1191

Evans, W.C., Fernley, H.N., Griffiths, E., 1965. Metabolismo oxidativo do fenantreno e antraceno por pseudomonasonas do solo. Bioquímica. J. 95, 819-831.

Feitkenhauer, H., Hebenbrook, S., Terstegen, L., Schnicke, S., Schob, T. 1996. limpeza do chão com microrganismos termofílicos. In: New techniques of soil cleaning, Hamburger Berichte Abfallwirtschaft Vol. 10 (Stegmann R., Ed.), pp.361-376.

Fritsche, C., 1994. degradação do pireno a baixas concentrações definidas de oxigénio por *Mycobacterium* sp.Appl. microbiol ambiental. 60: 1687-1689.

Big one, R. J.; D. Warshawsky; e J. R. Vestal, 1991. mineralização indígena e intensificada do pireno, B(a)P e carbazol no solo. Aplicação: Ambiente. Microbiol. **57**: 3462-3469

Grosser, R.J., D. Warshawsky e J.R. Vestat, 1995. mineralização de compostos aromáticos policíclicos e N-heterocíclicos em solos contaminados com hidrocarbonetos. Ambiente. Toxicol. Química, 14 : 375-382

Guerin, W., Jones, G. E., 1988. Mineralisation of phenanthrene by a *Mycobacterium* sp. Appl Environmental Microbiol. 54: 937-944.

Hammel, K.E., 1995. Schadstoffabbau durch liginolytische Pilze, in: Microbial Transformation and Degradation of Toxic Organic Chemicals, Wiley Series in Ecological and Applied Microbiology (Young L.Y., Cerniglia C.E., eds) S. 331-346. Nova Iorque: Wiley Liss.

Hazra, A, Grossman, H.B., Zhu, Y., Luo, S., Spitz, M.R., Wu, X., 2004. benzo[a]pyrene diol epoxide induziu abortos p21 associados a uma predisposição genética para o cancro da bexiga. Genes chromosomal cancer, Dez, 41 (4): 330-338.

Heitkamp, M. A.; J. P. Freeman; D. W. Miller; e C. E. Cerniglia, 1988. degradação do pireno por um *Mycobacterium sp*: Identificação de produtos de oxidação e clivagem anelar, Appl. Microbiol. **54**: 2556-2565.

Hyotylainen, T., e A. Oikari, 1999 Toxicidade e concentrações de HAP em sedimentos lacustres contaminados com creosote. Chemosphere 38: 1135-1144.

IARC (International Agency for Research on Cancer), 1983. anthracene. In: Monografias do IARC sobre a avaliação do risco carcinogénico dos produtos químicos para os seres humanos. Polynuclear Aromatic Compounds, Part 1, Chemical, Environmental and Experimental Data, Vol. 32, Organização Mundial de Saúde, Lyon, França, pp. 105-121.

Jimenez, I. Y., Bartha, R., 1996 Solvent extended mineralization of pyrene by a *Mycobacterium* sp. Appliron Miicrobiol. 62: 2311- 2316.

Juhasz, A. L., e R. Naidu. 2000 Biorremediação de hidrocarbonetos aromáticos policíclicos de alto peso molecular: uma visão geral da degradação microbiana do benzo(a)pireno. Biodímetro interno. Biodeg. 45: 57-88.

Kanaly, R. A.; e Harayama, S., 2000, Biodegradação de HMW PAHs por bactérias. J. Bacteriol. **182**: 2059-2067.

Kastner, M., Breuer- Jammali, M., Mahro, B., 1994. enumeração e caracterização da microflora do solo de sítios de solo poluídos por hidrocarbonetos capazes de mineralizar hidrocarbonetos aromáticos policíclicos. Microbiol aplicado. Biotecnol. 41, 267-273.

Kastner, M., e B. Mahro, 1996. degradação microbiana de hidrocarbonetos aromáticos policíclicos em solos afectados pela matriz orgânica do composto. Microbiol aplicado. Biotecnol. 44: 668-675.

Kelley, I., Freeman, J.P., Evans, F.E., Cerniglia, C.E., 1991 Identificação de um metabolito de ácido carboxílico do catabolismo do fluoranteno por uma *mycobacterium* sp. appl. Microbiol. 57: 636-641.

Kleespies, M., Kroppenstedt, R. M., Rainey, F. A., Webb, L. E., Stackbrandt, E., 1996. *Mycobacterium hodleri*, sp. nov., um novo membro das micobactérias de crescimento rápido
que são capazes de decompor os hidrocarbonetos aromáticos policíclicos. Int J Syst Bacteriol. 46: 683- 687.

Lal, B. & Khanna, S., 1996. degradação do petróleo bruto por Acinetobacter calcoaceticus e *cheiros de Alcaligenes*. J. Aplic. Bacteriol. 81(4): 355-362.

Moods, L. Pinto; e Christine Wiebe, 1995, Departamento de Ciências da Vida, Universidade Simon Fraser, Burnaby, BCA 156, Canadá. Mouros. Departamento de Ciências da Vida, Universidade Simon Fraser, Burnaby, BC V5A 156, Canadá. Microbiol, **41**: 477- 488.

Lloyd-Jones, G., Hunter, D.W.F., 1997 Caracterização de cepas de micobactérias tipo Lloyd-Jones, G., Hunter, D.W.F., 1997 Caracterização de cepas de micobactérias tipo RAPD e SSU que se degradam em pirâmide e fluorantena. FEMS Microbiol Lett. 153: 51-56.

Lotufo, G. R., 1997. toxicidade dos sedimentos associados aos HAP num copépode estuarino: efeitos sobre a sobrevivência, alimentação, reprodução e comportamento. Março Ambiente. Res. 44: 149-166. Miller, M.E., Holloway, A.C., Foster, W.G., 2005. Benzo[a]pireno aumenta a invasão das células do cancro da mama MDA-MB-231 através do aumento da expressão COX-II e da produção de prostaglandlina E2 (PGE 2). Clin. exp. Metástase 22 (2): 149-56.

Mitchell A., Rudd C.J., Caspary W.J., 1988. Avaliação do ensaio de mutagénese das células linfoma Y do rato L5178. Resultados intralaboratoriais para sessenta e três produtos químicos codificados testados em SRl International. Ambiente. molécula. mutag. 12 (Emenda 13): 37-101.

Muncnerova, D. & Augustin, J., 1994. fungal metabolism and detoxification of polycyclic arommatic hydrocarbons: a review. Biores. Tecnologia. 48: 97-106.

Okona- Mensah, K.B., Battershill, J., Boobis, A., Fielder, R., 2005, An approach to investigate the role of highly potent polycyclic aromatic hydrocarbons (PAHs) in the induction of lung cancer from air pollution. Química alimentar. toxicol. 2: 43 (7): 1103-1116.

Rehmann, K., Noll, H. P., Steinberg, C. E. W., Kettrup, A. A., 1998. Degradação do pireno por *Mycobacterium* sp. estirpe KR2. Quimiosfera. 36: 2977-2992.

Rehmann, K., Steinberg, C. E. W., Kettrup, A. A., 1996. via metabólica ramificada para a degradação do fenantreno numa bactéria de decomposição em pirena. Comp. aromática policíclica 11: 125- 130.

Schneider, J., Grosser, R., Jayasimhulu, K., Xue, W., e Warshawsky, D., 1996, *Mycobacterium* sp. estirpe RJG II-135 *mined* pyrene, benzo[a]antraceno e benzo[a]pireno isolados de um antigo local de gaseificação de carvão. Appl Environmental microbiol, 62: 13-19.

Sutherland, J.B., Rafii, F., Khan, A.A., Cerniglia, C.E.,1995. mecanismos de degradação de hidrocarbonetos aromáticos policíclicos. Em L.Y.Young e C.E. Cerniglia (eds.), transformação microbiana e degradação de produtos químicos orgânicos tóxicos. 269-306. Wiley-Liss, Nova Iorque, Nova Iorque.

Sutherland, G. B., Freeman, J.P., Selby, A. L., Fu, P.P., Miller, D. W., Cerniglia, C. E., 1990. Formação estereolectiva de diidrodiol como região K a partir de fenantreno por *Streptomyces flavovirens*. Arco. Microbiol. 154, 260-266.

Sutherland, J. B., 1992. detoxification of polycyclic aromatic hydrocarbons by fungi. J. Ind. Microbiol. 9, 53-62.

Tiehm, A., Fritzche, C., 1995, Utilização de misturas dissolvidas e cristalinas de hidrocarbonetos aromáticos policíclicos por um *Mycobacterium* sp. Appl Microbiol Biotechnol. 42: 964- 968.

Van Hamme, J.D., Singh, A., Ward, O.P., 2003. Recentes avanços na microbiologia do petróleo. Revisões sobre microbiologia e biologia molecular. 503-549.

Walter, U., Beyer, M., Klein, J., Rehm, H.J., 1991. degradação do pireno por

Rhodococcus sp. UW 1. aplicado microbiol. biotechnol. 34: 671-676.

Weissenfels, W.D., Beyer, M., Klein, J., 1990. degradação do fenantreno, flúor e fluoranteno por culturas bacterianas puras. Aplicação: Microbiol. Biotechnol. 32: 479-484. Weissenfels, W.D., Beyer, M., Klein, J., Irehm, H.J., 1991. Metabolismo microbiano do fluoranteno: Isolamento e identificação de produtos de cisão em anel. Aplicar. Microbiol. Biotecnol. 34: 528-535.

Yamazoe, A., Yagi, O., Oyaizu H., 2004. degradação de hidrocarbonetos poliaromáticos por um dibenzofurano recentemente isolado usando a estirpe YY-1 de *Janibacter* sp. aplicação de Microbiol Biotechnol. 65(2): 211-218

Isolar o chão	Morfologia	UFC/ml
BMT128	Em forma de vara, grama +	5×10^{16}
BMT637(R)	Fusiforme forma de haste, grama +	4×10^{19}
DMT628	Em forma de vara, grama +	6×10^{21}
BMT5i	Em forma de vara, grama +	3×10^{23}
BMT628	Fusiforme forma de haste, grama +	2×10^{18}
BMT637C	Coccus, gramas +	3×10^{51}
BMT137	Em forma de vara, grama +	4×10^{16}
DMT137(R1)	Em forma de vara, grama +	3 x 1020
DMT137(R2)	Em forma de vara, grama +	5 x 1020
DMT128	Coccus, gramas +	6×10^{14}

Quadro 1: Características e viabilidade dos isolados bacterianos do solo em antraceno BSM após 7 dias

I	Caracterização morfológica	
a.)	Forma e disposição	Pequeno, solteiro, coccus
a.)	Cápsulas	Não encapsulado
C	Coloração de Gram	grama + ve
D	Coloração com esporos	Não formação de desporto
E	Motilidade	Não móvel
f	Coloração ácida e rápida	Não à prova de ácido
II	Caracterização da cultura em placas de ágar	
A	Colónias	Amarelo
B	Temperatura	Optimal
C	Crescimento	Abundante(3+)

D	Formulário	Regularmente
E	Margens	Todo
F	Altura	Levantado
g	Densidade	Opaque
III	**Crescimento dos meios de produção de cerveja**	
A	Crescimento da superfície	Pellicle
B	Nebulosidade	Simplesmente
c	Sedimento	Bastante
IV	**Testes bioquímicos**	
a.)	Teste de oxidase	í
b.)	Teste de catalase	+
c.)	Ensaio de redução de nitratos	+
d.)	reacção do leite de tornesol	Alcalino
e.)	Teste de urease	_
	Continuação	
f.)	Teste de H2S	í
g.)	Teste Vermelho de Metilo	í
h.)	Teste de Proscauer Vogues	í

i.)	Teste do citrato	í
j.)	Teste para a produção de palmilhas	í
k.)	Teste de carboidratos	
i.)	Lactose	+
ii.)	Manitol	+
(iii)	Maltose	+
iv.)	Sacarose	+
v.)	Glucose	+
l.)	Hidrólise de amido	+
m.)	Hidrólise de gelatina	í
n.)	Hidrólise de caseína	í
o.)	Hidrólise lipídica	í

Tabela2 :   Característica físico-química de Brachybacterium *paraconglomeratum* BMIT637C (MTCC 9445)

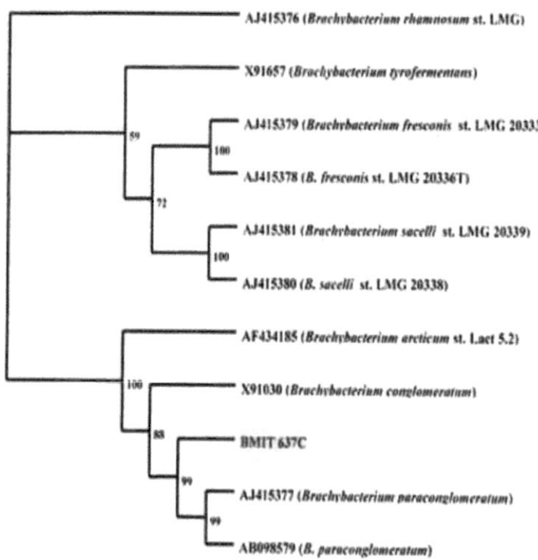

Figura 1: Análise filogenética de *Brachybacterium paraconglomeratum BMIT637C (MTCC 9445)* com base numa análise sequencial de 16S rDNA

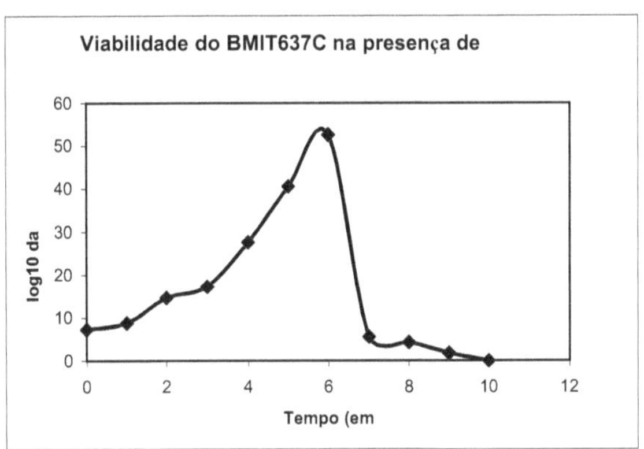

Figura 2: log ₁₀CFU/ml de *Brachybacterium paraconglomeratum* BMIT637C (MTCC 9445) em BSM com antraceno contra o tempo de incubação (dias). Cada ponto representa o valor médio obtido com o balão triplo.

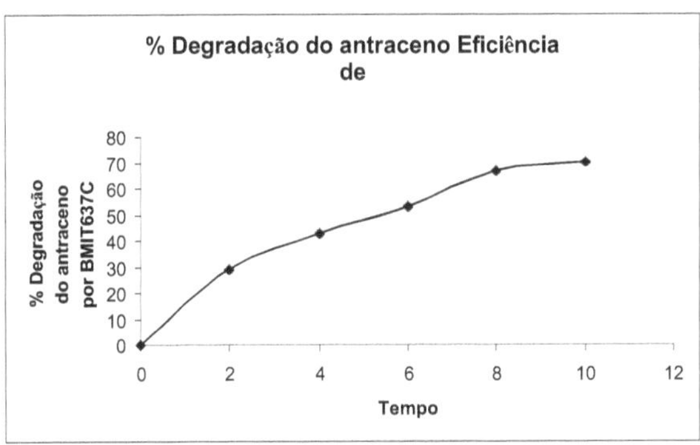

Figura 4: Percentagem (%) de degradação do antraceno (0,5 mg/ml) por *Brachybacterium paraconglomeratum* BMIT637C (MTCC 9445) em relação ao tempo (dias). Cada ponto representa o valor médio obtido com o balão triplo.

PURIFICAÇÃO E CARACTERIZAÇÃO PARCIAL DE E-1,3-GLUCANASE E QUITINASE EM PLANTAS DE *VIGNA ACONITIFOLIA* INOCULADAS COM AGENTES PATOGÉNICOS FÚNGICOS

Indu Ravi* e Vinay Sharma

Departamento de Ciências da Vida e Biotecnologia, Universidade de Banasthali,

Banasthali, Rajasthan-304022, Índia

Sumário executivo

A fim de se proteger dos agentes patogénicos, ocorrem várias alterações bioquímicas na planta hospedeira. A inoculação de plantas de feijão-marinho (*Vigna acinitifolia*) com *Macrophomina phaseolina* leva à acumulação de várias patogénese relacionadas

(35) SURWHLQV. 7KH DFWLYLWLHV RI ü-1,3-glucanase e quitinase, duas importantes proteínas PR, foram medidas e parcialmente purificadas em plantas de feijão-marinho de uma semana inoculadas com agentes patogénicos. Constatou-se que as actividades eram mais elevadas no SODQWV WKDQ WKH FRQWURO SODQWV, inoculado com agentes patogénicos. 3DUWLDO SXULILFDWLRQ RI FUXGH ü-1,3-glucanase e quitinase foi realizada por aquecimento, precipitação de sulfato de amónio e dessalinização, o que levou a um aumento das actividades específicas das enzimas. SDS-PAGE de proteínas PR e proteínas totais também mostrou a presença de uma série de bandas de proteínas. Os resultados indicam um papel claro das proteínas PR na reacção de defesa das plantas de feijão-marinho.

H\ ZRUGV: ü-1,3-glucanase, quitinase, proteínas relacionadas com a patogénese, proteínas totais, reacção de defesa, feijão traça, *macrophomina phaseolina.*

*Autor correspondente: Departamento de Ciências da Vida e Biotecnologia, Universidade de Banasthali, Banasthali. E-mail induravi11@yahoomail.com, Tel. 01438 228302 ,Fax- 228365

INTRODUÇÃO

Muitos agentes patogénicos virais, bacterianos e fúngicos representam uma séria ameaça para as culturas. A resposta de defesa das plantas foi dividida aproximadamente em resposta adquirida localizada (LAR) e resposta adquirida sistémica (SAR). O LAR é caracterizado pela morte e necrose celular localizada no local da infecção, conhecida como resposta hipersensível (HR). Associada à FC está a produção rápida e transitória de espécies de oxigénio activo (AOS), conhecida como explosão oxidativa (Lamb et al. 1989; Mehdy 1994). Além da morte celular, o LAR é caracterizado por um aumento na produção de fenóis de parede celular, a produção de fitoalexinas, a indução de proteínas relacionadas com a patogénese (PR) (Van Loon e Van Strein 1999) e a acumulação de ácido salicílico (Hahlbrock e Scheel 1986).

A acumulação de proteínas PR representa a maior mudança quantitativa na composição proteica que ocorre nas partes não vacinadas das plantas que exibem resistência adquirida quando desafiadas (Van Loon 1997). Tais proteínas foram identificadas pela primeira vez no tabaco. Dezassete famílias de proteínas PR de diferentes espécies vegetais foram caracterizadas e classificadas de acordo com as semelhanças de sequência (Fritig et al. 1998). As proteínas PR são polipéptidos de peso molecular relativamente baixo (10-40 kDa.) que se acumulam extracelularmente no tecido vegetal infectado e mostram uma elevada resistência à degradação proteolítica (Van Loon 1985). As duas proteínas PR mais importantes, as quitinases (EC 3.2.1.14) e as E-1,3-glucanases (EC 3.2.1.39), estão presentes em muitas plantas superiores. Ambas as enzimas estão envolvidas em reacções de defesa das plantas contra potenciais agentes patogénicos (Boller et al. 1983). Os substratos de quitinases e E-1,3-glucanases, quitina e E-1,3-glucanases, respectivamente, são componentes principais da parede celular de muitos fungos (Wessels e Sietsma 1981). Foi demonstrado que as quitinases e as E-1,3-glucanases podem degradar paredes celulares isoladas de fungos (Mauch et al. 1988) e, devido à actividade lisozima da quitinase, as paredes celulares bacterianas (Boller et al. 1983). Além disso, concentrações fisiológicas de quitinases e E-1,3-glucanases inibem eficazmente o crescimento de muitos fungos potencialmente patogénicos (Mauch et al. 1988; Schlubaum et al. 1986).

O feijão-marinho [*Vigna aconitifolia* (Jacq.) Marechal] da família Leguminoseae é uma leguminosa importante, muito tolerante à seca, que pode ser cultivada com um mínimo de esforço. A planta liga o azoto atmosférico no solo. Além disso, o feijão-marinho é uma fonte de proteínas ricas em cereais (23-25%) e é utilizado como forragem, ração, pastagem e estrume verde. O feijão traça é conhecido por uma maior proporção de fracções de albumina e glutamina da proteína. A planta sintetiza o ácido ascórbico, riboflavina, tiamina, etc. Esta cultura é, portanto, importante tanto para uma nutrição adequada como para uma agricultura desértica sustentável. Para além da Índia e

Sri Lanka, é também relatado o cultivo esporádico em áreas mais secas na Birmânia, Malásia, sul da China e nos EUA ocidentais. Na Índia, a traça é cultivada em regiões áridas e semi-áridas, especialmente nos estados do noroeste. É cultivada em aproximadamente 13,53 lakh hectares, produzindo 2,91 lakh toneladas com uma produtividade de 215,26 kg/ha (Kumar 2002) e é uma importante cultura comercial na zona árida quente do país. O estado do Rajastão tem a maior área cultivada (cerca de 14,36 lakh ha) desta cultura com a maior produção (1,88 lakh toneladas) e é o principal estado de cultivo de feijão-marinha do país, contribuindo com cerca de 86% da área e 79% da produção (Vital Agriculture Statistics 2006).

Esta planta está infectada com vários fungos tais como *Fusarium monoliforme, Alternaria alternata, Colletotricum truncatum, Cercospora columaris, Macrophomina phaseolina* (Tassi) Goid, etc. Várias doenças como a podridão das sementes, podridão das raízes, podridão das plântulas, podridão do colar, podridão do caule e podridão foliar ocorrem em todas as áreas de cultivo de feijão-marinho da Índia (Sharma e Gupta 1981; Jain et al. 1982; Singh e Srivastava 1988). O objectivo do presente estudo é investigar o papel das proteínas PR na resposta de defesa de duas variedades, RMO-40 e FMM-96 de plantas de feijão-marinho, sendo a primeira susceptível a agentes patogénicos fúngicos, enquanto a segunda é moderadamente resistente.

2. MATERIAIS E MÉTODOS

2.1. Material biológico, crescimento fúngico e inoculação: Sementes de duas variedades diferentes, RMO-40 e FMM-96 do feijão-marinha (*Vigna aconitifolia*) foram obtidas da Estação de Investigação Agrícola, Durgapura, Jaipur, Rajasthan. A estirpe fúngica de *Macrophomina phaseolina* (MTCC No. 2165) foi obtida de IMTECH, Chandigarh.

A cultura fúngica activada foi polvilhada em camadas de ágar dextrose de batata (PDA), que foram depois incubadas a 28 r 2qC durante 7 dias para crescimento e formação de esporos. A suspensão de esporos fúngicos foi preparada em água estéril a uma concentração de ^{105} esporos ml-1 sob condições assépticas e mantida no agitador de incubação (28 r 2qC) a 120 rpm durante 1 h para obter uma suspensão de esporos uniformemente distribuída.

As sementes foram esterilizadas à superfície com 0,1% de HgCl2 e cultivadas em vasos com solo esterilizado obtidos de campos agrícolas nas proximidades de Banasthali, Rajasthan, Índia. As plantas foram cultivadas numa estufa em condições controladas com um fotoperíodo de 14 h de luz branca fluorescente fria e 10 h de escuridão, 28 r 2qC de temperatura e 60% de humidade relativa. As plantas eram

48

regadas uma vez por dia.

Dois tipos de experiências, nomeadamente *in vitro* (plantas retiradas de vasos) e *in vivo* (plantas que crescem em vasos), foram realizadas em plantas de duas variedades de feijão-marinho de uma semana, RMO-40 e FMM-96. As superfícies da folha e do caule das plantas foram ligeiramente danificadas com um abrasivo para facilitar a penetração dos esporos com um pulverizador TLC. As superfícies feridas foram pulverizadas com esporos fúngicos suspensos em água destilada autoclavada. As plantas aspergidas com água destilada autoclavada sem esporos fúngicos serviram como controlo. As experiências foram realizadas em diferentes intervalos de tempo após a inoculação de esporos fúngicos.

2.2. Determinação da actividade da E-1,3-glucanase**: A** E-1,3-glucanase foi determinada segundo o método de Abeles et al (1970).

2.2.1. Extracção e purificação de E-1,3-glucanase**:** Para extracção, o tecido vegetal controlado e inoculado das duas espécies de plantas de feijão-marinho RMO-40 e FMM-96 foi tomado após diferentes intervalos de tempo de inoculação de esporos fúngicos e homogeneizado num pilão de argamassa pré-arrefecido em 4 ml de tampão de acetato de potássio 0,05 M, pH 5. O homogeneizado foi filtrado através de um pano de queijo pré-umedecido e o filtrado foi centrifugado a 10.000 *g numa* centrífuga refrigerada durante 10 min. a 4qC. O sobrenadante contendo o extracto enzimático em bruto foi recolhido. O pellet foi dissolvido em 2 ml de tampão de acetato de potássio e centrifugado novamente.

O extracto de enzima bruta foi aquecido a 60qC, colocando-o num banho de água a ferver durante 10 minutos. O extracto enzimático foi arrefecido a 5qC e centrifugado a 10.000 *g* durante 10 min a 4qC para remover a proteína desnaturada. Foi preparado um precipitado de sulfato de amónio utilizando uma alíquota de 3 ml do sobrenadante. Para uma saturação de 60% foi adicionado 1,1 g de sulfato de amónio. Este foi centrifugado a 10 000 *g* durante 15 minutos e o sedimento foi dissolvido em 3 ml de tampão de acetato de potássio 0,05 M, pH 5. O extracto enzimático precipitado com sulfato de amónio foi passado através do Sephadex G-25. O conteúdo proteico foi determinado em todas as fracções e aqueles com o máximo conteúdo proteico foram agrupados para a determinação da actividade da E-1,3-glucanase.

2.2.2. Determinação da E-1,3-glucanase: A mistura de reacção (1 ml) consistiu em 50 Pl amostra, 450 Pl tampão (0,05 M de acetato de potássio, pH 5) e 500 Pl 2% laminarina como substrato. Esta mistura de reacção foi incubada a 40qC durante 1 hora. Após 1 hora de incubação, a glicose libertada foi ainda analisada utilizando o método de

Nelson-Somogyi (1944).

2.3. Determinação da actividade de quitinase: A actividade de quitinase foi determinada de acordo com o método de Abeles et al (1970).

2.3.1. Extracção e purificação da quitinase: Para extracção, 1 g de tecido vegetal controlado e inoculado, tanto da var. RMO-40 como da FMM-96, foram tomados após diferentes intervalos de tempo de inoculação de esporos fúngicos. O tecido foi homogeneizado num pilão de argamassa pré-resfriado em 4 ml de tampão citrato de sódio 0,1 M, pH 5. O homogeneizado foi filtrado através de duas camadas de pano de queijos pré-umedecido em tampão de citrato de sódio 0,1 M, pH 5. O filtrado foi centrifugado a 10.000 *g* durante 20 minutos a 4oC e o sobrenadante foi recolhido. O pellet foi novamente dissolvido em 2 ml de tampão citrato de sódio, pH 5, e centrifugado novamente. O filtrado foi adicionado ao filtrado previamente recolhido do extracto enzimático bruto.

A quitinase bruta foi parcialmente purificada para obter três fracções, nomeadamente 50oC aquecida, sulfato de amónio precipitado e dessalinizado. 4 ml do extracto da enzima bruta foram aquecidos a 50oC por imersão num banho de água a ferver durante 20 minutos. O extracto enzimático foi mexido vigorosamente e arrefecido à temperatura ambiente e reduzido ainda mais a 5oC, colocando o tubo num banho de água gelada. O extracto enzimático foi então centrifugado a 10.000 *g* durante 10 min a 4oC para remover a proteína desnaturada. Uma alíquota de 3 ml foi ainda utilizada para a precipitação de sulfato de amónio. Para uma saturação de 60% foi adicionado 1,1 g de sulfato de amónio e a mistura foi agitada vigorosamente num agitador magnético durante 1 h. A mistura foi então centrifugada a 10.000 *g* durante 20 minutos. O sobrenadante foi descartado e o sedimento resultante foi dissolvido em 3 ml de tampão de acetato de sódio 10 mM, pH 5. 2 ml do extracto de enzima precipitada pelo sal foram passados por uma coluna Sephadex G-25 para dessalinização. Foram recolhidos 2 ml de fracções até que toda a enzima fosse eluídas.

O conteúdo proteico foi determinado pelo método de Lowry et al (1951) para todas as fracções, e as que tinham um conteúdo proteico máximo foram agrupadas para determinar a actividade da quitinase.

2.3.2. Determinação da quitinase: A actividade da quitinase foi medida pela libertação de N-acetil-D-glucosamina (NAG) utilizando a quitina coloidal como substrato de acordo com o método de Reissig *et al* (1955). A quitina coloidal foi preparada como descrito por Berger e Reynolds (1958).

Para determinar a actividade da quitinase, foram tomados 0,4 ml de solução enzimática e adicionado 10 Pl 10 mM de tampão de acetato de sódio, pH 5. A reacção foi realizada a 37oC num banho de água com agitação, adicionando 0,1 ml de quitina coloidal após 1,5 h. A reacção foi interrompida por centrifugação a 1000 g durante 3 min. Depois, 0,3 ml do sobrenadante foram removidos num tubo de vidro com 30 Pl 1 M de tampão de fosfato de potássio, pH 7,1, com 1 M de tampão de fosfato de potássio, pH 7,1, e misturados com

89,5 Pl de enzima intestinal de caracol durante 1 h, de modo que a mistura tampão deu um pH de 6,8. A mistura de reacção foi levada a pH 8,9 através da adição de 70 Pl 1 M de tampão de borato de sódio (1 M), pH

9.8. a mistura foi incubada durante exactamente 3 minutos num banho de água a ferver e depois rapidamente arrefecida num banho de água gelada Foram adicionados 2 ml de reagente de *p-dimetilamina benzaldeído* (DMAB) e a mistura foi incubada a 37oC durante 20 minutos. A absorvância foi lida a 585 nm contra um valor em branco da enzima. A curva padrão da N-acetil-D-glucosamina foi traçada para calcular a actividade da quitinase.

2.4. Determinação da proteína total: As proteínas totais foram extraídas utilizando o método de Van Loon e Van Kammen (1968).

2.4.1. **Extracção de proteínas totais:** 1 g de tecido fresco foi homogeneizado em 5 ml de tampão de extracção Tris-HCl, pH 8,0. O homogeneizado foi centrifugado numa centrífuga refrigerada durante 15 minutos às 12.000 rpm. O sobrenadante foi recolhido e o pellet ressuspenso em 2 ml de tampão de extracção e centrifugado novamente às 12 000 rpm. O sobrenadante foi

adicionado ao sobrenadante anteriormente recolhido. As proteínas extraídas foram precipitadas com 100% de TCA e o grânulo foi suspenso directamente num corante de carga para SDS-PAGE. O conteúdo proteico foi determinado pelo método de Lowry et al (1951).

2.4.2 **Caracterização das proteínas por SDS-PAGE:** SDS-PAGE de fracções de E-1,3-glucanase e quitinase em bruto e parcialmente purificadas e proteínas totais foi realizada de acordo com o método de Laemmli (1970) em 10% géis. Foi utilizado como padrão um marcador de proteínas de gama média. Faixas proteicas separadas por SDS-PAGE foram também analisadas com o Sistema de Documentação e Análise Electroforética KODAK (EDAS) 290 usando o Software de Análise de Imagens KODAK 1D.

2.5. Análise estatística: As actividades de E-1,3-glucanase, quitinase e proteínas totais foram testadas quanto a desvio padrão, e cada valor médio nos gráficos é traçado com erro padrão (S.E., desvio padrão dividido pela raiz quadrada do número de amostras).

Os valores nos gráficos representam os valores médios ± S.E. com n=3.

3. RESULTADOS E DISCUSSÕES

3.1. Actividade da E-1,3-glucanase: A actividade da E-1,3-glucanase foi mais elevada nas plantas inoculadas de ambas as variedades em comparação com as plantas de controlo (Fig. 1 e 2). A actividade específica da E-1,3-glucanase para o sistema *in* vitro após 2, 4, 8, 24, 48, 72 e 96 horas foi aproximadamente 14, 16, 22, 50, 38, 20 e 15% para a variedade RMO-40 e 32, 23, 57, 90, 93, 48 e 39% mais elevada nas plantas da variedade FMM-96 inoculadas com o agente patogénico do que nas plantas de controlo. A actividade específica máxima foi atingida 24 horas após a inoculação de agentes patogénicos para ambas as variedades. Após 24 horas não há mais aumento na actividade da E-1,3-glucanase, mas observa-se uma diminuição gradual até 96 horas. A diminuição da actividade da E-1,3-glucanase foi de 40% e 75% para a RMO-40 e FMM-96 var. No sistema *in* vivo, o aumento percentual máximo da actividade específica nas plantas inoculadas em comparação com o controlo foi de 71% às 168 horas e 76% às 48 horas para a RMO-40 e FMM-96 var. Contudo, a actividade máxima da E-1,3-glucanase foi atingida para ambas as variedades 168 horas após a inoculação do agente patogénico (Fig. 2). Assim, um aumento rápido anterior da actividade da E-1,3-glucanase foi alcançado em sistemas *in* vitro em comparação com uma resposta retardada em experiências in vivo. Saikia et al (2005) reportaram duas proteínas PR, quitinase e E-1,3-glucanase de plantas patogénicas (*Fusarium oxysporum* f. sp. *ciceri* e outros fungos fitopatogénicos) induzidas pelo grão de bico com actividades máximas 3 dias após a inoculação em todas as plantas induzidas.

Kombrink et al (1988) relataram um aumento semelhante na actividade da E-1,3-glucanase com um pico de actividade às 72 horas após a exposição ao patogéneo fúngico (*Phytophthora infestans*) nas plantas da batateira. No entanto, Mauch et al. (1984) relataram um aumento até 4 vezes na actividade da E-1,3-glucanase nas 30 horas após a infecção com um não patogénico (iões de cádmio, actinomicina D e quitosano) e patogénico (*Fusarium solani* f. sp. *phaseoli*) em vagens de ervilha imaturas.

A E-1,3-glucanase ou laminarinase catalisa a clivagem hidrolítica da ligação E-1,3-glucosídica entre resíduos de glicose. Em contraste com a quitina, os E-1,3-glucanos estão amplamente distribuídos em vários tecidos vegetais (Abeles e Forrence 1970). A E-1,3-glucanase pode libertar oligómeros glucanos elicator-activos das paredes de micélio de fungos patogénicos e assim induzir a sua própria síntese, bem como a síntese de outras enzimas relevantes para a defesa envolvidas tanto na produção de fitoalexina como na deposição da parede celular (Bowles 1990; Boller, 1993; Boller 1995). Vários estudos mostraram que a libertação de e-endoglucanase de soja desencadeia oligossacarídeos conhecidos como e-glucanos das paredes miceliais dos oomicetos patogénicos *Phytophthora megasperma* f. sp. *glycinea* em resposta a uma infecção fúngica (Leubner Metzger e Meins 1999). Quando comparado com o sistema patogénico das plantas M. *phaseolina,* pode-se assumir que a indução de E- 1,3-glucanase com o patogénico fúngico pode ser devida à indução de genes que codificam as proteínas PR. A E-1,3-glucanase pode libertar oligossacarídeos elicator-activos conhecidos como E-glucans da parede de micélio de *M. phaseolina* em resposta à infecção fúngica. São também evidentes diferenças significativas específicas das espécies. No caso de experiências *in* vivo, a actividade máxima de E-1,3-glucanase na variedade FMM-96 é ligeiramente superior à da RMO-40, o que justifica o facto de a FMM-96 ser resistente à RMO-40, uma variedade moderadamente susceptível.

A purificação parcial da E-1,3-glucanase bruta resultou num aumento de 2,00 e 2,76 vezes na actividade da E-1,3-glucanase para a var. RMO-40 e num aumento de 2,53 e 2,82 vezes na actividade da E-1,3-glucanase para a var. FMM-96 a partir de plantas de controlo 24 horas ou plantas inoculadas com agentes patogénicos (Fig.3 e 4). Contudo, durante 168 horas de controlo e amostras inoculadas de agentes patogénicos, a purificação parcial resultou num aumento de 2,31 e 2,72 vezes no Var. RMO-40, e um aumento de 2,31 e 3,41 vezes na actividade específica do Var. Relatórios semelhantes sobre a purificação de E-1,3-glucanase em colunas de hidroxiapatite e carboximetil sephadex de folhas de *Phaseolus* vulgaris tratadas com etileno foram relatados por Abeles et al (1970). Isto resultou numa recuperação de 12% de unidades enzimáticas e 0,8% de proteínas. Felix e Meins (1985) também relatam

relatado sobre a purificação de E-1,3-glucanase a partir de tecido parênquima de medula cultivada de *Nicotiana tabacum* L. cv. Havana 425 por $(NH4)_{2SO4 \text{ precipitação,}}$ cromatofocalização e cromatografia em Sephadex G-100, resultando em 99,6% de enzima pura.

O perfil proteico obtido pela SDS-PAGE das fracções brutas e parcialmente purificadas de E-1,3-glucanase foi analisado utilizando um sistema de documentação em gel (Fig. 11). O perfil SDS-PAGE mostra a presença de uma faixa proteica principal na gama de cerca de 18-20 kDa em todas as fracções. Outras bandas proeminentes estão na gama de ca.19-53 kDa. A intensidade e assim a concentração das bandas proteicas diminuiu com a etapa de purificação tanto para o RMO-40 como para o FMM-96, indicando uma purificação gradual da enzima. Na fracção bruta pôde ser visualizado um maior número de bandas de proteínas, por exemplo, existem 8 bandas proeminentes na fracção bruta em comparação com apenas 3 bandas proeminentes de 18,56, 30,98 e 45,14 kDa na fracção dessalinizada de 24 h. Por outro lado, a var. RMO-40 tem 12 bandas principais na fracção bruta de 24 horas de plantas vacinadas utilizando um sistema *in* vitro em comparação com 2 bandas principais de 31,64 e 19,89 kDa na fracção dessalinizada. Da mesma forma, ao analisar os géis com o programa de imagem Scion (não mostrado) para as fracções de var. RMO-40 e FMM-96, respectivamente, pôde observar-se uma diminuição do número e intensidade e, portanto, da concentração das bandas. Isto é consistente com os resultados apresentados na secção anterior sobre o aumento gradual da actividade específica da E-1,3-glucanase após várias etapas de purificação. Significa assim implicitamente que a faixa de cerca de 31 kDa de proteína na fracção dessalinizada pode possivelmente representar a enzima E-1,3-glucanase, embora a confirmação final da mesma requeira imunoprecipitação ocidental através de anticorpos específicos desta enzima. As proteínas PR têm um baixo peso molecular na gama 10-40 kDa (Boller et al. 1983) e a E-1,3-glucanase (PR-2) tem um peso molecular na gama 31-36 kDa (Van Loon e Van Strein 1999; Van Loon et al. 1994). Uma vez que as bandas obtidas no presente estudo também se encontram nesta gama, poderiam representar as proteínas PR.

3.2. Actividade de quitinase: A actividade de quitinase em plantas de feijão-marinho c para

Ambas as variedades, isto é, RMO-40 e FMM-96, que utilizam sistemas *in vitro* e in vivo (Figs. 5 e 6), mostram uma maior actividade enzimática nas plantas inoculadas em comparação com as plantas de controlo.

Para o sistema in vitro a actividade da quitinase foi de 14, 30, 19, 29, 17, 14 e 15% RMO-40 e 16, 25, 30, 57, 56, 45 e 39% superior nas plantas vacinadas com o agente patogé var. FMM-96 como os sistemas de controlo às 2, 4, 8, 24, 48, 72 e 96 horas (fig. 5). A actividade máxima da quitinase foi alcançada após 24 horas após a inoculação do agente patogénico. Após 24 horas não consegue-se um aumento adicional da actividade da quitinase, uma diminuição gradual com o tempo até 96 horas após a vacinação patogénica ser observada. Para o sistema *in* vivo, o aumento da actividade da quitinase foi de cerca de 17, 25, 20, 23, 33, 39, 51 e 35% para a var. RMO-40 e 9,

10, 23, 18, 16, 28, 57 e 38% para a variedade FMM-96, respectivamente às 2, 4, 8, 24, 48, 72, 96 e 168 horas nas plantas inoculadas com o agente patogénico em comparação com as plantas de controlo. No entanto, a actividade máxima de quitinase foi atingida para ambas as variedades após a inoculação do agente patogénico às 168 horas. Para o sistema *in* vivo, foi alcançado um aumento consistente da actividade da quitinase com o tempo até 168 horas após a inoculação do agente patogénico (Fig. 6). Mauch et al (1984) relataram um aumento de 9 vezes na actividade da quitinase em 30 h após a infecção de vagens de ervilhas imaturas com *Fusarium solani* f. sp. *phaseoli*.

Tem sido relatado que a quitinase intercelular sozinha ou em combinação com E-1,3-glucanases provavelmente degradam parcialmente os polissacáridos da parede celular fúngica e assim limitam o crescimento fúngico (Boller 1995). No presente estudo, os dados mostram actividades enzimáticas máximas ao mesmo tempo para sistemas *in vitro* e *in* vivo, sugerindo que tanto a E-1,3-glucanase como as enzimas de quitinase interagem na resposta de defesa da planta. Foram também comunicadas actividades máximas de E-1,3-glucanase e quitinase cerca de 72 horas após a inoculação de agentes patogénicos (*Phytophthora infestans*) ou tratamento elicitor em folhas de batata (Kombrink et al. 1988). Presumivelmente, a quitinase e a E-1,3-glucanase actuam sinergicamente para inibir o crescimento da ferrugem foliar no trigo, à semelhança de outras interacções entre plantas e agentes patogénicos (Mauch et al. 1988). Para além da degradação das paredes celulares dos fungos, são libertados fragmentos de paredes celulares que podem actuar como sinais para desencadear a reacção de defesa do hospedeiro (Keen e Dawson 1992). Foi demonstrado que a quitina e o quitosano são um desencadeador eficaz da reacção de lenhificação hipersensível nas folhas de trigo (Vander et al. 1998).

Para o sistema in vitro, a purificação parcial da quitinase bruta resultou em 1,49 e 1,34 vezes e 1,39 vezes e 1,38 vezes o aumento das amostras de controlo e das amostras inoculadas de agentes patogénicos para a var. RMO-40 e FMM-96, respectivamente (Fig.7 e 8). Do mesmo modo, a purificação parcial da var. RMO-40 e da var. FMM-96 resultou num aumento de 2,74 e 3,02 vezes, respectivamente, para

Aumento de 2,84 e 3,43 vezes na actividade específica das plantas de controlo 24 horas e das plantas vacinadas contra agentes patogénicos, respectivamente. Em 168 h de plantas controladas e vacinadas contra agentes patogénicos do sistema *in* vivo (Fig. 8), a purificação parcial resultou num aumento de 2,92 e 3,36 vezes na actividade específica das amostras controladas e vacinadas contra agentes patogénicos para a var. RMO-40 e um aumento de 2,71 e 3,92 vezes na actividade específica das amostras de controlo e vacinas patogénicas para o Var. FMM-96. Relatórios semelhantes sobre a purificação da quitinase em colunas de hidroxiapatite e carboximetil Sephadex C-50 etileno

folhas de *Phaseolus* vulgaris tratadas foi relatado por Abeles et al (1970). Estimou-se que 4% da proteína total da folha solúvel era quitinase.

A purificação da quitinase induzida por etileno de *Phaseolus vulgaris* L. também foi relatada (Boller et al. 1983). A quitinase foi purificada por cromatografia de afinidade numa coluna de quitina regenerada. O peso molecular da quitinase purificada determinado pela SDS-PAGE foi de 30 kDa e o peso molecular determinado por filtração através de Sephadex G-75 foi de 22.000. A enzima purificada atacou a quitina em paredes celulares isoladas de *Fusarium solani*.

O perfil SDS PAGE das fracções de quitinase bruta e parcialmente purificada de 24 horas de amostras *in vitro* inoculadas mostra a presença de 15 bandas principais na fracção bruta em comparação com apenas 4 bandas principais de cerca de 9-74 kDa na fracção dessalinizada de 24 horas de plantas inoculadas de var. FMM-96, enquanto para a var. RMO-40 o número de bandas visíveis na fracção bruta e dessalinizada inoculada com o agente patogénico é de 13 e 6 bandas principais de cerca de 16-69 kDa, respectivamente (Fig. 12). A intensidade e assim a concentração das bandas diminuiu a cada etapa de purificação, mas o número de bandas também diminuiu, indicando que as bandas obtidas nas fracções dessalinizadas, cujo peso molecular se situava na gama de cerca de 5-69 kDa, podem ser as de proteínas PR. Os 19 kDa podem representar quitinase, mas é claro que seria necessária uma confirmação adicional através da ligação a anti-soros específicos. Sabe-se que a quitinase (PR-3) tem um peso molecular na gama de 26-32 kDa (Van Loon et al. 1994). Uma diminuição semelhante no número e intensidade e, portanto, na concentração das bandas poderia ser tornada visível ao analisar os géis com o programa de imagem Scion (não mostrado). As outras bandas obtidas na gama 10-40 kDa poderiam representar as outras proteínas PR. No entanto, o peso molecular da quitinase em plântulas e folhas de batata-doce foi reportado como sendo de cerca de 16 kDa (Hou et al. 1998). Foi notificada a acumulação de 26 kDa quitinase no líquido applástico das folhas de tomate após inoculação com *Cladosporium fulvum* com actividade máxima 6 dias após a inoculação e mais ou menos constante até 14 dias (Matthieu et al. 1989).

3.3. Determinação do conteúdo proteico total: O teor total de proteínas nas plantas de controlo e nas plantas de feijão-traça vacinadas contra agentes patogénicos utilizando sistemas *in vitro* e *in* vivo (Fig. 9 e 10) era mais elevado nas plantas vacinadas contra agentes patogénicos do que nas plantas de controlo. O teor total de proteínas no sistema *in* vitro era 2, 54, 29, 81, 6, 3 e 19% superior ao das plantas de controlo após 2, 4, 8, 24, 48, 72 e 96 horas. O conteúdo máximo de proteínas foi atingido 24 horas após a inoculação tanto no RMO-40 como no FMM-96. Saikia et al (2005) relataram resultados semelhantes de uma maior acumulação de dois

Proteínas PR, nomeadamente quitinase e E-1,3-glucanase, em plantas de grão de bico induzido do que nas plantas de controlo. As actividades máximas de quitinase e E-1,3-glucanase foram determinadas três dias após a inoculação com fungos fitopatogénicos (*Fusarium udum, Fusarium oxysporum* f. sp. *ciceri* e *Macrophomina phaseolina*) em todas as plantas inoculadas. Para o sistema *in* vivo, o teor máximo de proteína foi obtido 96 h e 72 h após inoculação para a var. RM0-40 e FMM-96, respectivamente. O aumento retardado do conteúdo proteico total do sistema *in* vivo pode ser devido à expressão retardada dos genes de PR e à maquinaria bioquímica complexa envolvida nas plantas vivas em comparação com as plantas desenraizadas do sistema *in* vitro. No caso do sistema *in* vitro, as plantas deterioram-se lentamente ao longo do tempo, levando à perda de maquinaria bioquímica/processos metabólicos, enquanto que isto não acontece no caso do sistema *in* vivo, onde os processos bioquímicos são totalmente activos metabolicamente ao longo do período de estimativa.

Vários sistemas hospedeiros de agentes patogénicos mostram a acumulação de proteínas induzida por agentes patogénicos (Dassi et al. 1998; Lawrence et al. 1996). Da mesma forma, foram registadas actividades específicas máximas de E-1,3-glucanase e quitinase após a diminuição da fixação de azoto 28 dias após a inoculação com *Bradyrhizobium japonicum* em nódulos de raiz de soja, indicando a síntese de proteínas PR em condições de inoculação de agentes patogénicos (Mohammadi e Karr 2002).

3.3.1. Caracterização das proteínas totais por SDS-PAGE: O perfil proteico das proteínas totais mostrou a presença de um número de bandas na gama de 10-40 kDa. O peso molecular e a área das bandas no padrão electroforético obtido pela SDS-PAGE foram determinados por comparação com marcadores de proteína padrão para o peso molecular. Além disso, comparando o peso molecular das bandas obtidas no perfil proteico com o peso molecular relatado das proteínas PR, foi possível determinar uma provável identidade das proteínas.

Em condições *in vitro* para a var. RMO-40 (Fig. 13), as bandas obtidas pela SDS- PAGE situam-se na gama de aproximadamente 15-109 kDa. Nas amostras inoculadas estão presentes várias bandas de proteínas que faltam no controlo e vice-versa. Isto indica que várias novas proteínas estão a ser sintetizadas e que a quantidade de algumas destas proteínas também aumenta após a inoculação de agentes patogénicos. Ao comparar o peso molecular das bandas obtidas no perfil proteico com o peso molecular relatado das proteínas PR (Van Loon et al. 1994), foi feita uma identificação provável destas bandas, indicando a que classe de proteínas PR pertencem. As proteínas PR das classes PR-3, PR-4, PR-5, PR-8, PR-9 e PR-11 foram identificadas experimentalmente em plantas de feijão traça para a variedade RMO-40 usando um sistema *in* vitro. A banda de cerca de 43 kDa correlacionada com PR-.

11 b(v) estava presente nas amostras inoculadas com o agente patogénico às 2, 4 e 72 horas e na amostra de controlo de 8 horas A quantidade máxima de proteína PR sintetizada na variedade RMO-40 utilizando o sistema *in* vitro foi a de uma banda de 32 kDa correlacionada com PR-3 e presente nas amostras inoculadas às 4 e 8 horas e na amostra de controlo às 96 horas. Estes resultados podem ser comparados com os de Van Loon (1983), que relatou que os preparados de proteína PR contêm diferentes quantidades de proteínas extraídas de diferentes plantas. Nos casos em que o fraccionamento de pH baixo dos extractos não tinha sido tentado, a electroforese mostrou a presença de muitas proteínas muitas vezes densamente coradas, para além das proteínas PR. Assim, a presença de bandas de proteínas não correlacionadas com as proteínas PR nas plantas controladas e vacinadas contra agentes patogénicos pode ser explicada com base no acima exposto.

Na var. FMM-96 (Fig. 14) a maioria das faixas proteicas estão na faixa de cerca de 14-90 kDa. Seis bandas proeminentes com pesos moleculares de cerca de 67, 58, 34, 32, 23 e 18,92 kDa estão presentes na maioria das amostras. Uma identificação preliminar da seguinte classe de proteínas PR, ou seja, PR-1, PR-2, PR-3, PR-4, PR-5, PR-8, PR-9 e PR-11, poderia ser realizada em diferentes amostras de controlo e inoculadas por agentes patogénicos. Os dados acima indicados sugerem que a síntese de várias proteínas PR ocorre em condições patogénicas vacinadas. Para o sistema *in* vivo da var. RMO-40 (Fig. 15), o perfil SDS-PAGE do total de proteínas mostrou a presença de bandas proteicas na gama de cerca de 15-116,5 kDa. É óbvio que na maioria das plantas o número total de bandas proteicas nas amostras inoculadas é ou mais ou semelhante ao das amostras de controlo. A classe de proteínas PR que poderiam ser experimentalmente identificadas nas amostras de controlo e as amostras inoculadas com o patogénico para a variedade RMO-40 utilizando o sistema *in* vivo são PR-2, PR-3, PR-4, PR-5, PR-9 e PR-11.

As faixas proteicas para a var. FMM-96 (Fig.16) estão na faixa de 18,5-115 kDa.

A partir do perfil proteico é também claro que o número total de bandas nas amostras vacinadas contra agentes patogénicos é de 11, 12, 8, 9, 14, 8 e 7, em comparação com as amostras de controlo, que

contém 10, 11, 6, 7, 7, 8, 10 e 7 bandas. Isto mostra claramente que o número total de bandas nas amostras inoculadas é ou superior ou semelhante ao das amostras de controlo. Nos casos em que os números são semelhantes, a área das bandas é aumentada, indicando uma maior quantidade de proteína sintetizada sob condições patogénicas-vacinadas. O número máximo de bandas nas amostras vacinadas contra agentes patogénicos é de 14 bandas às 48 horas, em comparação com apenas 8 bandas na amostra de controlo. As bandas proeminentes presentes na maioria das amostras são aproximadamente 67, 61, 43, 34, 32, 23, 21 e 18 kDa. No entanto, algumas novas proteínas são também sintetizadas após inoculação com agentes patogénicos fúngicos, por exemplo, em amostras inoculadas de 24 h e 48 h. Estão presentes 3 bandas adicionais de aproximadamente 115, 106, 93 kDa, que faltam nas amostras de controlo. Com base na análise SDS-PAGE de diferentes bandas proteicas pelo seu peso molecular, área da banda e

utilizando o sistema de documentação em gel, a presença de várias proteínas PR, nomeadamente PR-2, PR-3, PR-4, PR-5, PR-7, PR-9 e PR-11, poderia ser detectada no controlo e em diferentes intervalos de tempo de inoculação de agentes patogénicos. Uma comparação das regiões das bandas proteicas mais proeminentes indica também que a proteína sintetizada sob condições de inoculação patogénica é diferente e a sua concentração é mais próxima da do controlo. É portanto lógico assumir que qualquer stress, tal como uma vacinação contra fungos patogénicos, em condições de controlo, conduzirá à síntese de novas proteínas ou a um aumento da concentração das proteínas existentes.

Embora as proteínas PR sejam definidas como proteínas induzidas e recentemente expressas, a detecção destas proteínas ao nível da proteína ou mRNA indica frequentemente a presença de quantidades mínimas nos tecidos de controlo não infectados. Mas as proteínas são consideradas proteínas PR se forem facilmente detectáveis em tecidos infectados mas não em tecidos não infectados. As proteínas PR podem ser expressas em plantas saudáveis em certas fases de desenvolvimento, por exemplo, a base de tabaco PR-5 (osmótico) é produzida nas folhas durante a maturação e senescência, mas não está presente nas folhas jovens (Van Loon et al. 1994). Também no sistema patogénico vegetal do feijão-marinha - M. *phaseolina* - a presença de uma série de bandas proteicas nas plantas de controlo pode ser justificada com base no acima exposto.

Foram relatadas mais provas da acumulação de várias proteínas PR no apoplast de folhas de tomate após inoculação com *Cladosporium fulvum* (Matthieu et al. 1989). Foi demonstrado que estas proteínas têm E-1,3-glucanase ($_{Mr}$ 35 e 33 kDa) e actividade de quitinase ($_{Mr}$ 26, 27, 30 e 32 kDa). Na mesma planta, três proteínas de 14 kDa e uma base PR-1 foram isoladas do tabaco após infecção com *Phytophthora infestans* (Niderman et al. 1995). Mohamed e Sehgal (1997) mostraram a indução de 10 proteínas ácidas e 8 proteínas PR básicas em folhas primárias de *Phaseolus vulgaris* cv. Pinto após infecção com o Vírus do Mosaico do Feijão do Sul (SBMV). Estas proteínas incluíam quatro, 17 kDa, proteínas ácidas de função desconhecida serologicamente relacionadas, duas quitinases, uma ácida (29 kDa) e uma básica (32 kDa) com actividade antifúngica e quatro (21, 28, 29, 36 kDa) glucanases ácidas serologicamente relacionadas.

Anguelova-Merhar et al (2002) mostraram o efeito da infecção com ferrugem foliar (*Puccinia triticina*) na actividade da quitinase intercelular e peroxidase em linhas resistentes [RL 6082 (Thatcher/Lr35)] e susceptíveis (Thatcher) nas proximidades do trigo isogénico (*Triticum aestivum* L.) em diferentes fases de crescimento das plantas. Os resultados obtidos no sistema patogénico do feijão-marinha são comparáveis e indicam que a resposta global é mais elevada na variedade FMM-96, que é resistente, do que na variedade RMO-40, que é moderadamente susceptível. Uma vez que a planta responde melhor aos feijões jovens

Em fases posteriores, seria resistente a outros agentes patogénicos e mais adequado às condições de campo.

Carr et al (1982) prepararam o poli(A) mRNA a partir de jovens plantas 'xanthi-nc' saudáveis e infectadas com TMV e traduziram-no num sistema sem células de germes de trigo, bem como nos lisados reticulócitos de coelhos dependentes de mensageiros. Os produtos de tradução radioactivamente etiquetados mostraram que cada uma destas proteínas PR tem o seu próprio mRNA. Foi sugerido que a maior parte do mRNA para as proteínas PR é sequestrado de forma latente, intraduzível em folhas saudáveis até que o estímulo do tratamento químico ou infecção patogénica cause a sua conversão num estado translatável. Isto indica que a síntese das proteínas PR está num estado translacional e não transcripcional. A evidência é que a actinomicina D, que bloqueia a transcrição, induz proteínas PR quando injectada nas folhas de 'Xanthi-nc'. Foi sugerido que 4 novas proteínas foram identificadas que se ligam ao mRNA não-polissómico em plantas saudáveis mas não em plantas em stress, e que poderiam ser proteínas de marcação de mRNA envolvidas nos mRNPs propostos. Se o metabolismo do ácido nucleico for perturbado por um agente patogénico infectante, o controlo translacional da síntese proteica de uma planta teria vantagens ao permitir uma resposta rápida sem a necessidade de nova síntese de mRNA (Redolfi 1983). Isto poderia explicar o maior número de bandas proteicas ou maiores quantidades de proteínas obtidas nas plantas de controlo em comparação com as proteínas inoculadas com o agente patogénico em algumas das amostras. A análise do conteúdo proteico total determinaria assim as alterações nas quantidades proteicas e na síntese proteica que ocorrem nas plantas após diferentes intervalos de tempo de inoculação de agentes patogénicos. A partir do perfil de documentação em gel das proteínas totais, a provável identidade das proteínas a que pertencem pode ser determinada por comparação com o peso molecular das proteínas de PR. No entanto, é claro que seria necessária mais confirmação. Isto indica uma importância significativa das proteínas PR para a resistência às doenças nas plantas. Na maioria das plantas, as proteínas PR têm um papel estabelecido na resistência às doenças. Isto sublinha o facto de que a formação de proteínas PR é uma adaptação metabólica celular a uma situação de stress (Van Loon 1985). O presente trabalho mostra um papel significativo e a síntese de proteínas PR em plantas de feijão-marinho após inoculação com o agente patogénico fúngico *Macrophomina phaseolina*.

OBRIGADO

As instalações fornecidas pela Universidade de Banasthali e DBT no departamento são devidamente reconhecidas.

REFERÊNCIAS

Abeles FB, Bosshart RP, Forrence LE, Habig WE (1970) Preparação e purificação de glucanase e quitinase a partir de folhas de feijão. Fisiol vegetal. 47:129-34.

Abeles FB, Forrence LE (1970) Controlo temporal e hormonal da E-1,3-glucanase em *Phaseolus vulgaris* L. Plant Physiol. 45:395-400.

Anguelova-Merhar VS, Westhuizen van der AJ, Pretorius ZA (2002) Actividades de quitinase intercelular e peroxidase relacionadas com a resistência que o gene Lr35 confere à ferrugem das folhas de trigo. J Fisiol vegetal. 159:1259-61.

Berger LR, Reynolds DM (1958) O sistema de quitinase de uma estirpe de *Streptomyces griseus*. Biochem Biophys Acta. 29 (3):522-34.

Boller T (1993) Funções antimicrobianas da planta hidrolase quitinase e E-1,3-glucanase. In: Fritig B, Legrand M, editor. Desenvolvimentos em patologia vegetal p. 391- 400.

Boller T (1995) Chemorecepção de sinais microbianos em células vegetais. Annu Rev Plant Physiol Plant Mol Biol. 46:189-214.

Boller T, Gehri A, Mauch F, Vogeli U (1983) Chitinases em folhas de feijão: Indução por etileno, purificação, propriedades e possível função. planta. 157:22-31.

Boller T, Gehri A, Mauch F, Vogeli U (1983) Chitinases em folhas de feijão: Indução por etileno, purificação, propriedades e possível função. Planta 157:22-31.

Bowles DJ (1990) Defesa de proteínas relevantes em plantas superiores. Annu Rev Biochem. 59:873-907.

Carr JP, Antoniew JF, White RF, Wilson TMA (1982) Latent messenger RNA em tabaco (*Nicotiana tabacum*). Bioquímica Soc Trans. 10:353-354.

Dassi BE, Dumas-Gaudot, Gianinazzi S (1998) As proteínas relacionadas com a patogénese desempenham um papel na bioprotecção das raízes de tomate micorrizal contra *Phytophthora parasitica*? Patogénico vegetal Physiol Mol. 52:167-183.

Felix G, Meins FJr (1985) Purificação, imuno-ensaio e caracterização de um polipéptido abundante regulamentado com citoquinina em tecidos de tabaco de cultura. Comprovação de que a proteína é uma E-1,3-glucanase. Planta. 164:423-428.

Fritig B, Heitz T, Legrand M (1998) Proteínas antimicrobianas na defesa das plantas induzidas. Opinião actual Immunol. 10:16-22.

Hahlbrock K, Scheel D (1986) Reacções bioquímicas das plantas a agentes patogénicos. In: Abordagens inovadoras ao controlo de doenças em plantas de tabaco. Ed. I. Chet, John Wiley & Sons, Chichester, Nova Iorque. S. 229-254

Hou W, Chen Y, Lin Y (1998) Chitinase activity of sweet potato (*Ipomoea batatas* (L.) Lam var. Tainong 57). Bot Bull Academia Sinica 39:93-97.

Jain SC, Singh RC, Sharma RC, Mathur JR (1982) Seed microflora of the moth bean: its pathogenicity and control. Indian J Mycol Pl Pathol. 12(2):137-141.

Keen NT, Dawson WO (1992) Pathogenic virulence genes e desencadeadores da defesa das plantas. In: Genes envolvidos na defesa das plantas. Editado por Boller, T. and Meins, F. Springer-Verlag, Viena, Nova Iorque. S. 85-114.

Kombrink E, Schroder M, Hahlbrock K (1988) Várias proteínas "patogénicas" na batata são E-1,3-glucanases e quitinases. Proc Natl Acad Sci USA. 85:782-786.

Kumar D (2002) New Concepts of moth bean improvement. In: O feijão-mariposa na Índia. Editado por D. Kumar e N.B. Singh, Scientific Publishers, Jodhpur, Índia. pp. 31-47.

Laemmli UK (1970) Cleavage of structural proteins during assembly of the head of the bacteriophage T4. Natureza. 227:680-685.

Lamb CJ, Lawton MA, Dron M, Dixon RA (1989) Sinais e mecanismos de transdução para activar a defesa das plantas contra ataques microbianos. Célula 56:215- 224.

Lawrence CB, Joosten MHAJ, Tuzun S (1996) Differential induction of pathogenesis-related proteins in the tomato by *Alternaria solani* and the association of a basic chitinase isoenzyme with resistance Physiol Mol Plant Pathogen. 48:361-377.

Leubner-Metzger G, Meins FJr (1999) Functions and regulation of plant E-1,3-glucanases (PR-2). In: Proteínas relacionadas com a patogénese nas plantas. Ed. S.K. Datta e S. Muthukrishnan, CRC Press LLC, Boca Raton, Florida. pp. 49-68.

Lowry OH, Rosebrough NJ, Farr AL, Randall RJ (1951) Medição da proteína com o reagente Folin Phenol. J Biol Chem. 193:265-275.

Matthieu HA, Joosten J, Pierre JG, De Wit M (1989) Identificação de várias proteínas relacionadas com a patogénese em folhas de tomate inoculadas com *Cladosporium fulvum* (syn. *Fulvia fulva*) como E-1,3-glucanases e quitinases. Fisiol vegetal. 89:945-951.

Mauch F, Hadwiger LA, Boller T (1984) Etileno: Sintoma, não sinal para a indução de quitinase e E-1,3-glucanase em vagens de ervilha por agentes patogénicos e elicitors Fisiol vegetal. 76:607-611.

Mauch F, Mauch-Mani B, Boller T (1988) Antimicóticos hidrolases em tecido de ervilha 11. inibição do crescimento fúngico por combinações de quitinase e E-1,3-glucanase. Fisiol vegetal. 88:936-942.

Mauch F, Mauch-Mani B, Boller T (1988) Antimicóticos hidrolases em tecido de ervilha 11. inibição do crescimento fúngico por combinações de quitinase e E-1,3-glucanase. Fisiol vegetal. 88:936-942.

Mehdy MC (1994) Espécies de oxigénio activo na defesa das plantas contra agentes patogénicos. Fisiol vegetal. 105:467-472.

Mohamed F, Sehgal OP (1997) Characteristics of pathogenesis-related proteins induced in *Phaseolus vulgaris* cv. pinto after viral infection. J Phytopathol. 145:49-58.

Mohammadi M, Karr AL (2002) E-1,3-glucanase e actividades de quitinase em nódulos de raiz de soja. J Fisiol vegetal. 159:245-256.

Nelson N (1944) Uma adaptação fotométrica do método Somogyi para a determinação da glucose. J Biol Chem. 153:375-381.

Niderman T, Genetet I, Bruyere T, Gees G, Stinzi A, Legrand M, Fritig B, Mosinger E (1995) As proteínas relacionadas com a patogénese PR-1 são antimicótico. Isolamento e caracterização de três proteínas de tomate de 14 quilos e uma proteína PR-1 básica de tabaco com actividade inibitória contra *Phytophthora infestans*. Fisiol vegetal. 108:17-27.

Redolfi P (1983) Ocorrência de proteínas relacionadas com a (b) patogénese e similares em várias espécies vegetais. Neth J Pl Path. 89:245-254.

Reissig JL, Strominger JL, Leloir LF (1955) Um método colorimétrico modificado para estimar os açúcares N-acetilamino. J Biol Chem. 217:959-966.

Saikia R, Singh BP, Kumar R, Arora DK (2005) Detecção da quitinase de proteínas relacionadas com a patogénese e E-1,3-glucanase no grão-de-bico induzido. Actualmente Sci. 89(4):659-663.

Schlumbaum A, Mauch F, Vogeli U, Boller T (1986) As quitinases vegetais são fortes inibidores do crescimento fúngico. Natureza. 324(27):365-367.

Sharma JP, Gupta JS (1981) Seedling rot rot of the moth bean. Fitopata indiano. 34:160.

Singh SK, Srivastava HP (1988) Sintomas de infecções de *macrophomina* phaseolina em plântulas de feijão-marinho. Zona Ann Aride. 27(2):151-152.

Van Loon LC (1983) The induction of pathogenesis-related proteins by pathogenesis and specific chemicals. Neth J Pl Path. 89:265-273.

Van Loon LC (1985) Proteínas relacionadas com a patogénese. Planta Mol Biol. 4:111-116

Van Loon LC (1997) Induced resistance in plants and the role of pathogenesis related - proteínas. Eur J Pflanzenpathol. 103:753-765.

Van Loon LC, Pierpoint WS, Boller T, Conejero V (1994) Recommendations for the designation of plant pathogenesis related proteins. Plant Mol Biol Rep. 12:245-264.

Van Loon LC, Van Kammen A (1968) Polyacrylamide disk electrophoresis of the soluble leaf proteins of *Nicotiana tobacum* var. *"Samsun"* e "Samsun NN"-I. Fitoquímica. 7:1727-1735.

Van Loon LC, Van Strein EA (1999) As famílias de proteínas relacionadas com a patogénese, as suas actividades e a análise comparativa de proteínas do tipo PR-1. Physiol Mol planta cat. 55:85-97.

Vander P, Varum KM, Domard A, Gueddari NEE, Moerschbacher BM (1998) Comparação da capacidade dos quitosanos parcialmente N-acetilados e quitooligossacarídeos para induzir reacções de resistência nas folhas de trigo. Pflanzenphysiol. 118:1353-1359.

Vital Agricuture Statistics (2006), Direcção da Agricultura, Rajasthan, Jaipur. (Célula Estatística).

Wessels JGH, Sietsma JH (1981) Fungal cell walls: an overview. In: Enciclopédia de Fisiologia Vegetal. Nova série. Cadernos. W. Tanner e F.A. Loewus, New York, Springer, Volume 13 b. pp. 352-394.

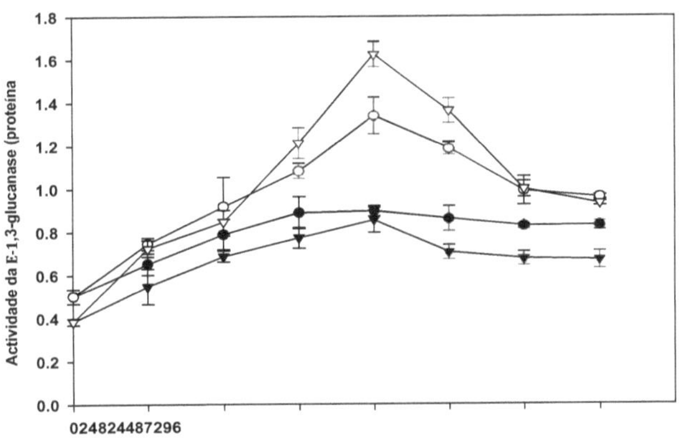

Fig. 1- E-1,3-glucanase numa planta de uma semana de feijão-marinho com sistema *in* vitro.

- x - controlo RMO-40, - R - RMO-40 inoculado, -d- controlo FMM-96, - - - FMM-96 inoculado.

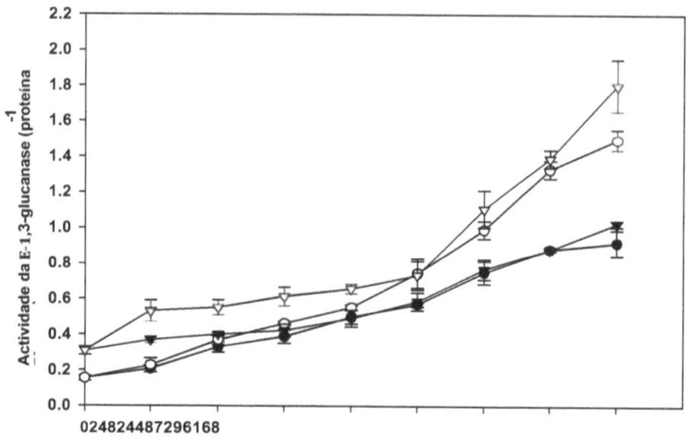

Fig. 2- E-1,3-glucanase em plantas de feijão-marinho com sistema *in* vivo durante uma semana. - x - controlo RMO-40, - R - RMO-40 inoculado, -d- controlo FMM-96, - FMM-96 inoculado.

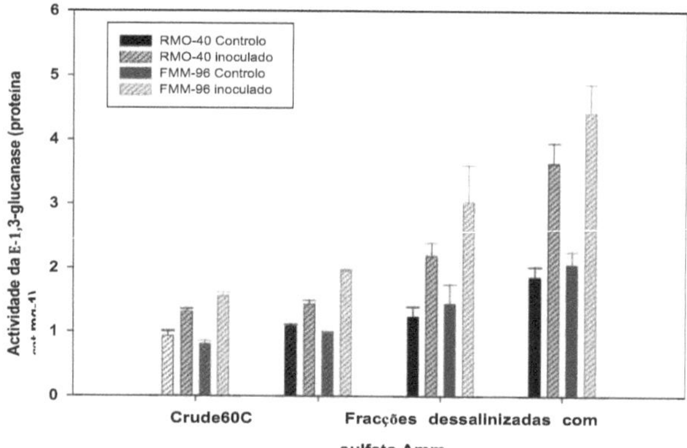

Fig. 3- E-1,3-glucanase em fracções brutas e parcialmente purificadas em controlo e plantas de feijão-marinha inoculadas 24 horas por dia, utilizando um sistema *in* vitro.

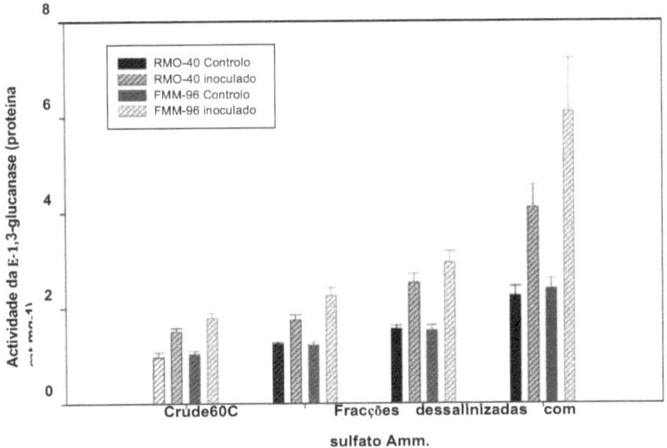

Fig. 4- E-1,3-glucanase em fracções em bruto e parcialmente purificadas no controlo e 168 hrs. de plantas de feijão-marinha inoculadas de uma semana utilizando o sistema *in* vivo.

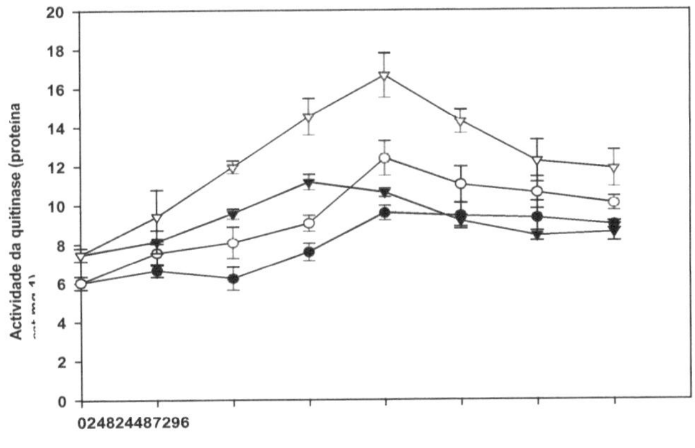

Fig. 5- Actividade da quitinase numa planta de uma semana de feijão-marinho com sistema *in* vitro. -x- controlo RMO-40, -R-RMO-40 inoculado, -d- controlo FMM-96, - FMM-96 inoculado.

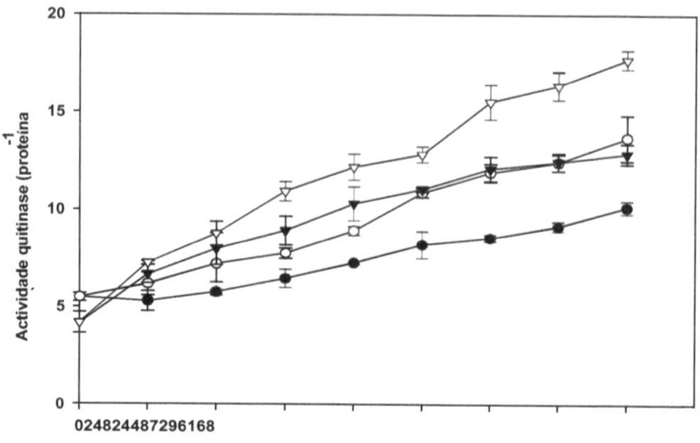

Fig. 6- Actividade de quitinase numa planta de uma semana de feijão-marinho utilizando o controlo *in* vivo x - RMO-40, - R - RMO-40 inoculado, -d- controlo FMM-96, - - - FMM-96 inoculado.

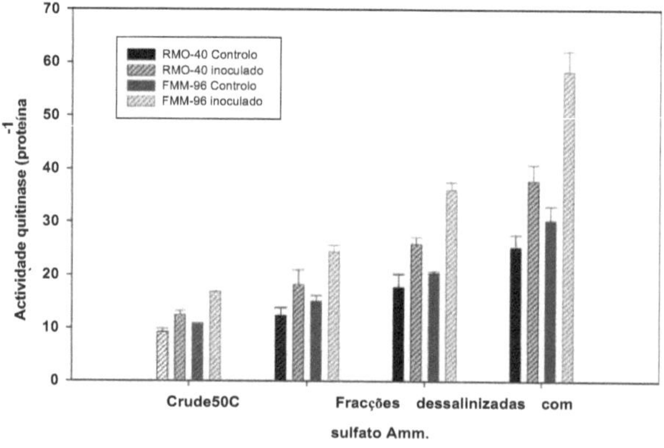

Fig. 7- Actividade da quitinase em fracções em bruto e parcialmente purificadas em controlo e plantas de feijão-marinha com 24 h de uma semana de idade inoculadas com um sistema in vitro.

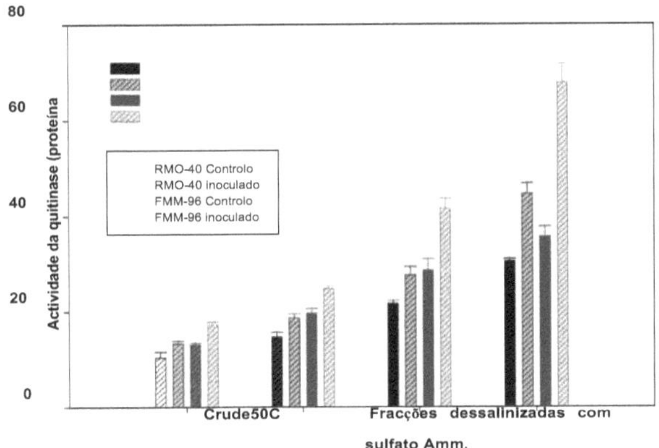

Fig. 8- Actividade da quitinase em fracções em bruto e parcialmente purificadas no controlo e 168 hrs. de plantas de feijão-marinho inoculadas de uma semana com sistema *in* vivo

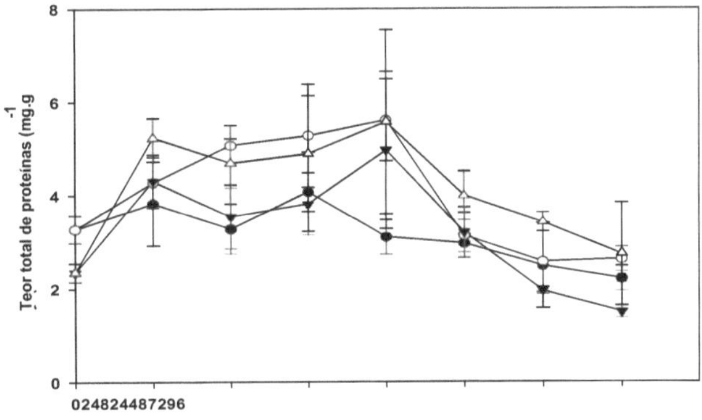

Fig. 9- Teor total de proteínas numa planta de uma semana de feijão-marinho com sistema - controlo RMO-40, - R - RMO-40 inoculado, -d- controlo FMM-96, - - - FMM-96 inoculado.

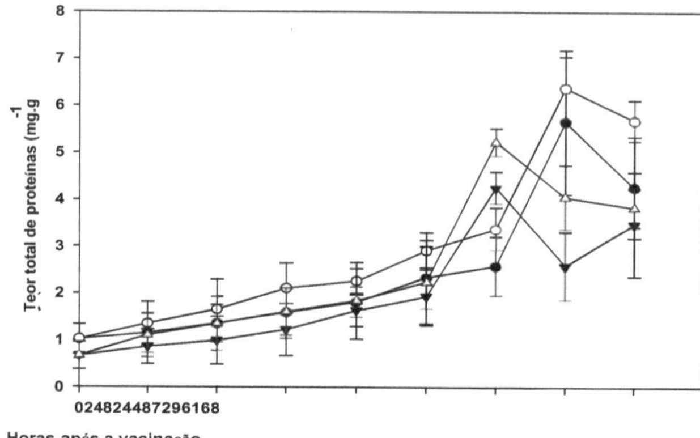

Fig. 10- Teor total de proteínas em plantas de uma semana de feijão-marinho com sistema *in* vivo. - x - controlo RMO-40, - R - RMO-40 inoculado, -d- controlo FMM-96, - - - FMM-96 inoculado

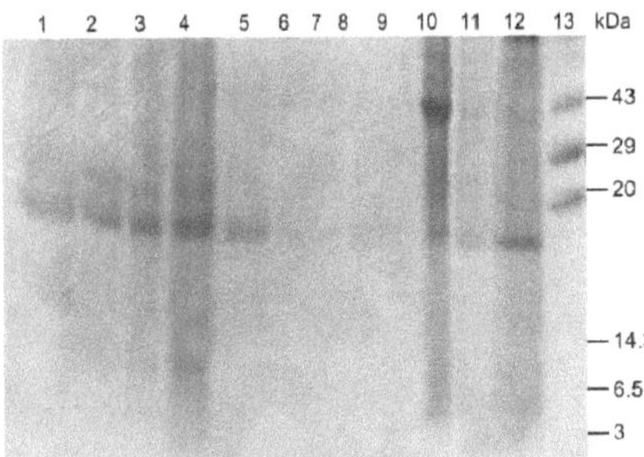

Fig. 11: Perfil SDS-PAGE de fracções de E-1,3-glucanase crua e parcialmente purificada a partir de amostras *in* vitro inoculadas 24 horas de duas variedades, RMO-40 e FMM-96 a partir de plantas de uma semana de feijão-marinho. Pista 1 - RMO-40, inoculada, dessalinizada, Pista 2 - RMO-40, inoculada, $(NH_4)_2$ SO4 precipitada, Pista 3 - RMO-40, inoculada, 60oC aquecida, Pista 4 - RMO-40, inoculada, bruta, Pista 5 - RMO-40, controlo, bruta, Pista 6 - RMO-40, controlo, dessalinizada, Pista 7 - FMM-96, controlo, dessalinizado, Pista 8 - FMM-96, vacinado, dessalinizado, Pista 9 - FMM-96, vacinado, $(NH_4)_2$ SO4 precipitado, Pista 10 - FMM-96, vacinado, 60oC aquecido, Pista 11 - FMM-96, controlo, cru, Pista 12 - FMM-96, vacinado, cru, Pista 13 - marcador de baixo peso molecular.

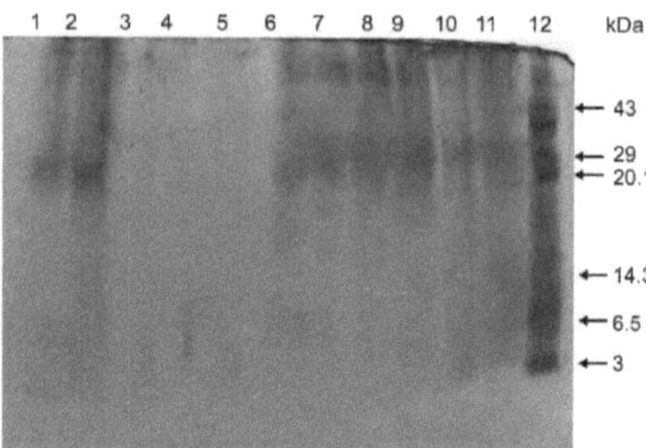

Fig. 12 Perfil SDS-PAGE de fracções de quitinase crua e parcialmente purificada de amostras *in* vitro inoculadas *in* vitro de duas variedades, RMO-40 e FMM-96 de plantas de uma semana de feijão-marinho. Pista 1 - RMO-40, controlo, cru, Pista 2 - RMO-40, inoculado, cru, Pista 3 - RMO-40, inoculado, 50oC aquecido, Pista 4 - RMO-40, inoculado, $(NH_4)_2$ SO4 precipitado, Pista 5 - RMO-40, inoculado, dessalgado, Pista 6 - RMO-40, controlo, dessalgado, Pista 7 - FMM-96, vacinado, dessalinizado, Pista 8 - FMM-96, vacinado, $(NH_4)_2$ SO4 precipitado, Pista 9 - FMM-96, vacinado, 50oC aquecido, Pista 10 - FMM-96, vacinado, cru, Pista 11 - FMM-96, controlo, cru, Pista 12 - marcador de baixo peso molecular.

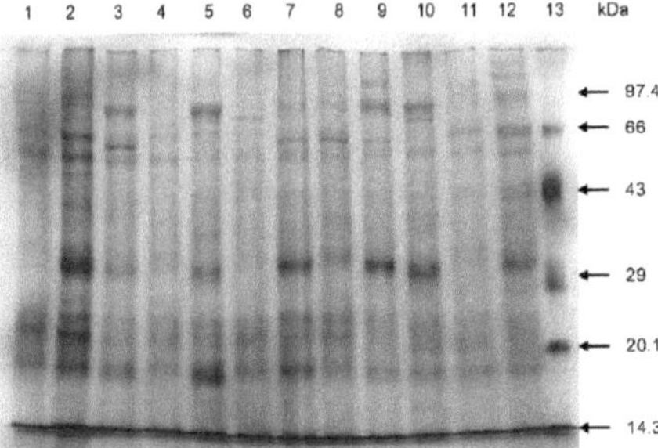

Fig. 13. Perfil SDS-PAGE de proteínas totais em 10% de géis corados com Cumassie azul brilhante. 40 Pg de proteína de controlo e amostras inoculadas de plantas de feijão-marinho de uma semana de idade da var. RMO-40 foram carregadas utilizando um sistema *in* vitro. Pista 1 - 96 h inocular, pista 2 - 96 h controlo, pista 3 - 72 h inocular, pista 4 - 72 h controlo,

Pista 5 - 24 horas vacinadas, Pista 6 - 24 horas controladas, Pista 7 - 8 horas vacinadas, Pista 8 - 8 horas controladas, Pista 9 - 4 horas vacinadas, Pista10 - 4 horas controladas, Pista11 - 2 horas vacinadas, Pista12 - 2 horas controladas, Pista13 - marcador de peso molecular de médio alcance

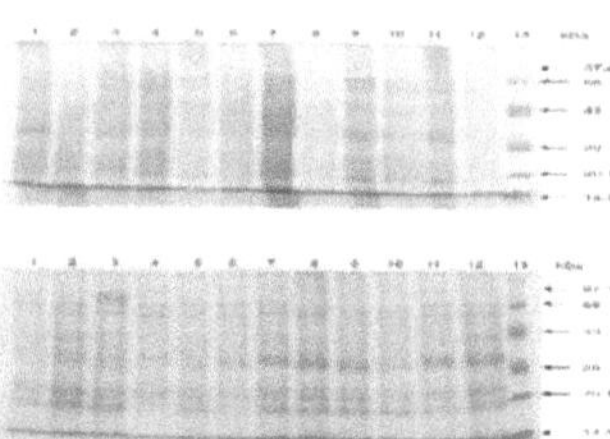

Fig. 14. Perfil SDS-PAGE de proteínas totais em 10% de géis corados com Cumassie azul brilhante. 40 Pg de proteína do controlo e amostras inoculadas de plantas de feijão-marinho de uma semana de idade de Var. FMM-96 foram carregadas utilizando um sistema *in* vitro. Pista 1 - 96 h inoculada, pista 2 - 96 h controlo, pista 3 - 72 h inoculada, pista 4 - 72 h controlo,

Pista 5 - 24 horas vacinadas, pista 6 - 24 horas de controlo, pista 7 - 8 horas vacinadas, pista 8 - 8 horas de controlo, pista 9 - 4 horas vacinadas, pista 10 - 4 horas de controlo, pista 11 - 2 horas vacinadas, pista 12 - 2 horas de controlo, pista 13 - marcador de peso molecular de médio alcance.

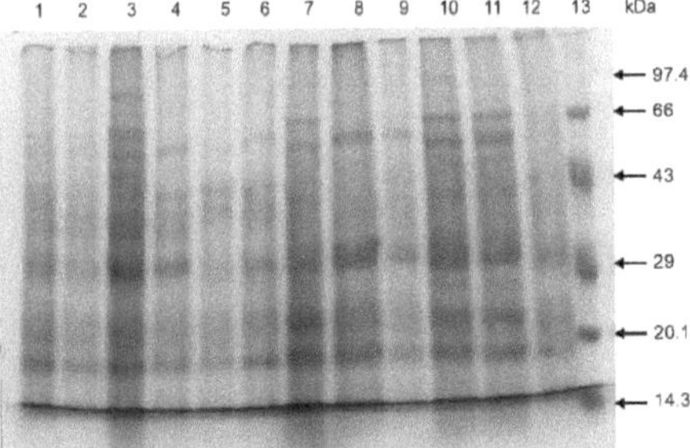

Fig. 15. Perfil SDS-PAGE de proteínas totais em 10% de géis corados com Cumassie azul brilhante. 40 Pg de proteína de controlo e amostras inoculadas de plantas de feijão-marinho de uma semana de idade da var. RMO-40 foram carregadas utilizando um sistema *in vivo*. Pista 1 - 168 h inoculada, pista 2 - 168 h controlo, pista 3 - 72 h inoculada, pista 4 - 72 h controlo,

Pista 5 - 48 hrs vacinadas, Pista 6 - 48 hrs controlo, Pista 7 - 24 hrs vacinadas, Pista 8 - 24 hrs controlo, Pista 9 - 4 hrs vacinadas, Pista 10 - 4 hrs controlo, Pista 11 - 2 hrs vacinadas, Pista 12 - 2 hrs controlo, Pista 13 - marcador de peso molecular médio

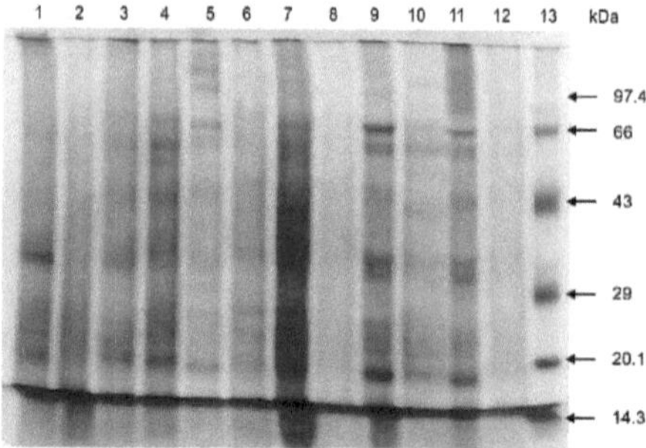

Fig. 16. Perfil SDS-PAGE de proteínas totais em 10% de géis corados com Cumassie azul brilhante. 40Pg de proteína do controlo e amostras inoculadas com o agente patogénico foram carregadas de plantas de feijão-marinho da var. FMM-96 de uma semana, utilizando um sistema *in* vivo. Pista 1 - 168 h inoculada, pista 2 - 168 h controlo, pista 3 - 72 h inoculada, pista 4 - 72 h controlo,

Pista 5 - 48 horas vacinadas, Pista 6 - 48 horas controladas, Pista 7 - 24 horas vacinadas, Pista 8 - 24 horas controladas, Pista 9 - 4 horas vacinadas, Pista10 - 4 horas controladas, Pista11 - 2 horas vacinadas, Pista12 - 2 horas controladas, Pista13 - marcador de peso molecular de médio alcance.

VARIABILIDADE INTER- E INTRA-POPULAÇÃO DE *SYZYGIUM CUMINI* UTILIZANDO MARCADORES DE RAPD

Suphiya Khan1, Vaishali [2] e Vinay Sharma*1

Departamento de Ciências da Vida e Biotecnologia, Universidade de Banasthali,

P.O. Banasthali Vidyapith, 304022, Rajasthan, Índia

2º Departamento de Biotecnologia, Sardar Vallabh Bhai Patel Universidade de Agricultura e Tecnologia, Meerut, 250004 UP, Índia

**Autor para correspondência (E-Mail: <vinaysharma30@yahoo.co.uk>; Tel.: +911438-228302; Fax: +911438228365)*

Sumário executivo

Syzygium cumini Linn. (Jamun) é uma árvore polivalente da família Myrtaceae com propriedades nutricionais e medicinais consideráveis. É utilizado em todo o mundo para o tratamento da diabetes. Apesar das suas muitas propriedades medicinais, não estão disponíveis dados moleculares sobre o padrão de variação na sua gama natural. No presente estudo, 9 genótipos da população de *S.* cumini recolhidos em diferentes partes da Índia foram analisados quanto à diversidade a nível molecular. Utilizando 10 primários polimórficos com uma média de 12,90 bandas por primário, foi avaliado um total de 129 produtos de amplificação. O conteúdo de informação polimórfica (PIC) dos iniciadores variava no intervalo de 0,28 - 0,86 com um PIC médio de 0,63. O dendrograma fenólico gerado pela análise UPGMA agrupava as adesões em quatro grupos. A análise de clusters baseada na UPGMA não mostrou formação de clusters específicos da região. No entanto, a análise dos dados mostra que os métodos RAPD são bastante informativos sobre a diversidade genética e ecológica de *S. cumini*. Em segundo lugar, o actual perfil de diversidade ajuda os fabricantes de medicamentos à base de plantas a seleccionar a matéria-prima certa para os medicamentos à base de plantas Jamun. Além disso, o nosso estudo fornece um perfil genético a nível populacional que poderia ser correlacionado com factores eco-geográficos para uma investigação mais aprofundada.

Palavras-chave: diversidade genética, RAPD, *Syzygium cumini*, UPGMA.

INTRODUÇÃO

Jamun (*Syzygium cumini*) é uma grande árvore sempre verde multiusos da família Myrtaceae com uma altura de até 15 a 30 m (Samba - Murthy e Subrahmanyam, 1989). A árvore Jamun, que é nativa da Índia, prospera facilmente em climas tropicais e pode ser encontrada em muitas partes da Ásia e África Oriental. Cresce amplamente nas planícies indo-alemãs e também no Delta Caucasiano de Tamilnadu (Indira e Mohan Ram, 1992). *S. cumini tem sido* amplamente utilizado em todo o mundo no tratamento da diabetes por profissionais tradicionais há muitos séculos e as suas várias partes têm muitas propriedades farmacológicas (Sagrawat *et al.*, 2006). Tem não só propriedades anti-hiperglicémicas maravilhosas (Vikrant *et al.*, 2001; Sharma *et al.*, 2003), mas também boas propriedades antioxidantes (Ravi *et al.*, 2004; Banerjee *et al.*, 2005), antibacterianas (Shafi *et al.*, 2002), antigenotóxicas (Bartolome *et al.*, 2005), anti-inflamatórias (Muruganandan *et al.*, 2001) e anti-HIV (Kusumoto *et al.*, 1995).

Para as espécies arbóreas de vida longa que têm de lidar com um elevado grau de heterogeneidade temporal e espacial no ambiente, a diversidade genética é de importância primordial para a persistência das espécies. Influências antropogénicas nocivas no património genético das árvores florestais exigem a conservação dos recursos genéticos das árvores (Geburek, 1997). Mas apesar da sua importância para a estrutura e função dos ecossistemas, foram realizados relativamente poucos estudos sobre a genética de conservação das espécies arbóreas. Estudos recentes indicam que actualmente mais de 8000 espécies de árvores em todo o mundo estão ameaçadas de extinção (Allnut *et al.*, 2003).

A caracterização em grande escala de espécies vegetais sob diferentes condições geoclimáticas pode ser efectuada utilizando vários parâmetros tais como características morfométricas das sementes e isoenzimas (Kundu, 1999). No entanto, tanto os factores ambientais como a fase de desenvolvimento das plantas influenciam tais características. Os marcadores baseados em ADN são ferramentas populares para estudar a extensão e distribuição de diferentes aspectos da diversidade genética de uma espécie. Recentemente, duas meta-análises mostraram que os inquéritos à diversidade com marcadores dominantes fornecem dados comparáveis aos inquéritos com marcadores codominantes. Até à data, não existe um sistema de marcação universal para marcadores co-dominantes aplicável a todas as espécies. Tais marcadores têm de ser desenvolvidos separadamente para cada espécie e podem ser extremamente consumidores de recursos e tempo (Kremer *et al.*, 2005). No presente estudo, o DNA polimórfico amplificado aleatorizado (RAPD) (Williams *et al.*, 1990) é, portanto, o marcador de escolha. Também tem sido utilizado com sucesso para avaliar as relações filogenéticas em diferentes espécies de árvores (Anand *et al.*, 2004; Vaishali *et al.*, 2008; Mohapatra *et al.*, 2009). A correlação entre a diversidade genética e a distribuição eco-geográfica dos indivíduos numa população pode ser utilizada para inferir indirectamente as forças selectivas que moldam a estrutura dessa população (Nevo, 1988).

Apesar do seu grande valor económico, esta espécie não tem sido suficientemente estudada em termos de diversidade genética na sua distribuição. No presente estudo, a diversidade genética das populações de *S.* cumini de diferentes regiões da Índia foi investigada utilizando marcadores RAPD e a sua adequação geral foi avaliada em tais estudos. A avaliação e quantificação sistemática da variabilidade do pool genético do *Syzygium cumini* facilitará a utilização desta espécie para a agroflorestação tropical.

MATERIAL E MÉTODOS

Material vegetal

Foram colhidas amostras de folhas de *Syzygium* cumini em dezasseis populações geográficas diferentes de cinco estados indianos (Rajasthan, Uttar Pradesh, Haryana, Madhya Pradesh e Maharashtra). Amostras de folhas totalmente maduras de árvores maduras com aproximadamente a mesma idade (com base no tamanho do caule, altura, etc.) foram seleccionadas aleatoriamente para colheita. As amostras foram secas in situ, transferidas para sacos de plástico, seladas e armazenadas à temperatura ambiente para mais experiências (Thomson e Henry, 1993).

Extracção total de ADN

O ADN genómico total foi isolado de várias amostras de folhas secas de *S. cumini* por um método de brometo de cetilmetilamónio (CTAB) de Weising *et al* (1995) com pequenas modificações, ou seja, a camada aquosa extraída foi tratada com NaCl 5M para remover contaminações por polissacarídeos, a incubação para precipitar o ADN após a adição de isopropanol foi realizada durante a noite, e as etapas de lavagem foram repetidas duas vezes. O tampão de extracção continha 100 mM Tris-HCl (pH 8), 1,5 M NaCl, 25 mM EDTA, 2,5% &7$% (Z/Y), 2% ü-mercaptoetanol e 1% polivinilpirrolidona. O granulado purificado foi dissolvido numa quantidade mínima de tampão Tris-EDTA (TE) (Tris-Cl 0.05M, EDTA

0.01 M). O ADN isolado foi verificado em gel de agarose a 0,8% por coloração com brometo de etídio (0,5 Pg/ml) e visualizado sob mini-transiluminador (Bio-Rad, EUA). O gel foi então fotografado e analisado com um sistema de documentação em gel Kodak (modelo EDAS 290) utilizando como padrão a dupla digestão de DNA lamda (Bangalore Genei Pvt. Ltd., Índia).

Amplificação por PCR RAPD

Um total de 20 primários de decamer aleatórios (sintetizados à medida pela Bangalore Genei Pvt. Ltd, Índia) foram rastreados. Os primários com mais de 50% de GC foram utilizados para análise RAPD, e destes 10 primários foram finalmente seleccionados para análise de dados (Tabela 1). A análise RAPD para cada cartilha foi repetida duas vezes para verificar a reprodutibilidade. Além disso, está incluído um controlo negativo em todas as reacções PCR para evitar interpretações erradas. Apenas os géis que mostraram uma amplificação consistente foram considerados neste estudo. continham 100 mM Tris-Cl, 500 mM KCl, 15 mM MgCl2 e 0,1% de gelatina).

Evaporação. A amplificação do ADN foi realizada num ciclador de genes (Bio-Rad, EUA) com o seguinte perfil térmico: 4 minutos a 94°C (desnaturação inicial), seguido de 45 ciclos de 15 segundos a 94°C (desnaturação), 45 segundos a 40°C (recozimento primário) e 90 segundos a 72°C (prolongamento primário) e um passo final de 4 minutos a 72°C (prolongamento final). No final do ciclo, os produtos PCR eram armazenados a - 20°C até à sua posterior utilização. Os produtos de amplificação foram separados a 1,5% (p/v) géis de agarose (distância de migração: 10 cm) com 1 x tampão Tris Borate EDTA (TBE).

Análise dos dados

Apenas bandas reprodutíveis foram avaliadas como presentes (1) ou ausentes (0) em todas as adesões de *S.* cumini. Os dados binários foram utilizados para calcular os coeficientes de semelhança em pares (Jaccard, 1908). A matriz de semelhança genética foi então utilizada para construir o dendrograma usando o UPGMA (Unweighted Pair Group Method With Arithmetical Averages) pelo software NTSYS-pc 2.1. Finalmente, foi realizada uma Análise de Componentes Principais (PCA) com o mesmo programa utilizando os módulos OWN e PROJ para destacar a resolução da prática. O conteúdo de informação de polimorfismo (PIC) de todos os locus polimórficos do RAPD foi calculado por primer usando esta fórmula: PIC ou diversidade genética = 1 -Pi2 (Anderson *et al.,* 1993), onde pi é a frequência do i-ésimo alelo numa população. Os valores PIC para todos os fragmentos polimórficos de um primário foram calculados como média para determinar o valor PIC de um primário.

RESULTADOS E DISCUSSÃO

Nove genótipos de *S. cumini* recolhidos em diferentes locais na Índia foram examinados quanto à extensão da variabilidade genética. Um total de 30 primários aleatórios foram utilizados para estudar o padrão da diversidade genética. Dos 20 primários, 10 primários (50%) levaram à amplificação, dos quais 10 primários produziram resultados reprodutíveis e escaláveis, enquanto dois eram monomórficos e produziram bandas únicas. Um total de 129 produtos de amplificação foram gerados por 10 primários aleatórios com uma média de 12,9 bandas por primário polimórfico (87,62%) (Tab.1). O número de produtos de amplificação gerados pelos primários variava de apenas 1 (primários 72SP10C3 e 74SP10G5) a 20 (82SP10C13). Foi obtido um grande número de bandas usando o nº de primário. 4, 8, 9 e 10 foram obtidos. O maior número de bandas de RAPD foi obtido com a pré-camada nº 13.

O número de primários polimórficos e fragmentos produzidos não era da mesma ordem de grandeza entre as espécies arbóreas. Podem variar consideravelmente para diferentes espécies de plantas. Isto é compreensível uma vez que o produto amplificado depende da sequência dos iniciadores aleatórios e da sua compatibilidade dentro do ADN genómico. O número de marcadores detectados por cada iniciador depende da sequência de iniciadores e do grau de variação genética, que é específico do genótipo (Upadhyay, 2004). A percentagem de loci polimórficos notificados foi até 94% utilizando marcadores RAPD para *Pinus gerardiana*, superior à deste estudo (87,50%), embora também tenham sido notificadas percentagens mais baixas de loci polimórficos, nomeadamente

28,8 para *Pinus chiapensis* e *Syzygium travancoricum*. Os nossos resultados do polimorfismo em primários (50-100%) foram consistentes com estudos anteriores (Gillies *et al.*, 1997; Kant *et al.*, 2006) e mostraram que a biodiversidade não era baixa e deveria encaixar na variação ambiental (Fu *et al.*, 2003). Os primários 3 e 5 resultaram numa única banda, o que poderia ser explicado pelo facto de os marcadores RAPD marcarem regiões específicas no genoma. Lim e Rou (2005) também relatou uma única faixa quando se trabalha com palmeiras de petróleo. Foi obtido um grande número de bandas por primário a partir dos primários do RAPD utilizados neste estudo. Uma razão possível poderia ser o uso de primários com um conteúdo de GC de 60 a 70% nas nossas experiências. Num estudo anterior sobre o mesmo género, *Syzygium travancorium*, utilizando marcadores RAPD de Anand et *al* (2004), foi relatado um elevado grau de polimorfismo (> 81%), que é comparável aos nossos resultados.

O conteúdo de polinformação (PIC) foi calculado para cada iniciador do RAPD. Os valores PIC variavam entre 0,28 - 0,76 com valores PIC médios de 0,59. Os valores mais elevados do PIC mostraram que os primários utilizados no presente estudo eram os mais adequados para estudar a diversidade genética em *S. cumini* de diferentes partes da Índia.

A matriz de dados binários dos dados do RAPD foi utilizada para efectuar uma comparação dos acessos em pares com base em produtos de ganho comuns e únicos para gerar uma matriz de semelhança com o NTSYS-pc 2.1. Os valores dos coeficientes de semelhança variavam entre

0,89 (entre Indore e Bombaim) a 0,47 (Meerut e Jhansi) (Tabela 2).

Como se pode ver no dendrograma, 16 genótipos de diferentes locais formaram

4 aglomerados (Fig. 1). No entanto, nenhum dos primários individuais foi capaz de agrupar estas plantas a nível regional. Como mostrado na Fig. 1, o aglomerado um foi representado exclusivamente por Meerut. O segundo agrupamento foi representado por Banasthali e Delhi. O Cluster 3 foi o mais heterogéneo e foi representado por Gurgaon, Indore, Bombay, Gwalior e Udaipur.

O grupo quatro foi representado por um único genótipo Jhansi Kota, que é diferente de todos os outros genótipos.

O nosso estudo não mostra um padrão claro de agregação de adesões geograficamente mais próximas, sugerindo que a adesão entre a semelhança genética e a distância geográfica foi menos significativa. Isto pode ser explicado pelo facto de possíveis diferenciações ecotípicas serem frequentemente sobrepostas por processos genéticos da população, tais como efeitos fundadores ou deriva genética (Nevo *et al.*, 1988). É mais provável que os diferentes níveis de diversidade intrapopular se devam aos efeitos da dimensão da população do que à influência das condições ecológicas. Este estudo também mostrou uma elevada diversidade genética no germoplasma *de S. cumini*. Este resultado está de acordo com descobertas anteriores de que as árvores tropicais tendem a ter altos níveis de diversidade genética (Hamrick e Loveless, 1989). Outra razão possível para a mistura pode ser atribuída à intervenção humana, o que torna a distribuição da variabilidade complexa. Seria portanto prematuro, neste caso, comentar precisamente a relação entre distância geográfica e diversidade genética. Para confirmar o padrão existente, é necessário utilizar um maior número de adesões a partir de cada localização geográfica.

O nosso estudo fornece um perfil genético de *S. cumini* a nível populacional na sua faixa natural. Os resultados da análise de agregados demonstraram o forte desempenho do RAPD ao salientar diferenças genéticas significativas entre muitas das populações estudadas, que foram reveladas por este estudo. Em segundo lugar, o actual perfil de diversidade ajuda os fabricantes de medicamentos à base de ervas a seleccionar a matéria-prima certa para medicamentos à base de ervas à base de Jamun. O trabalho adicional sobre o conteúdo de metabolitos secundários e suas possíveis correlações com diferentes regiões agro-ecológicas, juntamente com a variação genética, fornecerá informação valiosa para os fabricantes de medicamentos à base de plantas.

OBRIGADO:

Os autores reconhecem o apoio financeiro do Departamento de Biotecnologia do Governo da Índia para a disponibilização de pessoal de investigação para o Suphiya.Khan e também para o Centro de Bioinformática da Universidade Banasthali na Índia para a utilização extensiva de instalações informáticas.

REFERÊNCIAS

Allnut TR, Newton AC, Premoli A e Lara A (2003). Variação genética na conífera sul-americana em perigo *Pilgerodendron uviferum* (Cupressaceae), que foi detectada por marcadores RAPD. *Biol. preservar.* 114:245-253.

Anand A, Rao CS, Eganathan P, Kumar NA, Swaminathan MS (2004). Resgate de um táxon endémico e ameaçado: *Syzygium travancoricum* Gamble (Myrtaceae): Um estudo de caso centrado na sua diversidade genética e reintrodução. *Physio Mol Organic Plants* 10:233-242.

Anderson JA, Churchill GA, Autrique JE, Tanksley SD e Sorrells ME (1993). Optimização da selecção parental para o mapa de ligação genética. *Genoma* 36: 181-186.

Banerjee A, Dasgupta N e Bratati D (2005). Estudo in vitro da actividade antioxidante de

Frutos de *Syzygium cumini. Food Chem.* 90: 727-733.

Bartolomé A, Mandap K, David KJ, Sevilha F e Villaneuva J (2006). SOS- sistema de bioensaio de proteína fluorescente vermelha (RFP) para monitorização da actividade antigenotóxica em extractos de plantas. *Biossensores. Electrão.* 21: 2114-2120.

Fu C, Qiu Y e Kong H (2003). Análise RAPD da diversidade genética *em smyrniodes de Changium* (Apiaceae), uma planta ameaçada de extinção. *Bot Bull Acad Sin*, 44: 13-18.

Geburek T (1997). Isozymes e marcadores de ADN na conservação dos genes das árvores 1 *Biodiversidade e conservação da natureza.* 6:1639-1654.

Gillies, ACM, Cornelius JP, Newton AC, Navarro C, Hernandez M e Wilson J (1997). Variação genética nas populações da Costa Rica da espécie de madeira tropical *Cedrela odorata* L., avaliada pelo RAPD. *Mol Ecol* 6: 1133-1145.

Hamrick JL, Dr Loveless (1989). A estrutura genética das populações de árvores tropicais: Associações com a biologia reprodutiva. In: Bock JH, Linhart, YB (eds.), *The evolutionary ecology of plants*. Western view Press, Boulder, pp. 129-146.

Indira G e Mohan Ram M (1992). *Frutas.* Instituto Nacional de Nutrição, Conselho Indiano de Investigação Médica, Hyderabad, Índia, pp. 34-37.

Jaccard P (1908). Nova investigação sobre a distribuição de flores. *Bull Soc. Vaud. Natureza Científica* 44: 223-270.

Kant A, Pattanayak D, Chakrabarti SK, Sharma R, Thakur M e Sharma DR (2006).

Análise RAPD da variabilidade genética em *Pinus gerardiana* Wall. em Kinnaur (Himachal Pradesh). *Índio J de Biotech*, 5: 62-67.

Kremer A, Caron H, Cavers S, Colpaert N, Gheysen G, Gribel R, Lemes M, Lowe AJ, Margis R, Navarro e Salgueiro F (2005). Monitorização da diversidade genética em árvores tropicais com marcadores multilocos-dominantes. *Hereditariedade* 95: 274-280.

Kunduz SK (1999). Análise comparativa dos dados morfométricos e allozyme de quatro populações do Neem (*Azadirachta indica*). *Genet.resource. Crop Evol.* 46:569-577.

Kusumoto IT, Nakabayashi T, Kida H, Miyashiro H, Hattori H, Namba T e Shimotohno K (1995). Rastreio de vários extractos de plantas utilizados na medicina ayurvédica para efeitos inibidores na protease do vírus da imunodeficiência humana tipo I (VIH-I). *Phyto-Res* 12: 488-493.

Lim CC e Rao V (2005). Impressões digitais de ADN das palmas das mãos oleosas - selecção de tecidos. *J de res de óleo de palma*, **17:** 136-144.

Mohapatra KP, Sehgal RN, Sharma RN e Mohapatra T (2009). Análise genética e conservação das espécies de árvores medicinais *Taxus wallichiana* na região dos Himalaias. *Novas florestas* 37:109-121.

Muruganandan S, Srinivasan K, Chandra S, Tandan SK, Lal L e Raviprakash V (2001). Efeito anti-inflamatório da casca *de Syzygium cumini. Fitoterapia* 72: 369-375 Nevo E, Axe A e Krugman T (1988) Selecção natural de polimorfismos de allozyme: uma diferenciação microgeográfica no trigo em erva-doce selvagem (*Triticum dicoccoides*). *Teoria e Applgenet* 75:529-538.

Sagrawat H, Mann AS e MD Kharya (2006). Potencial Farmacológico de *Eugenia Jambolana*: Uma Visão Geral. *Phcog Mag*, 2: 96-105.

Samba-Murthy AASS e Subrahmanyan NS (1989). *Früchte* In: A Textbook on Economic Botany, Wiley, Nova Deli, Índia, pp: 629.

Sehgal JL, Mandal DK, Mandal C, Vadivelu S (1992). *Agro-ökologische Regionen Indiens.* National Bureau of Soil Survey and Land Use Planning (IKAR), Nagpur, Indien.

Shafi PM, Rosamma MK, Jamil K e Reddy PS (2002). Actividade antibacteriana dos óleos essenciais de *Syzygium cumini* e *Syzygium travancorium folhas. Fitoterapia* 73: 414- 416.

Sharma SB, Nasir A, Prabhu KM, Dev G e Murthy PS (2003). Efeitos hipoglicémicos e hipolipidémicos dos extractos de etanol de sementes de *E. jambolana* no modelo diabético de coelhos induzido por aloxano. *J. Ethnopharmacol.* 85: 201-206.

Thomson D., Henry R. (1993). Utilização de ADN de folhas secas para análise por PCR e RAPD. *Relatório de Plant Mol Bio.l.* 11:202-206.

Upadhyay A, Jayadev K, Manimekalai R, Parthasarathy VA (2004). Parentesco genético e diversidade nas adesões de cocos indianos com base em marcadores RAPD. *Sci Horti* 99:353-362.

Vaishali, Khan S, Sharma V (2008). Avaliação com base no RAPD da diversidade genética do *monosperma de Butea* de diferentes regiões agro-ecológicas da Índia. *Índio J. Biotech.* 7:320-327.

Weising K, Nyborn H, Wolff K, Meyer W (1995). Isolamento e purificação do ADN. *Na recolha de impressões digitais de ADN de plantas e fungos.* CRC Press, Boca Raton, Alorida pp. 44-59.

Williams JGK, Hanafey MK, Rafalski JA, Tingey SV (1993). Análise genética com marcadores de DNA polimórficos aleatoriamente amplificados. *Met. em enzima.* 218:704 -740.

Quadro 1 Cartilhas RAPD utilizadas em estudos de diversidade genética em *Syzygium cumini*

genótipos com o seu correspondente conteúdo de informação de polimorfismo (PIC)

	Brochura	Sequências Primer	Número total de reforços	Nº de polimórfico	% Fita polimórfica	Polymorphism Informação
1	70SP10C1	CAGGCCCTTC	12	10	83.33	0.50
2	71SP10G2	TGCCGAGCTG	10	9	90.00	0.62
3	75SP10C6	GGTCCCTGAC	13	11	84.61	0.28
4	76SP10G7	GAAACGGGG T G	16	15	93.75	0.61
5	77SP10G8	GTGACGTAGG	12	11	91.66	0.62
6	78SP10C9	GGGTAACGCC	8	8	100.00	0.56
7	79SP10G10	GTGATCGCAG	12	6	50.00	0.59
8	80SP10T11	CAATCGCCGT	12	12	100.00	0.73
9	81SP10G12	TCGGCGATAG	14	13	92.85	0.67
10	82SP10C13	CAGCACACCC CCAC	20	18	90.00	0.76
	Média		**12.9**	**11.3**	**87.62**	**0.59**

Quadro 2 Matriz de semelhança genética de Nei de 9 genótipos de *Syzygium cumini com base na* análise RAPD

	Meerut	Banasthali	Jhansi	Delhi	Gurgaon	Udaipur	Indore	Gwalior	Bombay
Meerut	1								
Banasthali	0.71	1							
Jhansi	0.59	0.57	1						
Deli	0.61	0.82	0.47	1					
Gurgaon	0.57	0.59	0.51	0.61	1				
Udaipur	0.53	0.57	0.51	0.61	0.69	1			
Indore	0.62	0.68	0.56	0.75	0.74	0.74	1		
Gwalior	0.57	0.67	0.46	0.72	0.73	0.71	0.82	1	
Bombaim	0.64	0.72	0.5	0.75	0.76	0.72	0.89	0.86	1

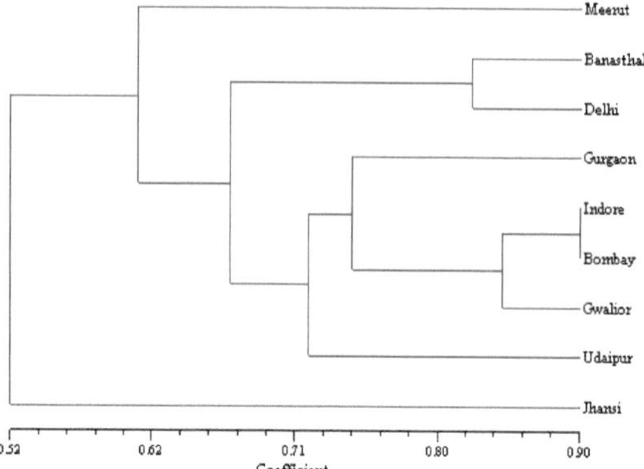

Figura 1 Fenograma UPGMA das relações genéticas entre 9 *Syzygium cumini* genótipos baseados em marcadores RAPD.

EFEITOS DA KLA SOBRE DIFERENTES PARÂMETROS EM OPERAÇÕES DE ENGENHARIA DE BIOPROCESSOS

Chandra Kant Sharma* e Vinay Sharma
Departamento de Ciências da Vida e Biotecnologia, Universidade de Banasthali, Banasthali

Sumário executivo

Arejamento e agitação são as operações unitárias em engenharia de bioprocessos para a transferência exacta de oxigénio e a fusão homogénea de caldos de fermentação, mantendo a taxa de transferência de massa necessária para alcançar o produto desejado. O arejamento e a agitação são portanto duas facetas da engenharia de bioprocessos, a procura de O2 pelos microrganismos e o fornecimento de O2 a partir de bolhas de ar no líquido. O motivo causal para o controlo da aeração e agitação nos fermentadores é a obtenção de um valor kLa para que o oxigénio fornecido possa cobrir a procura de oxigénio dos micróbios. O presente trabalho trata da informação racionalizada sobre a medição do coeficiente de transferência de massa volumétrica ou coeficiente de transferência de oxigénio volumétrico (kLa), que é utilizado em estudos de transferência de massa. kLa refere-se ao potencial de transferência de massa de oxigénio em fermentadores durante operações de engenharia de bioprocessos. kLa influencia assim muitos parâmetros em operações de engenharia de bioprocessos.

Palavras-chave: kLa, $_{ms,}$ tbatch

* Autor para correspondência: ck21sharma@rediffmail.com, ck21sharma@gmail.com

INTRODUÇÃO

A estimativa de kLa é uma função da aeração - competência de agitação e propriedades físicas tais como viscosidade e propriedades químicas do caldo. Se a kLa para um sistema cuidadoso for maior, a capacidade dos fermentadores para transportar oxigénio para as células é maior. A kLa depende da concepção do fermentador e das condições do processo em que o fermentador está a funcionar. A kLa é influenciada pelo tamanho das bolhas de ar no fermentador, o borbulhar, a velocidade do agitador, as propriedades do meio, os agentes antiespuma, a temperatura, a pressão da fracção de oxigénio e a concentração das células no fermentador, etc. Embora seja complicado prever kLa, a maioria dos engenheiros ou cientistas de bioprocessos utilizaram um coeficiente de transferência de massa volumétrica (kLa) técnico rigoroso para estimar o coeficiente de transferência de massa da fase líquida (kL) e a interface (a) num fermentador ou bioreactor. Influencia alguns parâmetros durante as operações. A unidade de kLa é por segundo ou $^{\text{tempo } 1}$. Uma variedade de métodos e modelos estão facilmente disponíveis para medir o valor kLa, por exemplo, o

$$dC_{AL}/dt = k_L a \, (C_{AL}{}^* - C_{AL}) - q_o x$$

método dinâmico.

MATERIAIS E MÉTODOS

A consideração do coeficiente de transferência de massa volumétrica para obter o valor kLa é essencial para avaliar a competência do fermentador em relação à transferência de oxigénio durante a operação de bioprocessamento para obter o produto preferido.

kLa está relacionada com a concentração de biomassa da seguinte forma:

$$x_0 . e^{\mu . t} = \frac{k_L a . C_{AL}{}^*}{q_o}$$

kLa está relacionado com o $_{\text{máximo}}$ da seguinte forma

$$x_0 . e^{\left(\frac{\mu_{max} . S}{K_s + S}\right) t} = \frac{k_L a . C_{AL}{}^*}{q_o}$$

$$k_L a = \frac{\ln\left(\frac{C^*_{AL} - C_{AL1}}{C^*_{AL} - C_{AL2}}\right)}{t_2 - t_1}$$

kLa está relacionada com a concentração celular da seguinte forma:

$$\frac{dx}{dt} = \mu X$$

$$\frac{dx}{X} = \mu \, dt$$

$$\int_{x_0}^{x_t} \frac{1}{x} \, dx = \mu \int_0^t dt$$

$$[\ln x]_{x_0}^{x_t} = \mu [t]_0^t$$

$$[\ln x_t - \ln x_0] = \mu [t - 0]$$

$$\ln \frac{X_t}{X_0} = \mu t$$

$$\frac{X_t}{X_0} = e^{\mu t}$$

$$X_t = X_0 e^{\mu t}$$

$$X_0 e^{\mu t} = \frac{k_L a \cdot C^*_{AL}}{q_o}$$

kLa está relacionado com o coeficiente de conservação da seguinte forma

$$r_o = \frac{r_x}{Y_{xo}} + \frac{r_p}{Y_{po}} + m_o \cdot x$$

$$r_o = \left(\frac{\mu}{Y_{xs}} + \frac{q_p}{Y_{ps}} + m_o \right) \cdot x$$

$$r_o = \left(\frac{\mu}{Y_{xs}} + \frac{q_p}{Y_{ps}} + m_o \right) \cdot \left(\frac{k_L a \cdot C^*_{AL}}{q_o} \right)$$

kLa está relacionada com o equilíbrio de massa, por exemplo, em cultura em lote para substrato limitador de crescimento de acordo com o seguinte esquema:

$$\frac{dM}{dt} = M_i - M_0 + R_G \cdot R_c$$

$$M = S \cdot V$$

$$M_i = M_0 = 0$$

$$R_G = 0$$

$$R_c = r_t \cdot V = \left(\frac{\mu}{Y_{xs}} + \frac{q_s}{Y_{ps}} + m_s \right) x V$$

$$\frac{d(SV)}{dt} = -\left(\frac{\mu}{Y_{xs}} + \frac{q_s}{Y_{ps}} + m_o \right) x V$$

$\mu = \mu_{max}$ and V is constant for batch culture

$$\frac{d(S)}{dt} = -\left(\frac{\mu_{max}}{Y_{xs}} + \frac{q_s}{Y_{ps}} + m_o \right) x V$$

$$\frac{d(S)}{dt} = -\left(\frac{\mu_{max}}{Y_{xs}} + \frac{q_s}{Y_{ps}} + m_o \right) x$$

We know x is the function of time we can replace this x

$$\frac{ds}{dt} = -\left(\frac{\mu_{max}}{Y_{xs}} + \frac{q_s}{Y_{ps}} + m_o \right) \left(x_0 \cdot e^{\mu t} \right)$$

In batch culture $\mu = \mu_{max}$ so,

$$\frac{ds}{dt} = -\left(\frac{\mu_{max}}{Y_{xs}} + \frac{q_s}{Y_{ps}} + m_o \right) x_0 e^{\mu_{max} t}$$

Para uma reacção durante a cultura podemos denotar alguns termos iguais a A porque são constantes, podemos integrar a equação acima em S=S0 e t=0, portanto

$$\left(\frac{\mu_{max}}{Y_{xs}} + \frac{q_p}{Y_{ps}} + m_s \right) = A$$

Então,

$$\frac{ds}{dt} = - (A).\, X_0 e^{\mu_{max}.t}$$

$$\int_{S_0}^{S_f} \frac{1}{(AX_0)}\, ds = - \int_0^t e^{\mu_{max}.t}.\, dt$$

$$\frac{1}{(AX_0)} \int_{S_0}^{S_f} ds = - \left[\frac{e^{\mu_{max}.t}}{\mu_{max}} \right]_0^t$$

$$\left[\frac{S}{AX_0} \right]_{S_0}^{S_f} = - \left[\frac{e^{\mu_{max}.t}}{\mu_{max}} - \frac{e^0}{\mu_{max}} \right]$$

$$\left[\frac{S_f - S_0}{AX_0} \right] = \left[\frac{1}{\mu_{max}} - \frac{e^{\mu_{max}.t}}{\mu_{max}} \right]$$

$$\frac{S_f - S_0}{\left(\dfrac{\mu_{max}}{Y_{xs}} + \dfrac{q_p}{Y_{ps}} + m_s \right) X_0} = \frac{1}{\mu_{max}} \left[1 - \frac{e^{\mu_{max}.t}}{1} \right]$$

$$\frac{S_f - S_0}{\cancel{\mu_{max}} \left(\dfrac{1}{Y_{xs}} + \dfrac{q_p}{\mu_{max} Y_{ps}} + \dfrac{m_s}{\mu_{max}} \right) X_0} = \frac{1}{\cancel{\mu_{max}}} \left[1 - \frac{e^{\mu_{max}.t}}{1} \right]$$

$$\frac{S_f - S_0}{\left(\dfrac{1}{Y_{xs}} + \dfrac{q_o}{\mu_{max}Y_{ox}} + \dfrac{m_o}{\mu_{max}}\right)X_0} = 1 - e^{\mu_{max}\cdot t}$$

$$e^{\mu_{max}\cdot t} = \left[1 - \frac{S_f - S_0}{\left(\dfrac{1}{Y_{xs}} + \dfrac{q_o}{\mu_{max}Y_{ox}} + \dfrac{m_o}{\mu_{max}}\right)X_0}\right]$$

$$\mu_{max}\cdot t = \ln\left[1 + \frac{S_0 - S_f}{\left(\dfrac{1}{Y_{xs}} + \dfrac{q_o}{\mu_{max}Y_{ox}} + \dfrac{m_o}{\mu_{max}}\right)X_0}\right]$$

$$t_{batch} = \frac{1}{\mu_{max}}\ln\left[1 + \frac{S_0 - S_f}{\left(\dfrac{1}{Y_{xs}} + \dfrac{q_o}{\mu_{max}Y_{ox}} + \dfrac{m_o}{\mu_{max}}\right)X_0}\right]$$

$$X_0 = \left[\frac{1}{e^{\mu t}} \cdot \frac{k_L a \cdot C^*_{AL}}{q_0}\right]$$

Assim, podemos substituir X0.

$$t_{batch} = \frac{1}{\mu_{max}}\ln\left[1 + \frac{S_f - S_0}{\left(\dfrac{1}{Y_{xs}} + \dfrac{q_o}{\mu_{max}Y_{ox}} + \dfrac{m_o}{\mu_{max}}\right)\left(\dfrac{1}{e^{\mu t}}\cdot\dfrac{k_L a \cdot C^*_{AL}}{q_0}\right)}\right]$$

RESULTADOS E DISCUSSÃO

Das relações acima referidas de kLa a vários parâmetros em plantas de bioprocessamento podemos deduzir que kLa influencia vários parâmetros significativos em plantas de bioprocessamento.

OBRIGADO

Gostaríamos de agradecer ao Prof. Aditya Shastri, Vice-Chanceler da Universidade de Banasthali, Banasthali, e ao Center for Bioinformatics, Banasthali, pelo apoio e encorajamento necessários.

REFERÊNCIAS

Andrew, S.P.S. (1982). Transferência de massa gasolina-líquida em reactores microbiológicos. *Trans. IChE*.60,3-13.

Atkinson, B. und Mavituna, F. (1991). Biochemical Engineering and Biotechnology Handbook, [2nd] edn, Macmillan, Basingstoke.

Baburin, LA, Shvinka, J.E. e Viesturs, U.E. (1981). Concentração de oxigénio equilibrado em fluidos de fermentação. *Eur. J. Aplicar. microbial. Biotecnológico.* 13, 15-18.

Bailey, J.E. e Ollis, D.F. (1986). Fundamentals of Biochemical Engineering, 2nd edn, McGraw-Hill.

Battino, R. e Clever, H.L. (1966). A solubilidade dos gases nos líquidos. *Rev.* 66. 395-463.

Bell, G.H. e Gallo, M. (1971). Influência das impurezas na transferência de oxigénio. *Processo Bioquímico.* 6 (Abril), 33-35.

Brauer, H. (1958). Analogia do impulso, do calor e da transferência de massa. In: H.J. Rehm e G. Reed (EDs), Biotecnologia, Volume 2, VCH, Weinheim.

Carleysmith, S.W. (1987). Monitorização do bioprocessamento. In: J.R. Leigh (Ed.), Modelling and Control of Fermentation Processes, Peter Peregrinus, Londres.

Clarke, D.J., Blake-Coleman, B.C., Carr, R.J.G., Calder, M.R. e Atkinson, T. (1986). Monitorização da biomassa do reactor. *Tendências em Biotecnologia,* 4,173-178.

Dang N.D.P., Karrer, D.A. e Dunn, I.J. (1977). Coeficientes de transferência de oxigénio por análise dinâmica do momento do modelo. *Biotecnol. Bioeng.* 19,853-865

Doran, P.M., (2004). Fundamentos de Engenharia Bioquímica, Elsevier Academic Press. Dunn, I.J. e Einsele, A. (1975). Coeficientes de transferência de oxigénio através do método dinâmico.

J. Aplic. Chem. Biotechnol. 25, 707-720.

Finn, R.K. (1967). Agitação e Ventilação, Engenharia Bioquímica e Biológica, Volume 1, Imprensa Académica.

Fried, D. W. e Thomson, J.B. (1991). Eficiência de transferência de oxigénio de três oxigenadores de membrana de polipropileno microporosos. Perfusão, pp6.105.

Fujio, Y., Sambuichi, M. e Veda, S. (1973). Métodos numéricos para determinar a kLa e a frequência respiratória no sistema biológico. *J. Fermentação. Técnica.* Pp51,154.

Kawase, Y. e Moo-Young, M. (1990). O efeito dos antiespumas na transferência de massa em bioreactores. *Engenharia de Bioprocessos Eng.* 5,169-173.

Linek, V. e Vacek, V. (1977). Medição dinâmica do coeficiente de transferência de massa volumétrica em recipientes agitados; efeito do tempo de arranque sobre o comportamento de resposta de um eléctrodo de oxigénio. *Biotecnol. Bioeng.* 19,983-1008.

Merchuk, J.C., Yona, S., Siegel, M.H. e Ben Zvi A. (1990). Para aproximar a resposta do eléctrodo de primeira ordem para oxigénio dissolvido para a estimativa dinâmica k La. *Biotechnol. Bioeng.,* 35.1161-1163.

Monod, J. (1942). Investigação sobre os desejos das culturas bacterianas (2. Auflage). Hermann und Cie, Paris.

Oosterhuis, N.M.G. e Kossen, N.W.F. (1983). Transferência de oxigénio num bioreactor à escala de produção. Eng. Quim. Res. Des. 61,308-312.

Schneller, G., Schumpe, a., Konig, B., e Deckwer, W.D. (1981). Comparação das solubilidades de oxigénio medidas e calculadas em meios de fermentação. *Biotecnol. Bioeng.* 23, 635-650.

Sherwood, T.K., Pigford, R.L. e Wilke, C.R. (1975). Transferência em massa, McGraw-Hill. Stanbury, P.F. e Whitaker, A. (1984). Fundamentos da tecnologia de fermentação. Aditya books(p) Ltd.

Treybal, R.E. (1968). Operações de transferência em massa, 2ª Edn, McGraw-Hill.

Wernau, W.C. e Wilke, C.R. (1973). Novo método para avaliar a resposta da sonda ao oxigénio dissolvido para determinação de kLa. *Biotecnol. Bioeng.* 15, 571-578.

ESTIMATIVA DE POLIFENÓIS EM GUAR (*CYAMOPSIS TETRAGONOLOBA* (L.) SURDOS)

Neha Joshi, Anubhuti Sharma, Vinay Sharma

Departamento de Ciências da Vida e Biotecnologia, Universidade de Banasthali, Rajasthan, Índi
**Autor correspondente: Dr. Vinay Sharma, Professor & Chefe, Reitor da Faculdade de Ciências, Departamento de Ciências da Vida e Biotecnologia, Universidade Banasthali, Rajasthan.*

Sumário executivo

Guar, *Cyamopsis tetragonoloba* (L.) Taub, pertence à família Fabaceae e é a espécie economicamente mais importante das quatro espécies do género. Esta leguminosa Kharif é cultivada principalmente em clima quente e seco, em solos com 75% de humidade. A Índia representa 80% da produção global total de guar com até 6 lakh toneladas. A Índia é o principal exportador líquido de sementes de guar e goma de guar do mundo. O guar fornece alimentos nutritivos, vagens verdes sem fibras para vegetais, goma de guar para várias utilizações e goma de guar para gado, aumenta a fertilidade do solo ao fixar uma quantidade significativa de azoto atmosférico e ao adicionar matéria orgânica. O fungo *Macrophomina phaseolina* (Tassi) Goid infecta o guar e provoca o apodrecimento das raízes. A reacção bioquímica do guar contra a infecção com *Macrophomina phaseolina* foi estudada comparando plantas normais e doentes. Para este fim, foram seleccionadas quatro variedades 936, 1002, 1003, 1031 de guar. As plantas saudáveis de diferentes idades (15 dias de idade e 25 dias de idade) foram inoculadas com o respectivo agente patogénico e analisadas quanto ao conteúdo de polifenol. O teor de polifenóis foi testado tanto em folhas normais como infectadas de todas as variedades, com intervalos de 24 horas a 168 horas. O resultado mostra que o teor de polifenóis nas plântulas inoculadas de todas as variedades é mais elevado do que nas plantas normais. O aumento do teor em polifenóis das plantas infectadas é contínuo até 120 horas e depois mostra uma diminuição. Parece, portanto, que a planta guar reage ao ataque de agentes patogénicos produzindo uma maior quantidade de polifenóis que podem actuar como fitoalexinas.

Palavras-chave: *Cyamopsis tetragonoloba* (L.), Fabaceae, guar, goma de guar, *Macrophomina phaseolina*, polifenóis.

INTRODUÇÃO

As plantas sintetizam vários metabolitos secundários em resposta a uma vasta gama de estímulos, tais como ataque de agentes patogénicos, exposição à radiação UV, ferimentos, baixas temperaturas, aplicação de reguladores de crescimento de plantas, etc. Os compostos fenólicos entre eles são o grupo mais importante de produtos vegetais secundários, que estão envolvidos em ambos os produtos constituintes &

resistência induzida (Mahadevan, 1991). Os fenóis que ocorrem constitutivamente e actuam como inibidores pré-formados são normalmente chamados fitoantícios, e os que são produzidos em resposta a infecções pelo patogéneo são chamados fitoalexinas e representam uma reacção de defesa activa. Desempenham um papel importante na redução da susceptibilidade de uma planta a agentes patogénicos (Tan & Lam, 1985). O conteúdo de compostos fenólicos num tecido resulta do equilíbrio entre a biossíntese e o catabolismo. Endogenamente, os ácidos fenólicos são responsáveis por proporcionar rigidez mecânica e resistência às paredes celulares e por criar barreiras à infecção patogénica (Hahlbrock et al., 2003; Tan et al., 2004). Nas plantas resistentes, as reacções de defesa de base fenólica caracterizam-se pela acumulação precoce e rápida de fenóis no local da infecção, resultando no isolamento eficaz do patogénico (Franandez, 1998). Os resultados de muitos estudos sugerem que a esterificação dos fenóis em materiais de paredes celulares e a acumulação e deposição de fenóis em e sobre paredes celulares é geralmente considerada para aumentar a resistência a enzimas fúngicas hidrolíticas e para actuar como uma barreira física à penetração fúngica (CoQþHLFDR et al., 2006). Foi demonstrada uma clara correlação entre o grau de resistência das plantas e os fenóis presentes no tecido vegetal (Hammerschmidt e Nicholson, 1977; Clerivet et al., 1996).

Cyamopsis tetragonoloba (L.) Taub é comummente conhecido como guar ou a planta do feijão é um membro da família Fabaceae. Guar tem um grande valor económico, uma vez que a Índia contribui com 80% da produção mundial total de guar com até 6 lakh toneladas. Além disso, a Índia é o principal exportador líquido de sementes de guar e goma de guar no mundo. O Guar tem também grande valor medicinal, uma vez que as suas vagens verdes e pastilha elástica verde são usadas para curar a diabetes, as folhas são usadas contra a cegueira nocturna e as sementes são usadas contra a varíola. O fungo *Macrophomina phaseolina* (Tasi) Goid infecta o guar e provoca o apodrecimento das raízes. O objectivo deste estudo é determinar o teor de polifenóis nas plantas de controlo inoculadas com o patogénico (*Macrophomina phaseolina*) & plantas de controlo de diferentes espécies em diferentes idades, após diferentes intervalos de tempo de inoculação.

MATERIAL E MÉTODOS

Material vegetal e condições de cultivo

As sementes de guar (*Cyamopsis tetragonoloba*) são compradas a Krishi Vigyan Kendra (KVK), Universidade de Banasthali. As sementes são esterilizadas com 0,1%

HgCl2 e cultivadas em condições controladas numa estufa a uma temperatura de 30±2 °C e 77% de humidade. 15 e 25 dias após o transplante, as quatro variedades foram infectadas pela mistura de grãos de sorgo inoculados com Macrophomina phaseolina no solo. Após o tratamento, a folha era

As amostras foram colhidas tanto de plantas infectadas como de controlo a intervalos de 24 horas e depois analisadas em relação a alterações no teor de fenol e na actividade PAL.

Conteúdo fenólico

O teor de fenol das folhas de guar foi estimado utilizando o método modificado de Bray & Thorpe (1954). Uma grama de tecido foi homogeneizada em 10 ml de metanol a 75%. O homogeneizado foi centrifugado a 5000 g durante 25 minutos. O sobrenadante foi utilizado para a estimativa do polifenol. Foi preparada uma mistura de reacção misturando 0,5 ml do sobrenadante com 8,5 ml de água destilada e 0,5 ml de reagente Folin-ciocalteu (1N). Após 3 minutos de incubação, foi adicionado 1 ml de bicarbonato de sódio a 25% e a mistura de reacção foi incubada à temperatura ambiente durante 1 hora. O teor de polifenóis é expresso em unidades OD por grama de peso fresco a 725 nm.

RESULTADOS & DISCUSSÃO

Em geral, os nossos dados mostraram uma maior acumulação de fenóis em plantas de guar atacadas com *Macrophomina phaseolina*. Ao longo do período de tempo, a acumulação de fenol nas plantas inoculadas permaneceu mais elevada do que no controlo sem tratamento nas quatro variedades. A acumulação máxima de polifenóis foi observada após 120 horas após a inoculação com o agente patogénico em plantas com 15 e 25 dias de idade em quase todas as variedades de guar (Fig. 1). Posteriormente, diminui drasticamente. O aumento da quantidade de polifenóis em plantas inoculadas é 10% e 18% superior ao do controlo em plantas com 15 e 25 dias de idade, respectivamente.

RGC 936RGC 1002

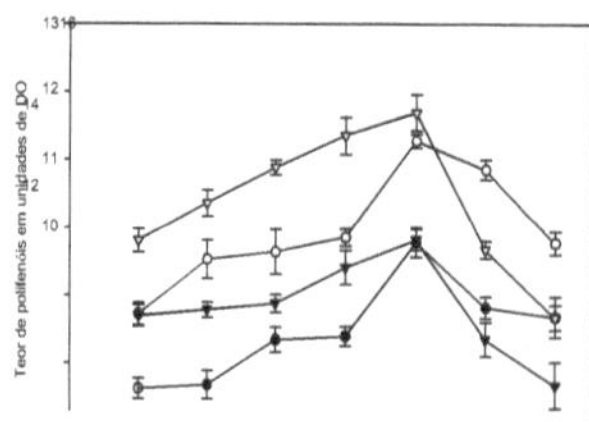
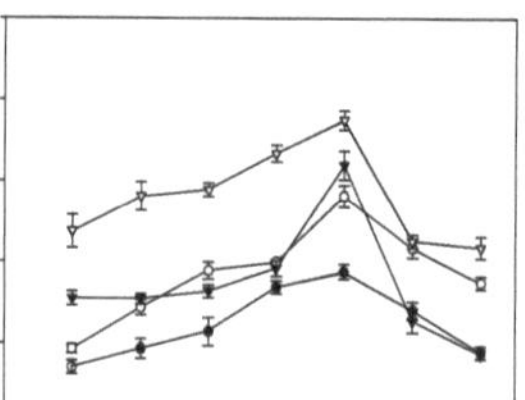

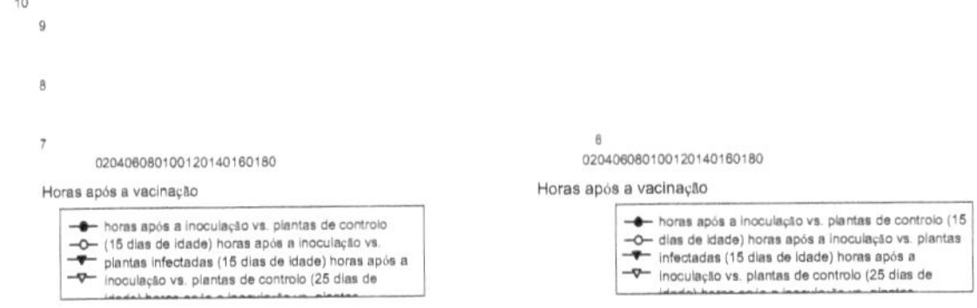

Figura 1(a): Teor de polifenóis das plantas controladas e inoculadas **Figura 1(b):** Teor de polifenóis das plantas controladas e inoculadas de RGC 936 com *Macrophomina phaseolina*von RGC 1002 com *Macrophomina phaseolina*

Estudos sobre a indução de mecanismos de defesa mostraram que foi observada uma maior acumulação de fenóis nas quatro variantes de guar inoculadas com *Macrophomina phaseolina*. Estes resultados são consistentes com os vários estudos que mostram que a síntese de fenol nas plantas aumenta frequentemente acentuadamente após o ataque por agentes patogénicos das plantas (De Asceno et al., 2003). A presença de compostos fenólicos nas plantas e a sua síntese em resposta à infecção está associada à resistência (Nicholson e Hammerschmidt, 1992).

Estudos anteriores mostraram que a indução de compostos fenólicos em plantas que promovem o crescimento de rizobactérias (PGPR) - plantas tratadas com grão de bico (*Cicer arietnum*) - é aumentada quando as plantas são inoculadas com *Sclerotium rolfsii*, o que demonstra o papel da indução mediada por PGPR de compostos fenólicos na protecção das plantas (Singh et al., 2003). Wharton et al., (2000) também relataram a indução específica de quatro fitolexinas, nomeadamente luteolinidina, 5-metoxi-luteolinidina, apigeninidina e ésteres de ácido cafeico de arabinosil-5-0-apigeninidina na inoculação de plântulas de sorgo com um fungo não patogénico *Cochliobolus heterostrophus*. Num estudo recente, foi observado um aumento de compostos fenólicos em folhas de plantas de tomateiro após infecção com *Fusarium oxysporum* (Khallal, 2007). Do mesmo modo, no nosso estudo observou-se um aumento do teor de polifenóis em plantas infectadas de feijão de cacho em comparação com plantas de controlo. O aumento do teor de polifenol foi observado nas quatro variedades após 120 h após a inoculação com o patogénico. Uma possível explicação para o aumento retardado do

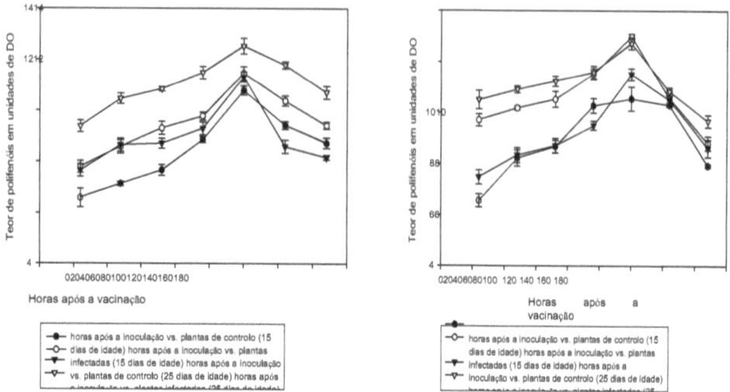

Figura 1(c): Teor de polifenóis das plantas de controlo e inoculadasFig. **1(d):** Teor de polifenóis das plantas de controlo e inoculadas de RGC 1003 com *Macrophomina phaseolinof* RGC 1031 com *Macrophomina phaseolina*

Os polifenóis podem ser devidos à lenta absorção de esporos fúngicos após a infecção. Outra característica notável é o teor ligeiramente superior de polifenóis na variedade RGC 1031 em comparação com o resto das três variedades observadas, o que poderia indicar diferenças varietais nas plantas guar. Com base nestas observações, pode dizer-se que a exposição ao patogéneo leva a uma maior produção de polifenóis. Por conseguinte, o papel dos fenóis na defesa contra a podridão das raízes do feijão do mato é proposto.

OBRIGADO

Departamento de Ciências da Vida e Biotecnologia, Universidade Banasthali, Rajasthan, Ír

REFERÊNCIAS

Mahadevan, A., 1991, Biochemical aspects of resistance to plant diseases, Volume 2: Post-flective defense mechanisms. Today & Tomorrows Printers & Publishers, Nova Deli, 871.

Tan, S.C., Lam, P.F. 1985 (IIHFW RI Û LUUDGLDWLRQ RQ 3$/ DFWLYLW\ DQG SKHQROLF

compostos em papaia (*Carica papaya L.*) e manga (*Magnifera indica L.*). Revista alimentar ASEAN, **1**: 134-136.

Hammerschmidt, R, Nicholson, R.L., 1977. Fitopatologia, **67**: 251-258.

Bray, H.G. e Thorpe, W.V., 1954. análise de compostos fenólicos de interesse para o metabolismo. Método Bioquímica. Analítico, **1**: 27-52.

De Ascensao, A.F.R.D.C. e Dubrey, I.A., 2003. polímeros fenólicos solúveis e encadernados em raízes de *Musa* acuminata expostos a elicitores de *Fusarium oxysporum* f.sp. *cubens* Fitoquímica, **63**: 679-686.

Fernandez, M.R. e Heath, M.C., 1998. interacção da planta não-hospedeira francesa foi planta (*Phaseolus vulgaris*) com fungos parasitas e saprófitos. III Reacções citologicamente detectáveis. Canadian Journal of Botany, **67**: 676-686.

Halhbrock, K., Bednarek, P., Ciolkowski, I., Hamberger, B., Heise, A., Liedgns, H., Longemann, E., Nurnberger, T., Somssich, I. e Tan, J., 2003. reconhecimento não auto-reconhecimento, reprogramação transcripcional e acumulação de metabolitos secundários durante as interacções planta-patógeno. Proc. Natl. Akad. Sci. USA, **25** (100 suppl. 2): 14569-

14576.

El-Khallal, S. M., 2007 Indução e modulação da resistência das plantas de tomateiro à doença de Fusarium wilt por bioagentes (micorriza arbuscular) e/ou elicitores hormonais (ácido jasmonico e ácido salicílico): 2-changes em enzimas antioxidantes, compostos fenólicos e proteínas relacionadas com agentes patogénicos. Australian Journal of Basic and Applied Sciences, **1 (4)**: 717-732.

Nicholson, R.L., Hammerschmidt, R, 1992 Compostos fenólicos e o seu papel na resistência às doenças. Ann. Rev. Phytopathol, **30**: 369-389.

Singh U.P., Sharma B.K., Singh D.P., 2003: Effect of plant growth promoting rhizobacteria and culture filterte of *Sclerotium rolfsii* on the phenolic and salicylic acid content of chickpeas *(Cicer arietnum)*. Moeda. Microbiano, **46**: 131-140.

Tan, Schneider, J. B., Svatos, A., Bendnarek, P., Liu, J. e Hahlbrock, K., 2004 Fenilpropanoides universais e metabolitos Indólicos específicos em raízes e folhas infectadas e não infectadas *de Arabidopsis thaliana*. Fitoquímica, **65**: 691-699.

Wharton, P.S. e Nicholson, R.L., 2000. síntese temporal e radiomarcação de fitoalexinas de sorgo 3-deoxyanthocyanidin e antocianina, glucosídeo cianídico 3-dimalonil. Novo phytol, **145**: 457-469.

APLICAÇÕES INDUSTRIAIS DE BACTÉRIAS ÁCIDAS LÁCTICAS

Aabha Gupta e Santosh Kumar Tiwari*

Departamento de Ciências da Vida e Biotecnologia, Universidade de Banasthali, Rajasthan 304022.
*Autor correspondente. E-mail: santoshgenetics@gmail.com

Sumário executivo

As bactérias lácticas são um grupo de bactérias gram-positivas filogenéticamente diversas. Este grupo inclui coccus ou varas, formação não esporádica, microaerófila ou facultativamente anaeróbia, catala-negativa, que produzem ácido láctico como principal produto final na fermentação de hidratos de carbono. São geralmente reconhecidas como bactérias seguras (estatuto GRAS) e desempenham um papel importante na fermentação e conservação de alimentos para consumo humano e animal, quer como microflora natural quer como culturas de arranque adicionadas em condições controladas. Além disso, estas bactérias têm a capacidade de produzir uma variedade de substâncias antimicrobianas como um concorrente natural de outros microrganismos que partilham o mesmo nicho, incluindo etanol, ácido fórmico, peróxido de hidrogénio, diacetilo e bacteriocinas. O principal efeito conservante do LAB é devido à produção de ácido láctico e bacteriocinas. As bacteriocinas são compostos proteicos antibacterianos e mostram actividade bactericida contra espécies intimamente relacionadas com a estirpe produtora. Muitas bacteriocinas são activas contra agentes patogénicos de origem alimentar, especialmente *Listeria monocytogenes, Staphylococcus aureus.* e agentes de deterioração. Foram identificados compostos contendo proteínas bacteriocinogénicas devido à sua excelente estabilidade e ao seu espectro antimicrobiano relativamente amplo.

INTRODUÇÃO

As bactérias lácticas (LAB) representam um grupo de bactérias gram-positivas que se unem por uma constelação de características morfológicas, metabólicas e fisiológicas. A descrição geral das bactérias contidas no grupo é Gram-positivo, coccus não-respiradores, não-respiradores ou varas que produzem ácido láctico como principal produto final na fermentação de hidratos de carbono. O termo LAB está intimamente relacionado com as bactérias envolvidas na fermentação de alimentos para consumo humano e animal. As bactérias lácticas importantes são *Aerococcus, Carnobacterium, Enterococcus, Lactobacillus, Lactococcus, Leuconostoc, Oenococcus, Lactosphaera, Pediococcus, Streptococcus, Tetragenococcus, Vagococcus* e *Weissella.*

A classificação do LAB em diferentes géneros é largamente baseada na morfologia, no tipo de fermentação da glucose, no crescimento a diferentes temperaturas, na configuração do ácido láctico produzido, na capacidade de crescer a altas concentrações de sal e na tolerância a ácidos ou álcalis

(Salminen et al., 2004). Estão disseminados em vários ecossistemas e encontram-se frequentemente em alimentos (produtos lácteos, carne e vegetais fermentados, massa de sopa, ensilagem, bebidas), águas residuais, em plantas, mas também nas vias genital, intestinal e respiratória de seres humanos e animais (Olsen et al., 1994). São quimio-organotróficos e crescem apenas em meios complexos. Entre as bactérias lácticas, as espécies dos géneros *Lactobacillus* e *Bifidobacterium são* as mais conhecidas e mais comummente utilizadas na indústria alimentar (Buckenhusker, 1993; Gomez e Malcata, 1999).

Propriedades das bactérias do ácido láctico

Os LABs são classificados com base nas características moleculares (Schleifer, 1987). Orla - Jensen (1919) classificou o LAB em seis géneros com base na fermentação e crescimento do açúcar a determinadas temperaturas. Este grupo é constituído por pelo menos oito géneros (Sneath et al., 1986). Os géneros tradicionais *Lactobacillus, Leuconostoc, Pediococcus* e *Streptococcus foram* alargados para incluir *Carnobacterium, Enterococcus, Lactococcus* e *Vagococcus* (Jay, 1992). A importância dos LABs reside na sua capacidade de formar lácticos e outros ácidos a partir de hidratos de carbono. Esta fermentação ácida láctica é por definição mais ou menos característica das BLA, dos quais os géneros mais comuns e importantes são *Streptococci, Pediococcus, Leuconostoc* e *Lactobacillus* (Frank et al., 2002).

São gram-positivos, tipicamente não esporos em forma de vara ou coccus, não contêm catalase e são estritamente fermentativos, produzindo quer uma mistura de ácido láctico, dióxido de carbono, ácido acético e/ou etanol (heterofermentação) ou quase exclusivamente ácido láctico (homofermentação) como o produto final metabólico mais importante (Kandler et al., 1986; Schillinger et al., 1987; Campbell et al., 1996). Os hidratos de carbono solúveis, por exemplo glicose, lactose, sacarose, são de longe os compostos mais importantes utilizados pelas bactérias do ácido láctico como fonte de energia. As diferentes espécies diferem na sua capacidade de fermentar açúcares individuais, e esta propriedade é importante para a sua classificação. Os hidratos de carbono mais utilizados (e mais universalmente disponíveis) para a sua cultura são a glucose, mas também foram descritas espécies que preferem outros açúcares, por exemplo, lactose ou xilose, e são mesmo incapazes de fermentar facilmente a glucose. Os organismos homofermentativos (por exemplo *Lactobacillus casei, Lactobacillus bulgaricus, Lactobacillus plantarum* e *Streptococcus faecalis*) fermentam até 95% da glicose utilizada, outras hexoses ou dissacáridos fermentáveis ao ácido láctico.

C6H12O62CH 3~~CHOHCOOH~~ →

    (glucose)   (ácido láctico)

O resto do açúcar é convertido em dióxido de carbono, vestígios de ácidos voláteis e protoplasma celular. Todas as descobertas actuais sugerem que o ácido láctico é formado por reacções do conhecido esquema Embder-Meyerhof. Os organismos heterofermentativos (por exemplo, *Lactobacillus gayonii, Lactobacillus lycopersici* e *Leuconostoc mesenteroids)* também formam ácido láctico a partir de hexoses, mas além disso produzem quantidades relativamente grandes de ácido acético, etanol, dióxido de carbono e outros produtos. Tanto os organismos homofermentativos como heterofermentativos fermentam tipicamente pentoses de acordo com a equação

C5H10O5CH3~~CHOHCOOH~~ + CH3COOH

    (pentoses)   (ácido láctico)   (ácido acético)

Os produtos finais dos homo- e heterofermenters podem diferir na conversão da glucose, e estes formam diferenças genéticas e fisiológicas fundamentais. Os LABs são tipicamente exigentes e requerem uma variedade de aminoácidos, vitaminas B, purina e bases de pirimidina para o crescimento. Em muitos ambientes, o LAB obtém estes aminoácidos através da actividade proteolítica, embora o LAB seja fracamente proteolítico em comparação com os bacilos ou pseudomonas. A proteólise está particularmente bem documentada em relação ao crescimento de *lactococos* no leite, onde são largamente responsáveis pelo desenvolvimento do sabor na produção de queijo (Dykes, 1991; Jay, 2000).

Os LABs são utilizados para garantir a segurança, manter a qualidade dos alimentos, desenvolver novos sabores característicos e melhorar as propriedades nutricionais dos alimentos. As LABs exercem um forte efeito antagónico contra muitos microrganismos relacionados e não relacionados, incluindo organismos de deterioração e bactérias patogénicas como *Listeria, Clostridium, Staphylococcus* e *Bacillus* spp. O efeito antagónico das LABs deve-se principalmente a uma redução do pH dos alimentos, à competição por nutrientes e à produção de metabolitos inibidores (Stiles, 1996).

Metabolismo da lactose

As bactérias lácticas possuem as enzimas *E-galactosidase, glicolases* e *ácido láctico desidrogenase* (LDH), que produzem ácido láctico a partir da lactose. É relatado que o ácido láctico tem algumas vantagens fisiológicas, tais como

1. Melhorar a digestibilidade das proteínas do leite, precipitando-as em partículas finas de coalhada.
2. Melhorar a utilização de cálcio, fósforo e ferro.
3. Estimulação da secreção de sucos gástricos.
4. Aceleração do transporte do conteúdo do estômago.
5. Serve como uma fonte de energia no processo de respiração.

A capacidade dos lactobacilos para converter lactose em ácido láctico é utilizada no tratamento bem sucedido da intolerância à lactose. As pessoas que sofrem desta doença não podem metabolizar a lactose devido a uma deficiência ou mau funcionamento do sistema enzimático vital. Ao baixar o pH do ambiente intestinal para 4-5, o ácido láctico inibe o crescimento de organismos putrefactivos e *E. coli*, que requerem um pH óptimo mais elevado de 6-7. Alguns dos ácidos voláteis produzidos durante a fermentação também têm alguma actividade antimicrobiana em condições de baixo potencial de oxidação-redução.

LAB no controlo biológico de agentes patogénicos de origem alimentar

A investigação centrou-se na abordagem biológica para controlar e erradicar os agentes patogénicos de origem alimentar. Foram estudadas bactérias comuns (espécies que têm um efeito positivo na saúde e a capacidade de eliminar bactérias patogénicas) que inibem o tracto gastrointestinal de animais e humanos, bem como as que estão envolvidas na fermentação de alimentos. Os cientistas desenvolveram produtos antimicrobianos naturais para o controlo biológico de agentes patogénicos e utilizaram o LAB para a exclusão de agentes patogénicos competitivos e o fornecimento de vacinas e compostos bioactivos (Grasson, 2002).

LAB como probiótico

O tracto gastrointestinal dos seres humanos e animais contém um complexo ecossistema bacteriano. As estirpes comensal do LAB têm um historial de utilização com o objectivo de melhorar a saúde sob a forma de probióticos e controlar os agentes patogénicos humanos nos animais de criação. A investigação demonstrou a capacidade das espécies Lactobacillus de controlar uma série de agentes patogénicos humanos, incluindo *E. coli, Campylobacter jejuni* e *Clostridium perfringens* (Grasson, 2002). As suas substâncias celulares probiologicamente activas exercem muitos efeitos positivos no tracto gastrointestinal (Ghosh et al., 2008). Os LABs impedem a adesão, estabelecimento e replicação de vários agentes patogénicos da mucosa entérica através de vários mecanismos antimicrobianos. O LAB também liberta várias enzimas para a luz intestinal e exerce potenciais efeitos sinérgicos na digestão e alivia os sintomas de má absorção intestinal. O consumo de produtos lácteos fermentados LAB com LAB pode causar efeitos anti-tumorais. Estes efeitos são atribuídos à inibição da actividade mutagénica, à diminuição de várias enzimas envolvidas na formação de carcinogéneos, mutagénicos ou substâncias promotoras de tumores, à supressão de tumores e à correlação epidemiológica entre hábitos alimentares e cancro.

Organismos produtores de bacteriocina, especialmente *lactobacilos,* que ocorrem naturalmente no intestino de humanos ou animais, poderiam ser utilizados como probióticos para influenciar a ecologia do intestino. Foi postulado que certos microrganismos intestinais oferecem benefícios para a saúde que incluem a estimulação do sistema imunitário, inactivação do potencial

compostos cancerígenos e redução do colesterol sérico. As bacteriocinas poderiam melhorar a capacidade destes organismos de colonizar e competir com a microflora intestinal, tanto indígena como potencialmente patogénica.

LAB como veículo de entrega de vacinas

O LAB Commensal pode ser utilizado para fornecer vacinas e outro material biologicamente activo para o tracto gastrointestinal. A sua utilização no fornecimento de vacinas é de particular valor para estimular a imunidade da mucosa, o que tem um efeito protector no local de entrada do agente patogénico. Os benefícios da administração do LAB incluem: facilidade de administração; sobrevivência em ácido gástrico; segurança inerente; tipo e tamanho das partículas para absorção pelas células; tecnologia económica à medida que as bactérias produzem a vacina ou o agente terapêutico. O LAB também pode ser utilizado como veículo para uma vacina oral contra o antraz e possivelmente outros tipos de vírus e agentes patogénicos (Grasson, 2002).

O LAB está presente em muitos alimentos e é frequentemente utilizado como probiótico para melhorar algumas funções biológicas no hospedeiro. Eles enviam sinais para activar células imunitárias através de diferentes mecanismos. Ao seleccionar as BLA de acordo com a sua capacidade imuno-estimuladora, é útil saber não só o efeito que têm sobre o sistema imunitário mucoso, mas também o uso específico destes vectores de vacina oral (Perdigon et al., 2001). **Bactérias de ácido láctico como cultura inicial**

As bactérias lácticas, frequentemente referidas como "lactis", são culturas iniciais básicas com utilização generalizada na indústria leiteira para a produção de queijo, culturas de leitelho, queijo cottage e culturas de natas ácidas (Jay, 1986). A identificação e fornecimento de um meio prático de utilização de culturas iniciais adequadas é benéfica devido ao papel competitivo dos microrganismos e dos seus metabolitos na prevenção do crescimento e metabolismo de microrganismos indesejáveis. Uma fermentação forte pode reduzir os tempos de fermentação, minimizar as perdas de matéria seca, prevenir a contaminação com bactérias e bolores patogénicos e tóxicos, e minimizar o risco da microflora adventícia afectar o sabor, etc. e a tecnologia (Holzapfel, 2001; Mullan, 2001).

As bactérias de ácido láctico incluem sempre organismos que convertem lactose em ácido láctico, por exemplo *Lactococcus lactis, L. cremoris* ou *L. diacetilactis* Se substâncias aromatizantes e aromáticas como o diacetil forem desejadas, a cultura inicial do leite conterá um fermentador heteroláctico como o *Leuconostoc citrovorum, L. diacetilactis* ou L. *dextranicum.* As culturas iniciais podem consistir em estirpes simples ou mistas. As culturas podem ser preparadas e conservadas por congelação sobre azoto líquido ou por liofilização. *Os lactococos* constituem geralmente 90% de uma população mista de gado leiteiro, e uma boa cultura inicial geralmente converte a maior parte da lactose em ácido láctico (Jay, 1992).

Propriedade antimicrobiana das bactérias do ácido láctico

As bactérias lácticas têm uma longa história de utilização em alimentos fermentados devido à sua influência benéfica nas propriedades nutricionais, organolépticas e de conservação (Wood and Wood Apple, 1995; Leroy and De Yuvst, 2004). Causam uma rápida acidificação da matéria-prima através da produção de ácidos orgânicos, principalmente ácido láctico (Leroy et al., 2006). Os LABs são, por exemplo, capazes de inibir vários microrganismos num ambiente alimentar e têm propriedades antimicrobianas cruciais em termos de conservação e segurança alimentar (De Vuyst, 2007).

Os LAB produzem várias substâncias antimicrobianas durante a fermentação, tais como ácidos orgânicos, dióxido de carbono peróxido de hidrogénio, diacetilo, substâncias antimicrobianas de baixo peso molecular e bacteriocinas (Blom e Mortvedt, 1991). Estes compostos antimicrobianos específicos actuam como bioconservadores nos alimentos (Mezaini et al., 2009; De Vuyst e Vandamme, 1994). As substâncias antimicrobianas não são produzidas para consumo humano, mas sim para dar a uma bactéria uma vantagem sobre outra bactéria que compete pela mesma fonte de energia (Ouwehand e Vesterlund, 2004).

1. Ácido orgânico, acetaldeído e etanol:

Várias bactérias heterofermentativas do ácido láctico produzem quantidades equimolares de ácido láctico, ácido acético, etanol e dióxido de carbono durante a fermentação hexagonal. A homofermentação apenas conduz à formação de ácido láctico

(Caplice e Fitzgerald, 1999). O efeito antimicrobiano destes ácidos orgânicos, que se formam durante a fermentação com ácido láctico, é bem conhecido (Davidson, 1997). Acredita-se que os ácidos orgânicos, dissociados e não dissociados, interferem com os mecanismos responsáveis pela manutenção do potencial da membrana, inibindo assim o transporte activo (Sheu et al., 1972; Eklund, 1989; De Vuyst e Vandamme, 1994).

2. Peróxido de hidrogénio:

As bactérias lácticas produzem peróxido de hidrogénio na presença de oxigénio através da acção de oxidases de NADH, oxidases contendo flavoproteína e superóxido dismutase (SOD) (Condon, 1987; Ouwehand e Vesterlund, 2004). Os LABs carecem de catalisador real, pelo que se pensa que o peróxido de hidrogénio pode acumular-se e inibir o crescimento de alguns microrganismos (Condon, 1987). A produção de peróxido de hidrogénio é importante para a colonização de lactobacilos no tracto urogenital. Isto reduz o desenvolvimento de gonorreia, VIH e infecções do tracto urinário (Vallor et al., 2001).

3. Dióxido de carbono:

O dióxido de carbono é produzido por fermentação heteroláctica e contribui para um ambiente anaeróbico que é tóxico para vários microrganismos alimentares aeróbicos. Além disso, o próprio dióxido de carbono tem actividade antimicrobiana (Lindgren e Dobrogosz, 1990). O mecanismo envolvido nesta actividade não é conhecido, mas acredita-se que o dióxido de carbono se acumula na camada lipídica devido à inibição da descarboxilação enzimática (King e Nagel, 1975) e provoca a desinfecção da permeabilidade da membrana. Verificou-se que concentrações baixas de dióxido de carbono promovem o crescimento de certos microrganismos, enquanto concentrações altas levam à inibição do crescimento (Lindgren e Dobrogosz, 1990).

4. Diacetilo:

Diacetil é produzido pela fermentação do citrato e é responsável pelo aroma único e sabor amanteigado de vários outros produtos lácteos fermentados (Lindgren e Dobrogosz, 1990; Cogan e Hill, 1993). Diacetilo é produzido por muitos LABs, incluindo os géneros *Lactobacillus, Lactococcus, Leuconostoc, Pediococcus e Streptococcus* (Jay, 1982). As bactérias gram-positivas são menos sensíveis à sua actividade antimicrobiana do que as bactérias gram-negativas, bolores e leveduras. O mecanismo responsável por esta actividade é o efeito do diacetilo na proteína de ligação à arginina das bactérias Gram-negativas, o que leva à interferência na utilização da arginina (Motlagh et al., 1991; De Vuyst e Vandamme, 1994).

5. Substâncias antimicrobianas com baixo peso molecular:

Vários estudos centraram-se na produção de substâncias antimicrobianas de baixo peso molecular por bactérias lácticas (Cotter and Hill, 2003; Shahani et al., 1977 a, b; Reddy et al., 1983; Silva et al., 1987). Além de um baixo peso molecular, estas substâncias têm várias propriedades em comum, tais como serem activas a um baixo valor de pH, serem termostavelmente solúveis em acetona e terem um largo espectro de actividade (Axelsson, 1990). Três substâncias antimicrobianas de baixo peso molecular foram devidamente caracterizadas, ou seja, reuterina e reutericina, ambas produzidas por *L. reuteri,* e ácido 2-pirrolidona-5-carboxílico produzido por *L. casei subsp. casei, L. casei subsp. pseudoplantarum* e *Streptococcus bovis* (Chen e Russell, 1989; Huttunen et al., 1995).

6. Bacteriocina:

As bactérias lácticas (LAB) são conhecidas por produzir uma variedade de compostos antimicrobianos, dos quais a bacteriocina é a mais promissora, uma vez que podem ser usadas como conservantes alimentares naturais e também noutras aplicações (ver Fig.1) (Ruiz-Barba et al., 1994; Abee et al., 1995; Tiwari e Srivastava, 2008 a, b, c, Kumar et al., 2010). As bacteriocinas são peptídeos ribossomicamente sintetizados produzidos por diferentes bactérias, que não só têm um efeito bacteriostático ou bacteriocida contra bactérias geneticamente relacionadas (Capice e Fitzgerald, 1999; Ross et al., 2002; Chen e Hoover, 2003; Ouwehand e Vesyterlund, 2004), mas também contra agentes patogénicos de origem alimentar e agentes de deterioração (Klaenhammer, 1993) Embora as bacteriocinas tenham propriedades antibióticas, diferem dos antibióticos na medida em que são sintetizadas ribossomicamente, têm um espectro de acção estreito e os organismos responsáveis pela sua produção são imunes a elas (Cleveland et al., 2001). A maioria das bacteriocinas de bactérias Gram-positivas são produzidas por bactérias lácticas (Nes et al., 1996; Ennahar et al., 2000). Embora sejam encontradas bacteriocinas em muitas bactérias Gram-positivas e Gram-negativas (Riley e Wertz, 2002), as bacteriocinas produzidas pelo LAB receberam atenção especial nos últimos anos devido à sua potencial utilização na indústria alimentar como conservantes naturais (Ennahar et al., 1999). As bacteriocinas mais importantes são nisina, pediocina, lactocina, diplococina, acidofilina, Bulgaricina, Helveticina, Lactacina e Plantaricina (urtiga e descalça, 1993). A nisina lantibiótica produzida por vários *Lactococcus lactis* spp. é a bacteriocina e o alimento mais investigado a nível mundial (Delves-Broughton et al., 1996).

Utilização de bacteriocinas na bioconservação de alimentos

A bioconservação refere-se ao prazo de conservação prolongado e ao aumento da segurança dos alimentos que utilizam microflora natural e/ou os seus produtos antibacterianos. As bactérias lácticas têm um grande potencial de utilização em biopreservação, pois podem ser consumidas com segurança e dominar naturalmente a microflora de muitos alimentos durante o armazenamento.

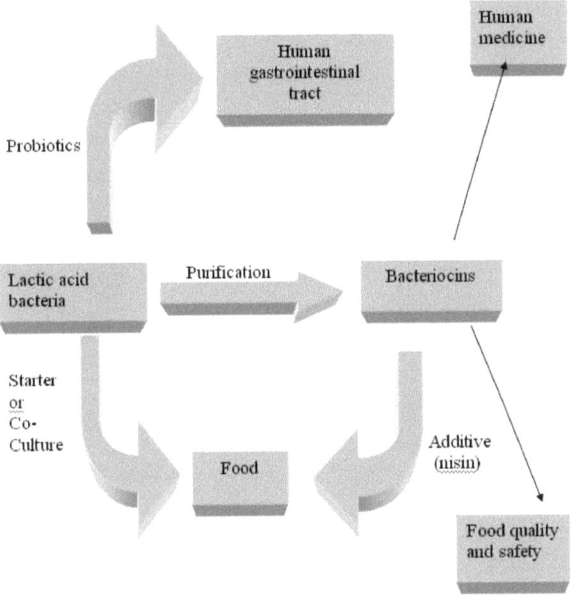

Fig.1: Visão geral do potencial de aplicação da bacteriocina produzida por bactérias ácido-lácticas

A nisina é produzida por algumas estirpes de *Lactococcus lactis subsp. lactis*. É um peptídeo pentaciclico contendo três aminoácidos invulgares na sua estrutura, nomeadamente desidroalanina, lanthionina e ß-metil-lantionina, e tem um peso molecular de 3510 Da. É inactivada por a quimotripsina mas é resistente ao tratamento com pronase, tripsina e calor em condições ácidas. A nisina é eficaz contra os agentes patogénicos Gram-positivos e impede o crescimento de esporos de *Clostridium* e Bacillus. O Nisin foi introduzido comercialmente como conservante alimentar no Reino Unido há cerca de 30 anos. Inicialmente foi utilizado como conservante em produtos de queijo processado, e desde então inúmeras outras aplicações em alimentos e bebidas foram identificadas. Tem sido utilizado para inibir organismos formadores de esporos em pastagens de queijo processado, alimentos enlatados e produtos de prato quente, para prolongar a vida útil do leite pasteurizado, para controlar bactérias lácticas

na produção de cerveja e para o controlo de *Clostridium botulinum* tipo E em peixe fresco embalado numa atmosfera modificada (Delves-Broughton, 1990).

A primeira utilização da nisina em alimentos foi como conservante em produtos de queijo processado, e acredita-se que esta seja uma das principais aplicações da nisina até hoje (McClintock et al., 1952; Delves-Broughton, 1990). Os ingredientes utilizados no fabrico destes produtos são queijo cru, manteiga, leite em pó desnatado, frequentemente de vários sabores adicionados, fosfato emulsionante ou sais de citrato e água adicionada. O crescimento de esporos de *C.* tyrobutyricum no queijo Gouda sem nitratos foi completamente evitado quando uma estirpe produtora de nisina A foi adicionada à cultura inicial (10% produtores de nisina A) (Hugenholtz e de Veer, 1991). Nisina A é também um inibidor eficaz de *L. monocytogenes*, (Maisnear-Patin et al., 1992). Estes resultados sugerem fortemente um papel potencialmente mais amplo do nisin A na preservação futura de uma vasta gama de produtos lácteos.

Conservação biológica de produtos de carne:

A principal preocupação ao utilizar nitritos para a cura da carne é a possível formação de N-nitrosaminas cancerígenas. Recentemente, foram feitas tentativas para utilizar a nisina A como alternativa aos nitritos. As bacteriocinas produzidas pelo LAB associadas à carne e fermentações de carne, tais como *Pediococcus, Leuconostoc, Carnobacterium* e *Lactobacillus spp.* têm provavelmente um potencial muito maior do que os conservantes de carne (Shahidi, 1991; Stiles e Hastings, 1991; Yousef et al., 1991). Estes investigadores forneceram provas de que as vacinas Pediococcus ou Pediocin purificada podem actuar como biopreservante para eliminar bactérias patogénicas Gram-positivas na carne cozinhada durante o armazenamento prolongado a frio. A utilização de nisina A na conservação de produtos de peixe foi investigada por Taylor et al., 1990, que mostraram que o tratamento com nisina de bacalhau, arenque e filetes de cavala fumados inoculados com esporos de *Clostridium* botulinum causou um atraso na produção de toxinas de 5 dias a 10°C, mas apenas meio dia a 26°C.

Conservação orgânica de vegetais:

Os legumes embalados e prontos a usar como produto de conveniência têm normalmente um prazo de validade refrigerado de uma semana e suportam o crescimento de uma população microbiana dominada por pseudomanadas e Enterobacteriaceae (Lim e Lm, 2007; Calo-Mata et al., 2008). Foi investigada a possibilidade de preservar legumes prontos a usar com LAB produtor de bacteriocina (Vescova et al., 1995). Nas condições deste estudo, poderia ser demonstrado que a inoculação de alface com estirpes de *Lactobacillus ncasei* ou *Pediococcus pentosaceus* leva a

dominância dos vegetais com estas bactérias e uma diminuição dramática das

Enterobacteriaceae, que dominaram as amostras de controlo não vacinadas.

Bacteriocinas em filmes antimicrobianos:

A inovação industrial requer o desenvolvimento contínuo de novos materiais para o processamento, cozedura, manuseamento, transformação e embalagem de alimentos. Os alimentos não líquidos, prontos a comer, expostos à contaminação da superfície levam a uma redução do prazo de validade (Cagri et al., 2004). A embalagem de alimentos antimicrobianos com um sistema de libertação controlada permite que o composto activo antimicrobiano seja transferido do polímero para o alimento mantendo uma concentração predeterminada do composto activo no alimento embalado que é libertado durante um determinado período de tempo (Vermeiren et al., 2002; Quintavalla e Vicini, 2002; Cagri et al., 2004).

CONCLUSÕES

As bactérias lácticas são microrganismos Gram-positivos, catalíticos-negativos e produtores de ácido láctico. Estas bactérias têm uma variedade de aplicações que vão desde a prbiotica às propriedades imunomoduladoras e anti-tumorais. Existe actualmente uma grande quantidade de investigação sobre "agentes antimicrobianos naturais" para aplicações alimentares, dos quais a Bacteriocina compreende um grupo de compostos sob investigação. LAB e outras bactérias de grau alimentar, que têm a vantagem de os organismos terem geralmente o estatuto GRAS (geralmente considerado como seguro). A actividade antimicrobiana da Bacteriocina pode desempenhar um papel importante na redução do risco de desenvolvimento de agentes patogénicos e no prolongamento da vida útil dos alimentos.

REFERÊNCIAS:

Abee, T. (1995). Bacteriocina formadora de poros de bactérias gram-positivas e mecanismos de auto-protecção dos organismos produtores. *FEMS cartas sobre microbiologia, 129*, 1 -10.

Axelsson, L. (1990). *Lactobacillus reuteri,* um membro da flora intestinal bacteriana. Departamento de Microbiologia; Universidade de Ciências Agrícolas, Uppsala, Suécia, p. 64. Blom, H., Mortvedt, C. (1991). Substâncias antimicrobianas produzidas por microrganismos associados aos alimentos. *Transacções sociais bioquímicas, 19*, 694 - 698.

Buckenhusker, H. J. (1993). Critérios de selecção de bactérias ácido-lácticas a serem utilizadas como culturas iniciais para vários alimentos, *FEMS Microbiology Review, 12*, 253 - 272.

Cagri, A., Ustunol, Z., & Ryser, E. T. (2004). Filmes e revestimentos antimicrobianos comestíveis.

Food Safety Journal, *67*, 833-848.

Calo-Mata, Pilar, Arlindo, Samuel, Boehme, Karola, deMiguel, Trinidad, Pascoal, Ananias, Barros-Velazquez, Jorge (2008). Aplicações actuais e tendências futuras das bactérias lácticas e suas bacteriocinas para a conservação orgânica dos alimentos aquáticos. *Engenharia de Bioprocessos Alimentares,1,* 43-63.

Campbell, I. & Prist, F. G. (1996). Microbiologia cervejeira. Segunda edição, International Center for Brewing and Destilling, Chapman and Hall, U. K., pp. 134 - 156.

Caplice, E., Fitzgerald, G. F. (1999). Fermentações de alimentos: Papel dos microrganismos na produção e conservação dos alimentos. *International Journal of Food Microbiology, 50,* 131

- – 149.

Chen, G., Russell, J. B. (1989). Transporte de glutamina por *Streptococcus bovis* e conversão da glutamina em ácido piroglutâmico e amoníaco. *Journal of Bacteriology, 171,* 2981 - 2985.

Chen, H., Hoover, D. G. (2003). Bacteriocinas e a sua utilização em alimentos.

Revisões abrangentes em ciência alimentar e segurança alimentar, 2, 82 - 100.

Cleveland, J., Montville, T. J., Nes, I. F., Chikindas, M. L. (2001). Bacteriocinas: agentes antimicrobianos naturais e seguros para a conservação de alimentos. *International Journal of Food Microbiology, 71,* 1 - 20.

Cogan, T. M., Hill, C. (1993). Culturas de arranque do queijo. In: Fox, P. F. (eds.), Cheese: Chemistry, Physics and Microbiology. Segunda edição. Chapman and Hall, Londres, pp. 193 - 255.

Condon, S. (1987). Reacções das bactérias ácido-lácticas ao oxigénio. *Relatórios microbiológicos FEMS, 46,* 269 - 280.

Cotter, Paul D., e Hill, Colin. (2003). A sobrevivência do teste ácido: reacções de bactérias gram-positivas a baixo pH3. *Artigos de revisão sobre microbiologia e biologia molecular, 67,* 429-45.

Davidson, PM (1997). Conservantes químicos e compostos antimicrobianos naturais. In: Doyle, M. P., Beuchat, L. R., Montville, T. J. (eds.), Food Microbiology: Fundamentals and Limits. ASM Press, Washington, pp. 520 - 556.

De, Vuyst. L., Leroy, F. (2007). Bacteriocinas de bactérias de ácido láctico: Produção, limpeza e aplicações alimentares.

De, Vuyst. L., Vandamme, E. J. (1994). Bacteriocinas de bactérias de ácido láctico:

Microbiologia, genética e aplicações. Londres, Blackie Academic & Professional.

Delves- Broughton, J. (1990). Nisina e a sua utilização como conservante alimentar. *Tecnologia alimentar, 44,* 100, 102, 104, 106, 108, 111, 112, 117.

Delves-Broughton, J., Blackburn, P., Evans, R. J., Hugenholtz, J. (1996). Aplicações da bacteriocina nisina. *Antonie Van Leeuwenhock, 69,* 193 - 202.

Dykes, G. A. (1991). Caracterização de bactérias lácticas em ligação com a deterioração das salsichas Wiener embaladas a vácuo. M. Sc. (Microbiologia). Dissertação, Faculdade de Ciências Naturais, Universidade de Wit Watersrand, Joanesburgo, África do Sul.

Eklund, T. (1989). Ácidos orgânicos e ésteres. In: Gould, G. W. (eds.), Mecanismos de acção dos processos de conservação de alimentos. *Elsevier Applied Science,* Londres, S. 161 - 200.

Bactérias: actividade antibacteriana e conservação de alimentos. *Journal of Life Sciences and Biotechnology, 87,* 705 - 716.

Frank, J. Carr. (2002). Don Chill e Nino Maida. As bactérias do ácido láctico: Uma revisão bibliográfica. *Revisões críticas em microbiologia, 28,* 281 - 284.

Ghosh, N., Kumar, M., Tiwari, S.K. e Srivastava, S. (2008). Potencial probiótico de dois isolados ambientais de bactérias do ácido láctico, *Lactobacillus plantarum* LR/14 e *Enterococcus faecium* LR/6 *International Journal of Probiotics and Prebiotics, 3,*199-206.

Gomez, M. P., Malcata, F. X. (1999). *Bifidobacterium spp.* e *Lactobacillus acidophilus:* propriedades biológicas, bioquímicas, tecnológicas e terapêuticas relevantes para uso como probióticos, *Trends Food Science Technology, 10,* 139 - 157.

Grasson, Mike. (2002). Instituto de Investigação Alimentar. Bactérias comuns no biocontrolo e fermentação.

Wood apple, W. H. (2001). Tecnologias apropriadas para culturas de arranque para fermentação em pequena escala nos países em desenvolvimento. *International Journal of Food Microbiology, 78,* 119 - 131.

Hugenholtz, J., e de Veer, GJCM. (1991). Aplicação de Nisin A e Nisin Z na tecnologia de lacticínios. "G Jung e HG Sahl (eds.): Nisin e Novos Lantibióticos", p. 440, ESCOM, Leiden.

Huttunen, E., Naro, K., Yang, Z. (1995). Purificação e identificação de substâncias antimicrobianas produzidas por duas estirpes de *Lactobacillus* casei. *International Journal of Dairy Industry, 5,* 503 - 513.

Jack, R.W., Tagg, J.R., Ray, B. (1994). Bacteriocinas de bactérias gram-positivas. *Journal Microbiology, 59,* 171 - 200.

Jay, M. J. (1982). Propriedades antimicrobianas do diacetilo. *Microbiologia aplicada e ambiental 44*, 525 - 532.

Jay, M. J. (1986). Microbiologia alimentar moderna, alimentos fermentados e produtos de fermentação relacionados. Van Nostrand Reinhold Company, New York, pp. 362 - 389.

Jay, M. J. (1992). Microbiologia alimentar moderna, produtos fermentados de fermentação relacionados com alimentos. Quarta edição. Chapman e Hall. Londres, Reino Unido pp. 372 – 403.

Jay, M.J. (2000). Microbiologia alimentar moderna, alimentos fermentados e produtos de fermentação relacionados. Sexta edição. Aspen Publishing, Londres, Reino Unido, pp. 113 - 128.

Kandler, C. & Weiss, N. (1986). O género *Lactobacillus*. In: Bergy's Handbook of Systematic Bacteriology. Baltimore 2. pp. 1208 - 1234.

King, A. D. J., Nagel, C. W. (1975). Influência do dióxido de carbono no crescimento de agentes de deterioração. Ciência e Tecnologia Alimentar 40, 362 - 366.

Klaenhammer, T. R. (1993). Genética das bacteriocinas produzidas por bactérias do ácido l *Revisão da Microbiologia FEMS Artigo 12*, 39 - 85.

Kumar, M., Tiwari, S.K. e Srivastava, S. (2010). Purificação e caracterização da Enterocin LR/6, uma nova bacteriocina de *Enterococcus faecium* LR/6. *Bioquímica e biotecnologia aplicadas.*

Leroy, F., De, Vuyst. L. (2004). Bactérias de ácido láctico como culturas iniciais funcionais para a indústria de fermentação de alimentos. *Tendências em ciência e tecnologia alimentar, 15*, 67 - 78.

Leroy, F., Verluyten, J., De, Vuyst. L. (2006). Culturas funcionais de arranque de carne para uma melhor fermentação das salsichas. *International Journal of Food Microbiology, 106,* 270 - – 285.

Lim, Sung Mee. e lm, Dong Bald. (2007). Efeito bactericida da bacteriocina de Lactobacillus plantarum K11Isolado de Dongchimi sobre Escherichia coli O157. *Journal of Food Hygiene and Safety,22,* 151-158.

Lindgren, S. E., Dobrogosz, W. J. (1990). Actividades antagónicas de bactérias lácticas em fermentações de alimentos e rações. *FEMS Microbiology Review artigos 87,* 149 - 163.

Cornnear - Madrinha, S., Deschamps, N., Tatini, S. R., e Richard, J. (1992). Inibição de *Listeria monocytogens* em queijo Camembert feito com um fermento produtor de nisina. Lait 72, 249.

McClintock, M., Serres, L., Marzolf, J. J., Hirsh, A., e Mocquot, G. (1952). Inibição da acção dos produtos estreptocócicos da Nisine no desenvolvimento de esporos anaeróbios na Formage de Gruyere fondu. *Journal for Dairy Research, 19,* 187.

Mezaini, Abdelkader, Chihib, Nour-Eddine, Bouras, Abdelkader Dilmi, Nedjar-Arroume, Naima e Hornez, Jean Pierre (2009). Actividade antibacteriana de alguns Bactérias de ácido láctico isoladas de um produto lácteo argelino. *Revista para o ambiente e a saúde pública.*

Motlagh, A. M., Johnson, M. C., Ray, B. (1991). Perda de viabilidade dos agentes patogénicos de origem alimentar por metabolitos da cultura inicial. *Diário para a protecção alimentar 54,* 873 - 878.

Mullan, W. M. A. (2001). Ciência dos Lacticínios e Tecnologia Alimentar Culturas de Queijo para arranque. Nes, I. F., Diep, D. B., Havarstein, L. S., Brurberg, M. B., Eijsink, V., Holo, H. (1996). Biossíntese de bacteriocina em bactérias ácido-lácticas. *Antonie Van Leeuwenhoek 70,* 113 - 128.

Urtigas, C. G., Descalço, S. F. (1993). Propriedades bioquímicas e genéticas das bacteriocinas das bactérias do ácido láctico associado aos alimentos. *Journal for food protection, 56,* 338 - 356.

O' Sullivan, L., Ross, R. P., Hill, C. (2002). Potencial de Bacteriocina - produzindo bactérias lácticas para melhorar a segurança e qualidade alimentar. Bioquímica, 84, 593-604.

Olsen, G. J., Woese, C. R., Overbeck, R. (1994). The winds of (evolutionary) change: breaking new life into microbial Journal of Bacteriology, 176, 1 - 6.

Ouwehand, A., Vesterlund, S. (2004). Componentes antimicrobianos de bactérias ácidas lácticas. In: Salminen, S., Von Wright, A., Ouwehand, A. (eds.), Bactérias de ácido láctico: Aspectos microbiológicos e funcionais, terceira edição. Marcel Dekker, Nova Iorque, S. 375 - 395.

Perdigon, G. Fuller & Roya, R. (2001). Bactérias de ácido láctico e o seu efeito no sistema imunitário. *International Journal of Microbiology, 2,* 27 - 42.

Quintavalla, S., & Vicini, L. (2002). Embalagem de alimentos antimicrobianos na indústria da carne. *Meatologia, 62,* 373-380.

Riley, M. A., Wertz, J. E. (2002). Bacteriocinas: Evolução, Ecologia e Aplicação. *Relatório Anual de Microbiologia, 56,* 117 - 137.

Ross, R, P., Morgan, S., Hill, C. (2002). Apresentação e fermentação: passado, presente e futuro. *International Journal of Food Microbiology, 79,* 3 - 16.

Ruiz-Barba, J. L., Cathcart, D. P., Warner, P. J., Jimenez-Diaz, R. (1994). Utilização de

Lactobacillus plantarum LPCO10, um produtor de bacteriocina, como cultura inicial em fermentações de azeitonas verdes ao estilo espanhol. *Microbiologia Aplicada e Ambiental 60*, 2059 - 2064.

Salminen, S., Von Wright, A., Ouwehand, A. (2004). Bactérias do ácido láctico - aspectos microbiológicos e funcionais. Terceira edição, S. 1.

Schillinger, U. & Luke, F. K. (1987). Identificação de *lactobacilos* a partir de produtos à b *Journal of Food Microbiology, 4*, 199 - 208.

Schleifer, K. H. (1987). Alterações recentes na taxonomia das bactérias do ácido láctico. *Panorâmica da microbiologia FEMS, 46*, 201 - 203.

Shahani, K. M., Vakil, J. R., Kilara, A. (1977a). Antibiotic acidophilus e processo para a sua preparação. Antibiotic Acidophilus e o processo para a sua preparação.
U. S. Patente 3689640.

Shahani, K. M., Vakil, J. R., Kilara, A. (1977b). Actividade antibiótica natural de *Lactobacillus acidophilus* e *bulgaricus* **j.** VRODWLRQ RI DFLGRSKLOLQ IURP *Lactobacillus acidophilus. Revista de produtos lácteos de cultura 12.*

Shahidi, F. (1991). Desenvolvimento de sistemas alternativos de cura de carne. *Tendências em ciência e tecnologia alimentar* Setembro, 219.

Sheu, C. W., Konings, W. N., Freese, E. (1972). Efeitos do acetato e de outros ácidos gordos de cadeia curta na absorção de açúcar e aminoácidos do *Bacillus subtilis*. *Journal of Bacteriology 111*, 525 - 530.

Silva, M., Jacobus, N. V., Deneke, C., Gorbach, S. L. (1987). Substâncias antimicrobianas de uma estirpe humana de Lactobacillus. *Agentes antimicrobianos e quimioterapia, 31*, 1231
- – 133.

Sneath, P. H. A., Mair, N. S., Sharpe, M. E. und Holt, J. G. (1986). Bergy's Manual of Systematic Bacteriology Williams and Wilkins, Baltimore. S. 1075 - 1079.

Stiles, M. E. (1996). Bioconservação por bactérias ácido-lácticas. *Antonie Van Leeuwenhoek, 70*, 331-345.

Stiles, M. E., e Hastings, J. W. (1991). Produção de bacteriocina por bactérias ácidas lácticas: Potencial para utilização na conservação de carne. *Ciência e tecnologia alimentar, 2*, 235.

Taylor, L., Cann, D. D., e Welch, B. J. (1990). Propriedades antibotulínicas da nisina em peixe fresco embalado numa atmosfera de dióxido de carbono. *Journal of Food Protection, 53*, 953. Tiwari, S.K. e Srivastava, S. (2008a). Caracterização de uma bacteriocina a partir da estirpe Lactobacillus plantarum LR/14. *biotecnologia alimentar 22*, 1-15.

Tiwari, S.K. e Srivastava, S. (2008b). Optimização estatística dos componentes de cultura para uma melhor produção de bacteriocina por *Lactobacillus plantarum* LR/14. *biotecnologia alimentar 22,* 64 -77.

Tiwari, S.K. e Srivastava, S. (2008c). Purificação e caracterização de uma nova bacteriocina a partir do isolado natural de Lactobacillus plantarum LR/14. *Microbiologia Aplicada e Biotecnologia, 79,* 759-767.

Vallor, A. C., Antonio, M. A. D., Hawse, S. E., Hillier, S. L. (2001). Factores relacionados com a aquisição ou colonização persistente por lactobacilos vaginais: Papel da produção de peróxido de hidrogénio. *Journal of Infectious Diseases, 184,* 1431 - 1436.

Vermeiren, L., Devlieghere, F., & Debevere, J. (2002). Eficácia de alguns conceitos recentes de embalagem antimicrobiana. *Aditivos alimentares e contaminantes, 19,* 163-171.

Vescova, M., Orsi, C., Scolari, G., e Torriani, S. (1995). Efeito inibidor de bactérias lácticas seleccionadas na microflora em ligação com vegetais prontos a usar. *Letters Applied Microbiology, 21,* 121.

Wood, BJB., wood apple, W. H. (1995). Os géneros de bactérias do ácido láctico. Londres, Blackie Academic & Professional.

Yousef, A. E., Luckhansky, J. B., Degnan, A. J., e Doyel, M. P. (1991). Comportamento de *Listeria monocytogens* em Wiener exsuda na presença de Pediococcus acidilactici H ou Pediocin AcH durante a armazenagem a 4 ou 25°C. *Microbiologia aplicada e ambiental, 57,* 461.

RELAÇÕES PLANTAS-ÁGUA - NOVAS FERRAMENTAS, NOVAS PERSPECTIVAS

Friedrich-Wilhelm Bentrup1 e Ulrich Zimmermann2

[1] Autor correspondente: Department of Plant Physiology, Hellbrunner Str., Universidade de Salzburgo (Áustria) E-mail: friedrich.bentrup@sbg.ac.at.

[2] Cadeira de Biotecnologia, Biozentrum, Universidade de Würzburg (Alemanha)

A aquisição de água é um processo chave das plantas terrestres. Este capítulo descreve brevemente os recentes avanços na nossa compreensão da ascensão da água em árvores e cipós e, em segundo lugar, o poder de uma nova ferramenta para avaliar o estado da água das plantas no campo. Nos livros de botânica é geralmente afirmado que o problema da ascensão da água nas árvores foi resolvido pela Teoria da Tensão de Coesão (CT) proposta por Boehm (1893) e Dixon e Joly (1894). Não há provas convincentes da existência de gradientes de tensão suficientemente grandes no xilema para suportar a CT; em vez disso, tais gradientes derivam da pressão de equilíbrio Pb obtida com a técnica da câmara de pressão (Scholander et al. 1965). Normalmente assume-se que os valores de Pb na gama de cerca de 3 MPa são suficientes para uma altura de árvore de 100 m, porque para além do peso de uma coluna de água de 100 m de altura de 1 MPa derivam forças adicionais para superar a resistência de fricção contra o fluxo de água no tubo de xilema (ver abaixo).

Em 1990, Balling e Zimmermann introduziram uma sonda de pressão xilema minimamente invasiva, que permitiu um registo directo e contínuo da tensão (pressão negativa) na coluna de água do canal do xilema. Este novo instrumento reabriu o debate sobre a ascensão da água na planta superior (Shackel 1996, Zimmermann et al. 1994, 2000).

A sonda de pressão xylem

Com esta nova sonda, Thuermer et al (1999) registaram a pressão do xilema nas folhas de uma liana tropical, *Tetrastigma voinierianum*. A **figura 1** mostra o desenvolvimento da tensão dependente da luz, ou seja, da transpiração, no xilema durante o dia. Durante a noite, a pressão xilema pode mudar positivamente, o que se chama guttação.

Os registos simultâneos da pressão xilema e da pressão turgor das células do parênquima foliar mostraram alterações diurnas síncronas destas quantidades, indicando um acoplamento hidráulico rigoroso do canal xilema e do tecido parenquimatoso circundante. A **figura 2** mostra esta notável descoberta para o *tetrastigma*; já tinha sido postulada por Renner (1911), que salientou que *"de outra* *forma é dificilmente concebível, uma vez que o turgor das células xilema parênquima está em equilíbrio com a pressão (tensão) dos condutos xilema adjacentes".*

Balanço hídrico através de acoplamento hidráulico

Usando osmometria de nanoliter em células parenquimatosas, Thuermer et al (1999) mediram osmolaridades de 0,75 a 0,85 MPa ao longo do dia. A osmolaridade do sumo do xilema era igualmente independente do tempo, nomeadamente 0,35 a 0,45 MPa. Devido ao acoplamento hidráulico, a pressão do xilema nunca caiu abaixo de -0,4 MPa, o que corresponde a uma pressão turgor de quase zero. Este conjunto de dados coerente está claramente em contradição com o princípio básico da CT, uma vez que as tensões xilema supostamente elevadas de 3 MPa ao meio-dia (citadas acima) à noite, quando a tensão xilema se aproxima de zero ou mesmo se transforma numa pressão positiva, implicariam pressões turgorais comparativamente elevadas nas células parenquimatosas. É óbvio que as células do parênquima teriam então de resistir a enormes pressões osmóticas (note-se que uma célula osmométrica ideal com 1 osmol, digamos 0,5 M KCl, desenvolveria uma pressão osmótica de 2,5 MPa). Não temos conhecimento de qualquer pressão turgor publicada desta enorme magnitude. Os nossos registos de pressão turgor de árvores até uma altura de 35 m nunca excederam 0,8 MPa.

As pressões xilema registadas pela sonda de pressão xilema nos últimos anos situaram-se também, na sua maioria, na faixa de -0,1 a -0,3 MPa (cf. Zimmermann et al. 2007). É de notar que a mesma gama pode ser abstraída de Renner (1925) que utilizou um método de linha de sucção nos ramos folhosos indicados nos livros escolares. A propósito, Renner nunca alegou que os seus dados provaram a TC, mas antes mostraram que a água do xilema estava realmente sob tensão, ou seja, podia estar num estado mensurável.

O equilíbrio da água por acoplamento hidráulico sob regime de luz do dia foi também relatado por Schneider et al (1999) para uma planta de ressurreição poikilohydric, *Myrothamnus flabellifolia*, e por Wistuba et al (2000) para a liana *Epipremnum.*

A tecnologia da câmara de pressão: uma reavaliação

A aplicação das sondas de pressão minimamente invasivas resulta obviamente numa imagem coerente que é sólida em termos de anatomia e biologia celular dos tecidos condutores, mas difere significativamente da TC. Assim, reavaliámos a técnica da câmara de pressão em árvores altas, incluindo *eucaliptos* e *populus* (Zimmermann et al. 2007). Com base numa variedade de dados experimentais, este estudo mostrou surpreendentemente que a pressão equalizadora Pb se correlaciona com a humidade relativa (RH) no ponto da árvore onde o ramo foi cortado, e não com a altura da árvore, como previsto pelo CT. A **figura 3 resume** esta descoberta para as árvores de *Populus nigra*.

Neste estudo, foi utilizada uma grua em vez de trepadores de árvores para efectuar medições de Pb à altura determinada ou no solo em menos de 1

min. As diferenças de RH entre os dois pontos de medição levaram a valores de Pb diferentes. Infelizmente, faltam detalhes experimentais importantes em relatórios anteriores. Koch et al (2004), por exemplo, determinaram valores Pb em ramos de *Sequoia sempervirens* recolhidos a altitudes entre 50 e 110 m, mas não documentaram os detalhes. A sua Fig. 1 mostra uma correlação entre Pb e altura das árvores, mas a ordenada é "xylem pressure". Isto é enganador porque um estudo comparativo de 3 laboratórios já tinha mostrado que Pb pode ser numericamente equivalente à pressão xilema medida pela sonda xilema apenas em plantas não-transpiradoras (Melcher et al. 1998). Além disso, Koch et al (2004) aparentemente não consideraram a força gravitacional que puxa a coluna de água supostamente contínua mas que se perde quando o ramo é cortado para medições de Pb; nem estes autores consideraram as forças friccionais adicionais que têm de ser ultrapassadas pela seiva ascendente do xilema.

Polissacáridos ácidos tipo pectina

Uma descoberta surpreendente de Zimmermann et al (2007) e de facto uma chave plausível para explicar a dependência de Pb da humidade relativa é a ocorrência de polissacáridos ácidos semelhantes à pectina cobrindo a superfície das folhas e elementos xyleme e bloqueando os estômagos. Estes compostos corados com azul alciano foram entretanto detectados em 67 espécies de gimnospermas e angiospermas, aparentemente protegem as células foliares contra a perda total de turgor e possivelmente facilitam a absorção da humidade da atmosfera (Westhoff et al. 2009b). Curiosamente, Arend et al. (2009) utilizaram a microscopia electrónica para detectar depósitos fibrilares semelhantes à pectina no lúmen de fibras de xilema de álamo, que são impressionantemente semelhantes aos elementos hipotéticos para a ascensão de água independente da gravitação dentro do tubo de xilema postulado por Plumb e Bridgeman (1972) e mais recentemente apoiado por Pollack (2001).

1H-NMR imagem da água

Foram feitos mais progressos com a introdução da imagem da água 1H-NMR. A força deste instrumento não invasivo para elucidar o movimento da água no xilema resulta da vantagem analítica de que a assinatura spin-echo do protão de água ligado à parede celular difere significativamente da da fase líquida da seiva, tornando disponível a anatomia de uma estirpe, incluindo a localização dos tecidos condutores (Rokitta et al. 1999).

O desenvolvimento posterior desta técnica levou a imagens NMR sensíveis ao fluxo: noutra liana tropical, o *Epipremnum aureum*, acompanhando as imagens NMR, bem como as medições de pressão de xilema e de pressão de turgor mostraram uma boa correlação

Alterações na velocidade do fluxo e tensão xilema durante o regime diurno (Wistuba et al. 2000). A **figura 4** mostra esta descoberta.

Curiosamente, a orientação experimental destas plantas, isto é, verticais, horizontais e de vértice para baixo, mostrou novamente um acoplamento hidráulico próximo, isto é, gradientes longitudinais tanto de tensão xilema como de pressão turgor nas células parenquimatosas. De facto, para além da tensão provocada pela transpiração, a componente de tensão antigravitacional esperada no xilema correspondia aos gradientes osmóticos no ápice do parênquima para baixo.

A teoria do stress coesivo (CT) baseia-se em colunas contínuas de água nas linhas xilema, que são tão altas como as árvores mais altas. No entanto, não há provas de tais colunas de água. Pelo contrário, um conjunto coerente de dados sugere uma segmentação dinâmica tanto do conteúdo como do preenchimento sazonal do canal xilema das árvores. No canal xilema das bétulas há provas de barreiras reflectoras dissolvidas e espaços cheios de ar que levam a gradientes longitudinais osmóticos (Westhoff et al. 2008). A flutuação da água nas bétulas não é apenas impulsionada pela transpiração, mas também por gradientes de stress a curto prazo, incluindo forças osmóticas e capilares (Westhoff et al. 2009a). Curiosamente, muitas observações consistentes com a ideia de uma segmentação funcional do canal xilema já levaram Copeland (1902) a esta conclusão na sua revisão abrangente de 57 páginas:

"A subida da água para compensar a perda por transpiração deve-se à pressão da atmosfera ou a estas e outras forças que trabalham com ela e a regulam. Não podemos ir muito mais longe do que isto enquanto não houver uma explicação física para a observação botânica repetida da passagem entre a bolha e a parede".

A sonda de pressão da pinça de superfície da lâmina

A irrigação das culturas consome cerca de 80% da água que pode ser utilizada em todo o mundo. É, portanto, urgentemente necessário optimizar os sistemas de irrigação. Para este efeito, foi introduzida uma sonda de pressão não invasiva de grampo de folhas, que permite a monitorização online do estado da água das plantas

(Zimmermann et al. 2008). O princípio da sonda é bastante simples. Uma pressão externa constante (gerada por uma mola ou ímanes) é aplicada a uma mancha foliar e o sinal de pressão de saída Pp é detectado por um sensor integrado numa das manchas da sonda. Pp depende da função de transferência de pressão da folha, ou seja, praticamente do crescimento da folha. Num estudo sobre a vinha, *Vitis vinifera*, Westhoff et al (2009c) já demonstraram a eficiência deste novo instrumento no terreno (Fig.5).

A figura 6 mostra um registo diurno típico do sinal de saída Pp desta nova ferramenta, que pode ser calibrado através de uma função de transferência bem definida por uma medição independente da pressão turgor Pc. A utilização da Fig.6 mostra que Pp aumenta significativamente à medida que Pc se aproxima de zero. Ambos os parâmetros parecem estar inversamente correlacionados. Assim, Pp é um indicador muito sensível das alterações relativas da pressão turgor, ou seja, o parâmetro chave que controla o estado da água da instalação.

Este estudo também incluiu uma comparação da sonda de pressão de mancha foliar com o método da câmara de pressão: apesar da sua precisão bastante limitada, os valores de Pb mostraram uma relação linear entre Pp e Pb até 0,6 MPa, sugerindo que a bomba de pressão em última análise (como a sonda de pressão de mancha foliar) mede alterações relativas na pressão de turgor sobre uma vasta gama de turgescência, mas não alterações absolutas na pressão de xilema ou no potencial de água foliar.

A perspectiva promissora da sonda de pressão da pinça de fixação da folha é obviamente que a monitorização de uma única linha do estado da água de um grupo específico de plantas pode ser transferida para um servidor de Internet para controlar e optimizar os regimes de irrigação.

OBSERVAÇÕES FINAIS

É um paradigma bem conhecido nas ciências da vida que avanços significativos estão a evoluir de forma impressionante a partir do desenvolvimento de novas ferramentas resultantes da colaboração interdisciplinar. Consequentemente, os recentes avanços na nossa compreensão das condições da água das árvores e das cipós acima descritas devem-se à aplicação de métodos minimamente invasivos e não invasivos que atingem até ao nível celular ou subcelular. Na última década, a aplicação integrada destas novas ferramentas produziu um conjunto de dados surpreendentemente coerente que apoia fortemente a *teoria multiforça da ascensão da seiva* introduzida por Zimmermann et al (2004). É óbvio que as árvores que lidam com uma variedade de factores de stress ambiental tais como seca, salinidade ou infestação por agentes patogénicos devem contar com uma variedade de mecanismos de captação de água e não exclusivamente com o mecanismo de tensão coesiva.

REFERÊNCIAS

Arend M, Muninger M, Fromm J (2008) Ocorrência única de depósitos de paredes de células fibrilares semelhantes à pectina em fibras de xilema de choupo. *Biologia vegetal* **10**: 763-760.

Balling A, Zimmermann U (1990) Medidas comparativas da pressão xilema das plantas de Nicotiana utilizando a bomba de pressão e a sonda de pressão. *Planta* **182**: 325- 338.

Boehm J (1893) Capilaridade e aumento do sumo. *Relatórios da sociedade botânica alemã* **11**: 203-212.

Copeland BE (1902) The Rise of the Transpiration Current: A Historical and Critical Discussion *Jornal Oficial Botânico* **34***: 161-193 e 260-283.

Dixon HH, Joly J (1894) Sobre a ascensão do sumo. *Anais de Botânica* **8**: 468-470.

Koch GW, Sillett SC, Jennings GM, Davis SD (2004) The limits of tree height. *A Natureza* **428**: 851-854.

Melcher PJ, Meinzer FC, Yount DE, Goldstein G, Zimmermann U (1998) Medidas comparativas de pressão xilema em folhas transpirantes e não transpirantes utilizando a câmara de pressão e a sonda de pressão xilema *Journal for Experimental Botany* **49**: 1757-1760.

Plumb RC, Bridgman WB (1972) Ascensão da seiva nas árvores. *Ciência* **176**: 1129-1131 Pollack, GH (2001) Cells, Gels and the Engines of Life; uma nova abordagem unificadora da função celular. p. 271. Ebner & Söhne Seattle WA.

Renner, O (1911) Contribuições experimentais para o conhecimento do movimento da água **103**: 171-24.

Renner, O (1925) Para a detecção de pressões negativas na água do vaso de plantas lenhosas enraizadas. *Flora* **119**: 402-408.

Rokitta M, Peuke AD, Zimmermann U, Haase A (1999) Dynamic studies of phloem and xylem fluxes in fully differentiated plants by fast magnetic ressonance microscopy. *Protoplasma* **209**: 126-131.

Schneider H, Thuermer F, Zhu J J J, Wistuba N, Gessner P, Herrmann B, Zimmermann G, Hartung W. Bentrup F-W, Zimmermann U (1999) Daily changes in xylem pressure of the hydrated resurrection plant *Myrothamnus flabellifolius*: evidence of lipid bodies in conductive xylem vessels. *Novo fitologista* **143:** 471-484.

Scholander PF, Hammel HT, Bradstreet ED, Hemmingsen EA (1965) Pressão de seiva em plantas vasculares. *Ciência* **148:** 339-346.

Shakel K (1996) Para tenso, ou não demasiado tenso: Reabrir o debate sobre a ascensão da água nas plantas. *Tendências em Fitossanidade* **1**: 105-106.

Thuermer F, Zhu J J J, Gierlinger N, Schneider H, Benkert R, Geßner P, Herrmann B, Bentrup F-W, Zimmermann U (1999) Diurnal changes in xylem pressure and mesophyll cell turgor pressure of the liana *Tetrastigma voinierianum*: the role of the cell turgor in long-dististance water transport. *Protoplasma* **206**: 152-162.

Westhoff M, Schneider H, Zimmermann D, Mimietz S, Stinzing A, Wegner L H, Kaiser W, Krohne G, Shirley St, Jakob P, Bamberg E, Bentrup, F-W, Zimmermann U (2008) Os mecanismos de reabastecimento do canal de xilema e sangramento de bétula alta na primavera. *Biologia Vegetal* **10**: 604-623.

Westhoff M, Zimmermann D, Schneider H, Wegner L H, Gessner P, Jakob P, Bamberg E, Shirley St, Bentrup F-W, Zimmermann U (2009a) Evidência de colunas de água descontínuas no canal xilema de bétulas altas. *Biologia vegetal* **11**: 307-327.

Westhoff M, Zimmermann D, Zimmermann G, Gessner P, Wegner L H, Bentrup F-W, Zimmermann U (2009b) Distribuição de tampões epistomatosos de muco. *Protoplasma* **235**: 101-105.

Westhoff M, Reuss R, Zimmermann D, Netzer Y, Gessner A, Gessner P, Zimmermann G, Wegner L H, Bamberg E, Schwartz A, Zimmermann U (2009c) Uma sonda não invasiva para monitorização online de alterações de pressão turgor em condições de campo *Biologia vegetal* **11**: 701-712.

Wistuba N, Reich R, Wagner H-J, Zhu J J J, Schneider H, Bentrup F-W, Haase A, Zimmermann U (2000) Xylem Flow e as suas forças motrizes numa liana tropical: acompanhando a imagem NMR sensível ao fluxo e as medições da sonda de pressão. *Biologia vegetal* **2**: 579-582.

Zimmermann U, Wagner H-J, Schneider H, Rokitta M, Haase A, Bentrup, F-W (2000) Water ascent in plants: o debate em curso. *Tendências na ciência das plantas* **5**: 145-146.

Zimmermann U, Schneider H, Wegner LH, Haase A (2004) Water ascension in tall trees: Is the evolution of land plants dependent on a highly metastable state? *Novo fitologista* **162**: 575-615.

Zimmermann D. Westhoff M, Zimmermann G, Gessner P, Gessner A, Wegner LH, Rokitta M, Ache P, Schneider H, Vásquez J A, Kruck W, Shirley S, Jakob P, Hedrich R, Bentrup F-W, Bamberg E, Zimmermann U (2007) Leaf water supply of tall trees: Indications of slime-promoting moisture uptake from the atmosphere and the effect on pressure bomb measurements. *Protoplasma* **232**: 11-34.

Zimmermann D, Reuss R, Westhoff M, Gessner P, Bauer W, Bamberg E, Bentrup F-W, Zimmermann U (2008) Uma sonda inovadora, não invasiva, online-monitoring, versátil e simples baseada em plantas para a medição do estado da água foliar. *Journal for Experimental Botany* **59:** 3157-3167.

Lendas a números

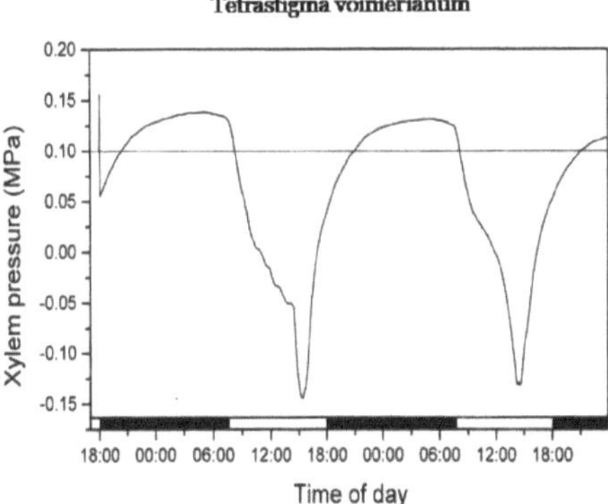

Fig.1 Pressão Xylem Px registada em Planta num ramo de uma cipó de 10 m de altura, *Tetrastigma voinierianum*. Durante a noite, a pressão xilema sobe acima da pressão ambiente (0,1 MPa). De manhã, com o início da transpiração, Px muda para valores negativos (voltagem inferior a 0,0 MPa) quando foi estabelecido um continuum líquido, desde o sensor de pressão na sonda de pressão até à coluna de água num recipiente de xilema perfurado pela ponta microcapilar de vidro da sonda. De acordo com Thuermer et al. 1999.

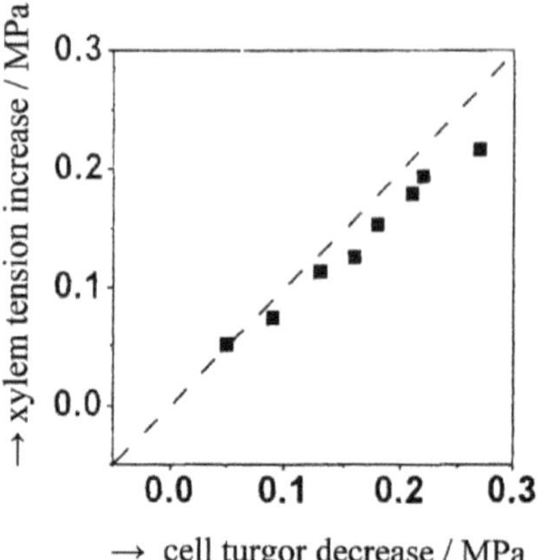

Fig. 2. gráfico do aumento da tensão xilema ¨(3 x) em comparação com uma diminuição simultânea da pressão turgor (¨3c) em células parenquimatosas, registada das 10 às 17 horas (ver fig.1) A linha pontilhada de uma relação 1:1 indica o acoplamento hidráulico quase perfeito do xilema e tecido parenquimatoso adjacente. De acordo com Thuermer et al. 1999.

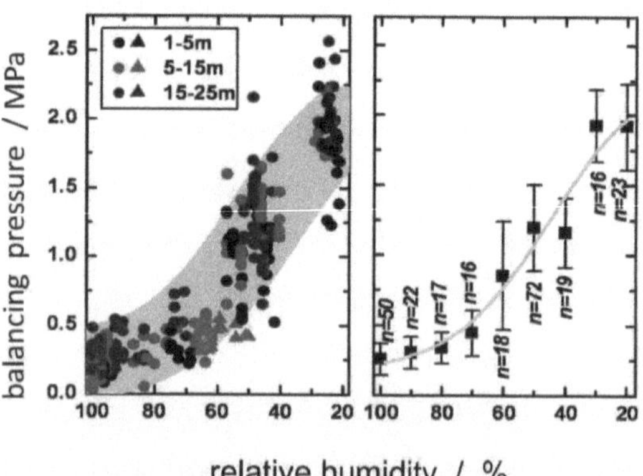

Fig.3 Lote da pressão de compensação Pb, medida com a câmara de pressão no corte, ramos folhosos de dois choupos, *Populus nigra,* contra a humidade relativa (HR) no local onde os ramos foram cortados, nomeadamente a alturas entre 1 e 25 m (ver caixa). A representação cumulativa de 256 valores Pb (esquerda) produz valores Pb médios adaptados a uma função sigmóide (direita). De acordo com Zimmermann et al (2007).

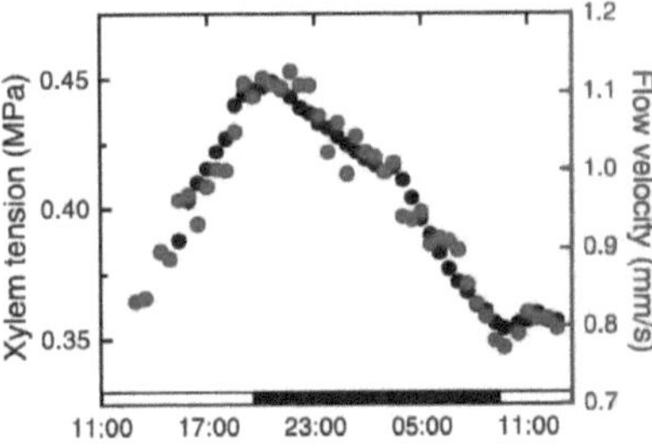

Fig.4 Alteração diária da tensão xilema e velocidade de fluxo num espécime de 13 m de altura da liana tropical *Epipremnum aureum*. A tensão xilema foi registada com a sonda de pressão xilema, a velocidade da seiva movendo-se no canal xilema através da imagem não invasiva e sensível ao fluxo NMR, com base no eco de spin 1H-NMR das moléculas de água. [1H-NMR de] anatomia vegetal até dimensões subcelulares é possível porque o eco do spin do próton das moléculas de água ligadas à matriz da parede celular difere do da água na fase líquida (cf. Rokitta et al. 1999). De acordo com Wistuba et al.(2000).

Fig.5 A sonda de pressão da mancha foliar ligada a uma folha de vinho de uva, *Vitis vinfera*. Para detalhes sobre construção e funcionamento ver Westhoff et al (2009c).

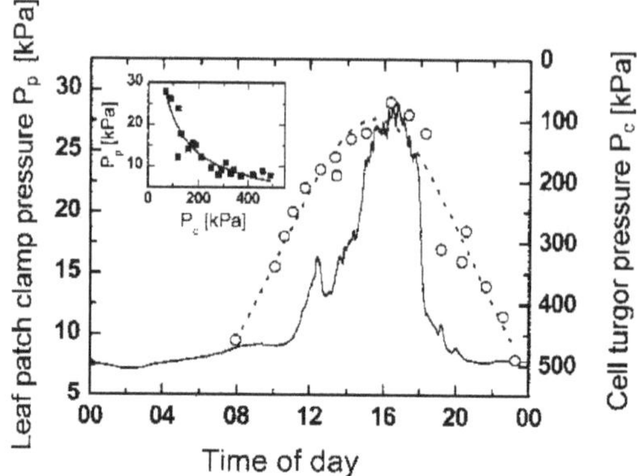

Fig.6 Registo diário do sinal de saída Pp da sonda de pressão da pinça de fixação de uma folha de *Tetrastigma voinierianum* (traço) e valores de pressão turgor comparáveis (Pc , círculos abertos) do estudo de Thuermer et al. O encarte mostra uma representação de Pc versus Pp . De acordo com Zimmermann et al. (2008).

EFEITOS DO EXTRACTO DE ÓLEO DE SEMENTE DE NEEM (*AZADIRACHTA INDICA. A.JUSS*) NO CRESCIMENTO, COMPOSIÇÃO BIOQUÍMICA E ALGUMAS ENZIMAS DO METABOLISMO DE AZOTO DE *ANABAENA FLOS-AQUAE*

N.Dwivedi1*, B.N.Tripathi2, S.P.Tiwari3 e M.R.Goyle4
1Departamento de Botânica, B.H.U. Varanasi. Índia
[2] Universidade Banasthali, Rajasthan
[3] V.B.S. Universidade Purvanchal, Jaunpur, Índia
4Dpartamento de Botânica, B.H.U. Varanasi. Índia
*Autor correspondente:
Endereço actual: Dr. Nagendra Dwivedi.
Departamento de   Botânica,
U.P.(Autonomous) University, Varanasi, U.P. Índia.
E-mail   Address:drnagendra.dwivedi@gmail.com
N.º de telefone   9452303984
Fax No. :   0542-2281799

Foi estudado o efeito de diferentes concentrações de 1,0% a 9,0% de 10,0% de Neem (*Azadirachta indica. A.Juss*) Seed Water Extract (NSKWE) no crescimento, composição bioquímica e enzimas seleccionadas do metabolismo de azoto de *Anabaena flos-aquae*. Todas as concentrações de NSKWE estimularam o crescimento de cianobactérias de teste. A estimulação máxima do crescimento (404,05 %) foi observada nos 8,0 % de NSKWE, após o que se observou uma diminuição da estimulação do crescimento, pois foi de 306,31 % numa concentração de 9,0 % de NSKWE. Além dos hidratos de carbono, outras biomoléculas, ou seja, cl-a, carotenóides, proteínas totais e ficociobiliproteínas, foram induzidas em diferentes concentrações de NSKWE. O teor de carboidratos diminuiu ligeiramente com o aumento da concentração de NSKWE. A actividade de nitrato redutase e nitrogenase diminuiu com o aumento das concentrações de NSKWE, enquanto a actividade de glutamina sintetase foi induzida em concentrações mais baixas de NSKWE (até 3,0%) e depois diminuiu com o aumento das concentrações de NSKWE.

Chaveiros: Neem, Cyanobacteria, *Anabaena flos-aquae*.

Atalhos:

NSKWE: Extracto de água do núcleo da semente do Neem.

AA-N: O meio de Allen e Arnon sem nitrogénio sólido.

g : micrograma.

Mg : miligrama.

Dw : peso seco

Várias partes de *Azadirachta indica* (Neem) têm sido utilizadas na Índia na prática agrícola desde os tempos antigos. É utilizado como pesticida, insecticida, fungicida, nematicida, etc. As bactérias e mesmo alguns vírus são destruídos pela sua utilização (Randawa &

Parmar, 1996). O extracto de grão de neem seco e esmagado era um melhor inibidor da nitrificação do que a ureia revestida de enxofre (Bains et al. 1971). Um grande número de compostos biologicamente activos tem sido isolado do Neem, entre os quais o azadiractina é o mais notável. As concentrações de compostos biologicamente activos são maiores nas sementes (Schmutterer, 1990), portanto, a maioria das preparações experimentais e comerciais de extracto de sementes do Neem (Jacobson, 1989). Extractos aquosos, metanólicos e etanolicos de sementes do Neem mostraram os seus efeitos em vários organismos alvo (Ascher, 1993). As cianobactérias ajudam a formar a crosta biológica do solo, reduzindo a erosão através da ligação das partículas do solo. As cianobactérias filamentosas heterocíticas assumem a fixação de azoto (Stewart et al., 1969) e são portanto utilizadas como fertilizantes orgânicos (Haroon e Hussein, 2003). Diferentes espécies de cianobactérias produzem metabolitos secundários com actividades antimicrobianas tais como antifúngicas, antimaláricas e antivirais (Burja et al., 2001). As Phycobiliproteínas derivadas de cianobactérias são agora utilizadas como sondas moleculares fluorescentes. A ficocianina azul, que é derivada de cianobactérias, é utilizada em alimentos saudáveis e produtos cosméticos. A Spirulina é agora usada como fonte de corantes naturais nos alimentos e como suplemento dietético (Kay,1991). Várias cianobactérias são utilizadas para degradar poluentes orgânicos em águas superficiais (Koksharova & Wolk,2002) e desempenham um papel importante na bioremediação. O Neem é uma árvore muito importante na região do Sul da Ásia e as suas várias partes são regularmente utilizadas na agricultura. Portanto, foi feita uma tentativa de estudar o efeito do extracto de água da semente do Neem no crescimento, composição bioquímica e algumas enzimas do metabolismo do azoto de uma cianobactéria filamentosa heterocística *Anabaena flos-aquae*.

MATERIAL E MÉTODO:

Cyanobacteria *Anabaena flos-aquae* foi cultivada num meio por Allen & Arnon (1955) com e sem extracto de água de grão de semente de neem e mantida numa sala de cultura a 28 r 2oC e iluminada com lâmpadas fluorescentes à luz do dia com uma intensidade luminosa média de 70 Em-2s-1. O extracto de água do grão de sementes Neem foi preparado moendo e dissolvendo-se em 100 ml de água bidissetilada. Foi mantido a 4o C durante 24 horas, após o que foi filtrado e o volume do filtrado foi mantido a 100 ml. Este extracto é um extracto de água de semente de neem (não autoclavado). A semente de Neem em pó (10 g) dissolvida em 100 ml de água bidestilada foi autoclavada a 15 lb durante 20 minutos e o filtrado foi feito até 100,00 ml para ser utilizado como extracto autoclavado. Várias diluições (1,0%, 2,0%, 3,0%, 4,0%, 5,0%, 6,0%, 7,0%, 8,0%& 9,0%) deste extracto são preparadas adicionando o meio de crescimento Allen & Arnon para uso experimental.

O crescimento da cultura homogénea foi medido turbidometricamente a 700 nm num espectrofotómetro-106 (Systronics). A clorofila e os carotenóides foram medidos de acordo com o método prescrito por Myers & Kratz (1955). A quantidade de phycobiliproteins, ou seja, phycoerythrin(P.E.), phycocyanin(P.C.) e allophycocyanin(A.P.), foi determinada utilizando as equações simultâneas de Bennett e Bogorad (1973) e os coeficientes de extinção de Bryant et al (1979). O teor total de hidratos de carbono foi medido utilizando o método do ácido fenol-sulfúrico de Dubois et al (1956). O conteúdo proteico total foi medido pelo método de Lowry et al (1951).

A actividade de nitrato redutase em suspensão celular foi estimada usando métodos colorimétricos por Snell e Snell(1949). A cianobactéria *Anabaena flos-aquae* foi cultivada em meio isento de azoto por Allen e Arnon'n(1955) e suplementada com várias concentrações (0,0% a 9,0%) de NSKWE. As cianobactérias foram cultivadas durante 6 dias a uma temperatura de 28±2oC e a uma intensidade luminosa de 2,5 K lux. A suspensão de cianobactérias de todas as concentrações foi induzida pela adição de 100 M KNO3 e após 8 h de indução o organismo foi incubado em 100 mM KNO3 durante 2 h, depois a reacção foi interrompida pela adição de 24,0% TCA. O nitrito formado foi estimado pelo método de Snell e Snell(1949), e a actividade de nitrato redutase foi expressa como M NO2 formado mg chl-1 min-1.

A actividade da nitrogenase foi medida pelo ensaio da acetileno-etileno (Stewart et al., 1968). A cultura em crescimento exponencial (2,0 ml) de cada concentração em triplicados foi transferida para um frasco de soro selado de 8,0 ml de capacidade. 0,8 ml de acetileno foi injectado em cada frasco e incubado durante 24 horas a uma intensidade luminosa de 2,5 Klux e a uma temperatura de 28± 2o C. A reacção foi interrompida por injecção de 0,2 ml de 15% de TCA. O etileno formado foi analisado num cromatógrafo de gás moderno 5765 da série Nucon Engg. Pvt. Ltd. em Nova Deli, equipada com uma coluna Propak R. e um detector de ionização de chama de hidrogénio. A actividade da nitrogenase foi expressa como formação de nMol C2H4 em mg chl-1 min [-1.]

A actividade da glutamina sintetase (transferase) foi determinada de acordo com o método de Shapiro e Stadtman (1970). As culturas de crescimento exponencial (10,0 ml) de cada concentração em triplicados foram centrifugadas e os pellets suspensos em 1,0 ml de tampão imidozol, depois tratados com 0,5 ml de tolueno com agitação vigorosa e incubados durante 20,0 minutos a 4oC. As amostras foram novamente agitadas para permitir uma permeabilização completa da membrana celular, depois centrifugadas e a camada superior de tolueno descartada. Os 0,5 ml de tampão de extracção de células de cada concentração foram tomados e tratados com 0,8 ml da mistura de reacção. A mistura de reacção foi incubada a 370 C durante 30,0 minutos e depois parada com a adição de 2,0 ml de mistura de paragem. Os detritos turvos no

A solução resultante foi removida por centrifugação e a intensidade da solução de cor de café foi analisada colorimetricamente a 540 nm contra o valor em branco do reagente, que foi preparado eliminando a glutamina e a hidroxilamina da mistura de reacção. A actividade da glutamina transferase foi expressa como mMol glutamil hidroxamato contendo mgchl-1 min $^{-1}$

RESULTADO:

Foi investigada a influência de diferentes concentrações de NSKWE no comportamento de crescimento de cianobactérias filamentosas heterocíticas, por exemplo, *Anabaena flos-aquae*. 0,0 %, 1,0 %, 2,0 %, 3,0 %, 4,0 %, 5,0 %, 6,0 %, 7,0 %, 8,0 % e 9,0 % de concentrações de NSKWE

foi utilizado porque as concentrações mais elevadas eram tóxicas para eles. Observou-se que todas as concentrações de NSKWE estimularam o crescimento das cianobactérias de teste (Fig.1). Observou-se também que as culturas tratadas eram facilmente contaminadas com bactérias e fungos, pelo que o NSKWE foi autoclavado e depois o seu efeito foi observado. O crescimento de cianobactérias de teste foi ligeiramente mais forte em NSKWE autoclavado do que em NSKWE não autoclavado. *Anabaena flos-aquae* mostrou um estímulo de crescimento máximo de 404,05% numa concentração de 8,0% NSKWE (Fig.1), após o que se observou uma diminuição do crescimento, que foi de 306,31% numa concentração de 9,0% NSKWE (Fig.1).

Foi estudado o efeito de diferentes concentrações de NSKWE em algumas biomoléculas, ou seja, cloro-a, carotenóides, fitocobiliproteínas, proteínas totais e hidratos de carbono totais. Com excepção dos hidratos de carbono, todas as outras biomoléculas nas culturas tratadas foram estimuladas (Tab.-1), embora tenha sido observada uma variação no nível de estimulação percentual (Tab.-1). O estímulo máximo no conteúdo de cl-A foi de 35,83% numa concentração de 9,0% de NSKWE(Tab.-1). A estimulação máxima a um teor de carotenóides foi de 21,25% a uma concentração de 8,0% de NSCR (Tab.-1). A proporção de Chl.-a e carotenóide aumentou com o aumento da concentração de NSKWE(Tab.-1). A estimulação máxima de 65,84% e 28,63% de ficocianina e alofococinina, respectivamente, foi observada a 8,0% de concentração de NSKWE em (Tab.1), enquanto que a estimulação máxima do conteúdo de ficoeritrina foi de 18,86% a 7,0% de concentração de NSKWE (Tab.1). A estimulação máxima no teor total de proteínas foi de 53,38% a 8,0% de concentração de NSKWE em conc. 8,0% (Tab.-1). O teor de carboidratos diminuiu com o aumento da concentração de NSKWE e a diminuição máxima de 5,15% foi observada em 9,0% conc. de NSKWE (Tab.-1).

Foi estudado o efeito de diferentes concentrações (0,0% a 9,0%) de 10,0% de NSKWE sobre a actividade de algumas enzimas do metabolismo do azoto, ou seja, nitrato redutase, nitrogenase e glutamina sintetase. A actividade de nitrato redutase diminuiu com

concentrações crescentes de NSKWE e nenhuma actividade foi observada a 8,0% e 9,0% conc. de NSKWE (Tabela -2). A actividade da nitrogenase também diminuiu com o aumento das concentrações de NSKWE, e nenhuma actividade foi observada a 8,0% e 9,0% de NSKWE (Tab.-2), embora o crescimento do organismo tenha sido fortemente induzido (Fig.-1). A actividade da glutamina sintetase foi induzida até 3,0% conc. de NSKWE e depois diminuiu com o aumento das concentrações de NSKWE (Tabela -2). A estimulação máxima da actividade da glutamina sintetase foi de 32,07% a 2,0% NSKWE(Tab.-2) e a inibição máxima da actividade da glutamina sintetase foi de 47,65% a 9,0% NSKWE(Tab.-2).

DISCUSSÃO:

As cianobactérias são micróbios fotoautotróficos e normalmente não se observa nenhuma heterotrofia. Várias cianobactérias mostraram um crescimento estimulado num meio suplementado com substratos orgânicos sob luz; este tipo de crescimento heterotrópico induzido pela luz é chamado fotoheterotrofia. Smith (1973) descreveu-o como um crescimento mixotrópico em que o CO_2 e o carbono orgânico são assimilados simultaneamente em quantidades que podem variar em função das condições de cultura. Várias cianobactérias mostraram crescimento induzido na presença de matéria orgânica dissolvida (Lang 1970), glucose (Kiyahara et al. 1962) e uma mistura de aminoácidos (White e Shilo 1975). Na presente experiência, as cianobactérias *Anabaena flos-aquae* mostraram estimulação do crescimento em meio de cultura tratado (Fig.-1). NSKWE tem um grande número de monossacáridos, aminoácidos livres. A presença destes químicos orgânicos no meio de cultura tratado poderia induzir um crescimento mixotrópico dos organismos.

A influência da NSKWE em alguns dos constituintes bioquímicos de *Anabaena flos- aquae* foi investigada. Observou-se que a cl-a, carotenóides, proteínas totais e ficociliproteínas foram elevadas em todas as concentrações de NSKWE, reflectindo a estimulação do crescimento (Tab.-1). O aumento percentual de biomoléculas variou em diferentes concentrações de NSKWE (Tab.-1). O conteúdo de hidratos de carbono diminuiu com o aumento da concentração de NSKWE (Tabela 1). Os pigmentos fotossintéticos das algas azuis-esverdeadas incluem chl-a, várias phycobiliproteínas (especialmente a C-phycoerythrin, a C-phycocyanin e a C-allophycocyanin) e carotenóides. Foi observada uma variação de 4-5 vezes nas quantidades de cianobactérias planctónicas de água doce com níveis de irradiação baixos e altos (Wyman & Fay 1986). Um aumento da clorofila e da ficocianina pode estar correlacionado com uma baixa irradiação devido à adição de NSKWE no meio de cultura e à presença de aminoácidos livres no meio tratado, visto que alguns aminoácidos foram utilizados na clorofila e na biossíntese de ficocibobiliproteína. Os pigmentos carotenóides têm duas funções principais: como pigmentos auxiliares durante a colheita da luz e para evitar danos fotooxidativos. Vários factores ambientais e de desenvolvimento controlam a síntese e acumulação de carotenóides tanto em procariotas como em eucariotas (Bramley & Mackenzie 1988). Em *Microcystis aeruginosa,* ocorreu uma diminuição da relação clorofila-carotenóide a fim de aclimatar a alta intensidade luminosa (Zevenboom e Mur 1984). O conteúdo de carotenóides aumentou à medida que a concentração de NSKWE no organismo de ensaio aumentou (Tab.1), mas a proporção de clorofila-a em carotenóides aumentou à medida que a concentração de NSKWE aumentou, o que se deveu à baixa irididade produzida pela adição de NSKWE.

A estimulação do conteúdo proteico total poderia ser a- Aumento das phycobiliproteínas (Tab.1), uma vez que as phycobiliproteínas constituem a maior parte do conteúdo proteico total nas cianobactérias. b- Formação de grânulos de cianofina como proteína de armazenamento nas cianobactérias em nitrogénio combinado (Stewart 1972).

O teor de carboidratos diminuiu com o aumento da concentração de NSKWE (Tab.1). O glicogénio como reserva é reduzido em cianobactérias que crescem em meio rico em azoto (Lehman e Wober1996). Portanto, a diminuição do teor de carboidratos pode ser atribuída à diminuição do teor de glicogénio do organismo, uma vez que as culturas tratadas contêm muitos aminoácidos como nitrogénio combinado.

A assimilação de nitrato ao amoníaco é catalisada pelas enzimas libertadoras de ferredoxina nitrato redutase(NR) e nitrito redutase(NiR) (Arizmendi e Serra, 1990). A glutamina foi proposta como o suposto repressor de nitrato redutase no fungo *Neurospora crassa* (Prema kumar et al., 1979). Singh(1986) observou que vários aminoácidos tais como glutamina, histidina, fenilalanina e triptofano suprimem a actividade da nitrato redutase. Culturas em meio tratadas com NSKWE mostram um grande número de aminoácidos livres incluindo glutamina, e aumentando sucessivamente as concentrações de NSKWE como fonte de nitrogénio poderia causar inibição de feedback da actividade NR.

Rowell et al (1977) observaram que a glutamina regula a biossíntese da nitrogenase na *anabaena*. Singh (1986) observou que aminoácidos tais como L-triptofano, L-glutamina, L-fenilalanina e L-tirosina inibem a actividade da nitrogenase. NSKWE tem um grande número de aminoácidos livres, e a presença destes aminoácidos no meio tratado poderia inibir a actividade da nitrogenase.

Wolk et al (1976) estabeleceram experimentalmente o ciclo GS/GOGAT como via principal para a assimilação do amoníaco em cianobactérias utilizando azoto radioactivo (^{13}N) e amoníaco (^{13}NH4+). GS catalisa a ligação dependente de ATP do glutamato e amónio, produzindo assim glutamina, e GOGAT transfere o grupo amido da glutamina para o 2-oxiglutamato, que fornece duas moléculas de glutamato. A actividade da glutamina sintetase foi inibida por aminoácidos e nucleótidos (Singh, 1986; Merida et al., 1990), pelo que NSKWE podia inibir a actividade da GS com aminoácidos.

Vinte e cinco compostos biologicamente activos diferentes foram isolados de sementes de neem (Lee et al., 1991), e é geralmente aceite que o tetranotriterpenoide (limonoide) azadirachtin é responsável pela maioria dos efeitos biológicos sobre os organismos (Mordue & Blackwell, 1993). Estes princípios activos do neem podem também ocorrer no NSKWE, mas o seu papel nos efeitos acima mencionados não foi estudado, pelo que esta forma será uma orientação futura para esta investigação. NSKWE a um limiar crítico de 8,0% pode ser utilizado em biomassa em larga escala e biomoléculas de cianobactérias, uma vez que ambas são induzíveis (Fig.1, Tab.-1). No entanto, o aumento dos níveis de NSKWE nas áreas agrícolas deve ser evitado, uma vez que inibem a actividade das enzimas do metabolismo do azoto.

OBRIGADO:

O primeiro autor agradece à UGC pelo apoio financeiro, bem como ao Prof.A.K.Rai (BHU) e ao Dr.(Frau)V. Rai para sugestões.

REFERÊNCIAS:

Allen, M. B. e Arnon, D. I. 1955. Estudos sobre algas azuis-esverdeadas fixadoras de azoto. I. Crescimento e fixação de nitrogénio por *anabaena cilíndrica*. Lemm. Fisiol vegetal. 30: 366- 372.

Arizmandi, J.M. e J.L. Serra. 1990. purificação e algumas propriedades da nitrite reductase do cianobactéria *Phormidium laminosum*. Bioquímica. Biofísica. Acta. 1040: 237-244.

Ascher, K.R.S. 1993 Efeitos insecticidas não convencionais dos pesticidas disponíveis da árvore Neem, *Azadirachta indica* Arco. Bioquímica de insectos. Fisiol. 22: 433-449.

Bains, S.S., Prasad, R. e Bhatia, P.C. 1971 Utilização de materiais indígenas para melhorar a eficiência dos fertilizantes azotados para o arroz. Fertilizante. Notícias 16 (3) : 30-32.

Bennett, A. e Bogorad, L. 1973 J. Cell Biol. 58, 419.

Bramley, P.M. e Mackenzie, A. (1988). Regulação da biossíntese de carotenóides. In: Horecker, B.L. e Stadtman, E.R. (ed.). Tópicos actuais na regulação celular. Volume 29, páginas 291-332. Imprensa Académica, Nova Iorque.

Bryant, D.A., Guglielmi, G., Tandeau de Marsac, N. Castets, A.M. e Cohen-Bazire, G. 1979. Arco. Microbiol. 123:113.

Burja A.M., Banaigs B., Abou-Mansoor E., Burgess J.G., Wright P.C. (2001) Marine cyanobacteria - uma fonte produtiva de produtos naturais Tetrahedron 57: 9347-9377.

Dubois, K., Gills. K.A. Hemiton, J.K. Rebers, P.A. e Smith, p. 1956, Método colorimétrico para a determinação de açúcares e substâncias relacionadas. Anal.Chemi. 28: 350-356.

Haroon, S. A. e Hussein, M. H. 2003 O efeito promocional dos biofertilizantes de algas no crescimento, padrão proteico e algumas actividades das plantas Lupinustermis cultivadas em solo silicioso. Asian Journal of Plant Sciences, Volume 2, No. 13, 944-951.

Jacobson, M., Hrsg. 1989. 1988 Focus on Phytochemical Pesticides, Band 1: the Neem tree CRC Press, Boca Raton, FL. 178 Seiten.

Kay, R.A. (1991) Microalgas como alimento e suplemento alimentar. Crit. rev. alimentar Sci. Nutr. 30:555-573.

Kiyohara, T. Fujita Y. Hattori, A. e Watanabe, A. 1962. Effect of light on glucose assimilation in *Tolypothrix tenuis*. J. Gen. Aplicar. Microbiol., Tóquio.8: 165-168.

Koksharowa, O. A., Wolk, C. P. 2002. ferramentas genéticas para cianobactérias. Aplicar. Microbiol. Biotechnol. 58 : 123-137.

Lange, W. 1970. Sistemas bacterianos Cyanophyta: Efeito da adição de compostos de carbono ou fosfato no crescimento de algas a baixas concentrações de nutrientes. J. Phycol. 6: 230-234.

Lee, S.M., Klocke, J.A., Barnby, M.A., Yamasaki, R.B. & M.F. Balandrin 1991 Ingredientes inseticidas de Azadirachta *indica e Melia* azedarach *(Meliaceae)*. ACS Symp. Série 449: 293-304.

Lehman, M. e Wober, G. 1996. acumulação, mobilização e rotação de glicogénio na bactéria blue-green *anacystis nidulans*. Arco. Microbiol. III. 93-97.

Lowry. O.H. Rosenbrough, N.J. Farr, A.L. e Randall, R.J 1951, medição de proteínas com o reagente Folin-Phenol. J. Biol. Chem. 193: 265-275.

Mérida, A., L. Leureutop, P. Candau e F.J. Florencio. 1990. purificação e propriedades das sintetases de glutamina das cianobactérias *Synechocystis sp.* estirpe PCC 6803 e *Calothrix sp.* estirpe PCC 7601. J. Bacteriol. 172: 4732-4735.

Mordue, A.J. & A. Blackwell. 1993. azadirachtin uma actualização. J. Insect Phys. 39: 903- 924.

Myers, J. e W.A. Kratz. 1955. relação entre o conteúdo de pigmentos e as propriedades fotossintéticas nas algas azul-esverdeadas J. gen. Fisiol. 39: 11-92.

Premakumar, R., G.J. Sorger e D. Guoden. 1979. Supressão da redutase de nitrato por metabolitos de azoto em *Neurospora crassa*. J. Bacteriol. 137: 1119-1126.

Randhawa, N. S. & Parmar, B. S. (ed.) 1996. Neem. New Age International (P) limited, Editora, Nova Deli.

Rowell, P., S. Euticott e W.D.P. Stewart. 1977. actividade da glutamina sintetase e nitrogénioase na alga azul-verde *Anabaena cilíndria*. Novo phytol. 79: 41-54.

Schemutterer, H. 1990b. Propriedades e potencial dos pesticidas naturais da árvore neem *Azadirachta indica*. Relatório anual sobre entomologia 35: 271-297.

Shapiro, B.M. e Stadtman, E.R. 1970. Glutamina sintetase (Escherichia coli). Metanfetaminas. Enzymol. 17: 910-922.

Singh, D.V. 1986. mutação e estudos fisiológicos sobre o cianobactéria *Anabaena doliolum*. Tese de doutoramento, Universidade Banaras Hindu, Varanasi, Índia.

Smith, A.J. 1973.síntese de intermediários metabólicos In : Carr, N.G. e Whitton, B.A (eds.) The Biology of Blue green Algae 676, pp-1-38, Blackwell, Oxford.

Snell, F.D. e Snell, C.G. 1949. nitrato por sulfanilamida e N-(1-naftil)etilenodiamina cloridrato. In: Métodos colorimétricos de análise(3^a ed.). Volume 2, pp. 804-805. D. Da Nostrand Company, N.Y.

Stewart, W.D.P., Fitzerald, G.P. e Burries, R.N. 1968. estudos in-situ sobre fixação de nitrogénio utilizando a técnica de redução de acetileno. Proc. Natl. Acad. Sci. USA 58: 2071- 2078.

Stewart, W.D.P., Haystead e H.W. Pearson. 1969. actividade de nitrogenase em heterocistos de algas azuis-esverdeadas. Natureza 224: 226-228.

Stewart, W.D.P. 1972. Metabolismo das algas e poluição da água na região do Tay. Proc. R. Soc. Edinb. 71: 209-224.

Branco, A. W. e Shilo, M. 1975. crescimento heterotrófico da alga filamentosa azul-verde *Plectonema boryanum*. Arco. Microbiol. 102: 123-127.

Wyman, M. e Fay, p. 1986. clima leve debaixo de água e o crescimento e pigmentação de algas planctómicas azul-verde (cianobactérias). I. A influência da quantidade de luz. Proc. Roy. Então, Lond. B, 227: 367-380.

Zevenboom, W. e Mur, R.L. 1984. crescimento e resposta fotossintética da *microcystis aerguinosa de* cianobactéria em termos de fotoperíodo e irradiância Arco. Microbiol. 139: 232-2.

Fig.-1 Comportamento de crescimento de *Anabaena flos-aquae em* resposta a diferentes concentrações de Neem Seed Grain Water Extract (NSKWE). Os valores são valores médios±S.D. As barras indicam o desvio padrão.

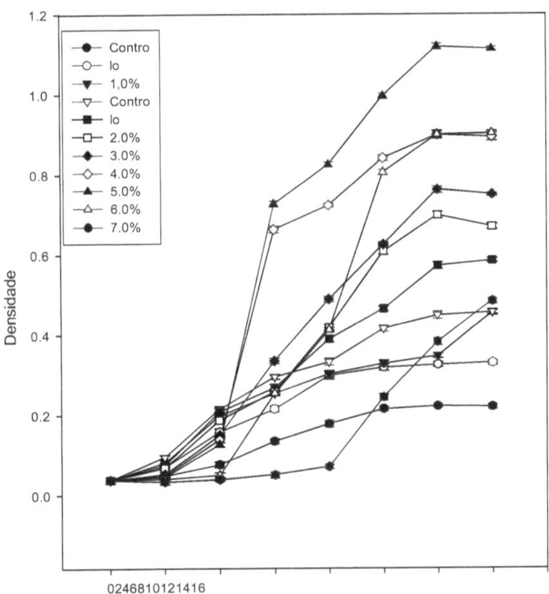

Quadro 1 Efeito do extracto de água de grãos de semente do Neem na composição bioquímica de cianobactérias
Anabaena flos-aquae. Os valores são valores médios de triplo±S.D.

Concentrações dos parâmetros dw)	do extracto de água de semente de neem (g/mg					
	Control2.	0%3.0%4.0%5.0%6.0%7.0%8.0%9.0%				
clorofila	31,34±0,64	31.75±0.68 (1.31+)	31.94±0.76 (1.91+)	32.45±0.86 (3.54+)	33.45±0.79 (6.73+)	34.48±0.92 35.24±0.89 41.02±0.72 42.57±0.89 (10.02+)(12.44+)(30.90+)(35.83+)
carotenóide11	.34±0.53	11.40±0.66 (0.53+)	11.47±0.81 (1.15+)	11.50±0.92 (1.41+)	11.62±0.86 (2.47+)	11.98±0.69 12.25±0.78 13.75±0.59 13.07±0.95 (5.64+)(8.03+)(21.25+)(15.26+)
clorofila a/ 2,76 carotenóide		2.79	2.79	2.82	2.88	2.882 .882. 983 .26
Proteína201 295.40±1.14	.56±1.07	222.18±1.13	232.87±1.04	268.04±1.15	275±1.05	289.95±1.17 296.22±1.02 309.15±1.08

		(10.23+)	(15.53+)	(32.98+)	(36.44+)	(43.85+)(46.96+)(53.38+)(46.56+)
Carboidratos 185,56±1,14		180.95±1.03 (2.48-)	179.66±0.96 (3.18-)	178.38±1.13 (3.87-)	177.78±1.08 (4.19-)	176.75±1.16 176.55±1.19 176.30±1.09 176±1.16 (4.75-)(4.86-)(4.99-)(5.15-)
n37.47±0.77	Phycocyani	38.34±0.88 (2.32+)	40.45±0.95 (7.95+)	55.65±1.02 (48.52+)	59.95±0.79 (59.99+)	60.5±0.9261 .03±0.98 62.14±0.82 60.59±0.75 (61.46+)(62.87+)(65.84+)(61.70+)
allophycocyanin 14,81±0,68		15.35±0.78 (3.65+)	16.55±0.83 (11.75+)	17.65±0.74 (19.18+)	18.45±0.89 (24.58+)	18.67±0.77 18.97±0.84 19.05±0.72 18.06±0.86 (26.06+)(28.09+)(28.63+)(21.95+)
ficoeritrina9	,97±0,88	10.22±0.83 (2.51+)	10.24±0.76 (2.71+)	11.2±0.87 (12.34+)	11.54±0.79 (15.75+)	11.68±0.96 11.85±0.68 11.80±0.79 11.60±0.69 (17.15+)(18.86+)(18.36+)(16.35+)

Os valores entre parênteses são aumentos ou diminuições percentuais, onde + indica um aumento e - indica uma diminuição

Tabela-2 Efeito do Neem (*Azadirachta indica* A. Juss) extracto de água de semente (NSKWE) sobre algumas das enzimas do metabolismo de azoto de *Anabaena flos-aquae*. Os valores são valores médios de triplicado±S.D.

Concentrações de NSKWE	Enzimas do metabolismo do azoto		
	reductaseNitrogenase (M NO2 mgchl-1min-1)	(n MC2H4 mgchl-1min-1)	Glutamina sintetase (P0 Û-Glutamilhydroxamate mgchl-1min-1)
Sistema de controlo	97.40±2.8	41.01±3.6	109.56±2.92
1.0%	64.26±2.5 (34.03-)	35.56±3.1 (13.29-)	129.04±3.24 (17.78+)
2.0%	19.38±2.9 (80.10-)	26.64±3.58 (35.04-)	144.7±3.75 (32.07+)
3.0%	12.14±2.1 (87.54-)	12.95±2.76 (68.42-)	116.76±3.16 (6.57+)
4.0%	8.24±3.5 (91.54-)	9.48±3.28 (76.88-)	107.48±3.75 (1.9-)
5.0%	5.45±3.3 (94.41-)	6.31±3.63 (84.61-)	85.3±3.59 (22.14-)
6.0%	3.67±2.88 (96.23-)	4.96±3.54 (87.91-)	77.5±3.28 (29.26-)
7.0%	2.05±3.29 (97.9-)	3.04±3.42 (92.59-)	69.24±3.42 (36.8-)
8.0%	0.0	0.0	62.9±3.83 (42.59-)
9.0%	0.0	0.0	57.36±3.68 (47.65-)

Os valores em parênteses são aumentos ou diminuições percentuais, onde + indica um aumento e - uma diminuição.

ARGEMONE MAXICANA: UMA FONTE VIÁVEL PARA A PRODUÇÃO DE BIODIESEL E BIOGÁS

Singh S. [Pa], Pandey Prernab, Singh Diptic*

Escola de Estudos Energéticos e Ambientais, Devi Ahilya VishwaVidyalyaya, Khandwa Road, Indore, Madhya Pradesh, Índia

Abstrato:

Este documento descreve uma avaliação dinâmica de um processo de extracção de biodiesel e biogás a partir de sementes e resíduos de Argemone *maxicana* utilizando uma técnica simples e barata. Os resultados mostraram que as sementes de Argemone *maxicana* contêm 30% de óleo. Através do processo de transesterificação, o óleo extraído do solvente foi convertido em éster metílico. O poder calorífico dos resíduos de sementes foi de 4621 Kcal/Kg e a relação C/N foi de 11. A experiência de produção de biogás foi realizada em duas gamas de temperatura, *nomeadamente* à luz solar (22 - 300°C) e à temperatura ambiente (16 - 200°C) durante 33 dias. O biogás produzido por fermentação anaeróbica dos resíduos de sementes continha 52% de metano. Este processo é adequado para a indústria e agricultura em pequena escala.

[**Palavras-chave**: transvertrifiação, poupança de energia, digestão anaeróbia, metano, biogás, biodiesel]

{*forCorrespondance-dipti5683@rediffmail.com   ,.Tel-91-731-2460309, 09827648419}

INTRODUÇÃO:

O mundo enfrenta a dupla crise do esgotamento dos combustíveis fósseis e da degradação ambiental. A maior parte das necessidades energéticas mundiais são satisfeitas pelas fontes petroquímicas de carvão e gás natural, com excepção da energia hidroeléctrica e nuclear, porque estas fontes são finitas e em breve serão consumidas às taxas de utilização actuais. (1). Um combustível alternativo deve ser tecnicamente viável, economicamente competitivo, ambientalmente correcto e facilmente disponível (2). O biogás e o biodiesel são as duas fontes de energia alternativas que são ambas renováveis e amigas do ambiente. O biodiesel é a primeira alternativa ao combustível fóssil, que utiliza óleos de origem vegetal, tais como óleos vegetais e oleaginosas de árvores. Consiste em ésteres metílicos de ácidos gordos produzidos pela reacção de transesterificação de triglicéridos de óleos vegetais com metanol utilizando um catalisador (3). Este combustível é biodegradável e não tóxico e tem um baixo perfil de emissões em comparação com o gasóleo de petróleo. Ao utilizar o biodiesel, pode-se procurar um equilíbrio entre a agricultura, o desenvolvimento económico e o ambiente.

Em segundo lugar, a tecnologia do biogás oferece uma oportunidade muito atractiva de utilizar certas categorias de biomassa para cobrir parte da procura de energia. De facto, o bom funcionamento de um sistema de biogás pode oferecer inúmeros benefícios aos utilizadores e à comunidade, levando à conservação dos recursos e à protecção ambiental (4). É o produto da digestão anaeróbica de substratos orgânicos realizada por um consórcio de microrganismos e depende de vários factores tais como pH, temperatura, tempo de residência hidráulica e relação C/N. A digestão anaeróbia é um processo complexo, natural e multifásico de degradação de compostos orgânicos por uma variedade de intermediários ao metano e dióxido de carbono, que é levado a cabo pela acção de um consórcio de microrganismos (5).

O género *Argemone maxicana* (Papaveraceae) compreende quase 30 espécies, todas com caules, folhas e cápsulas espinhosas. *Argemone mexicana* L., vulgarmente conhecida como a papoila mexicana ou spiny poppy, é nativa da América tropical, mas tornou-se amplamente distribuída no nosso país. É frequentemente encontrada como erva daninha em campos cultivados e abandonados. É um arbusto anual hermafrodita, geralmente polinizado por insectos, com flores amarelas brilhantes terminais (6). Encontra-se em todo o lado como erva daninha na floresta, terras públicas não utilizadas, tais como ao longo de linhas férreas, canais de irrigação, limites de campos e terras agrícolas deixadas em pousio pelos agricultores. As sementes são ricas em ácidos gordos insaturados, tais como linoleico, oleico, ricinoleico e ácido palmitoleico. No entanto, o seu elevado teor de compostos tóxicos pode tornar difícil a sua utilização para fins industriais. De facto, a presença de *Argemone* maxicana no óleo comestível é provavelmente responsável pelo surto de hidropisia epidémica, uma síndrome clínica caracterizada por edema, insuficiência cardíaca, insuficiência renal e glaucoma e atribuída à sanguinarina, o principal alcalóide *de Argemone* (7). A sanguinarina é um alcalóide quaternário benzofenantridina com um forte efeito bactericida nas bactérias Gram-positivas (6). Exibe também actividades anti-inflamatórias e citotóxicas. Os efeitos antimicrobianos e fisiológicos da sanguinarina sugerem que esta pode conferir protecção contra vários agentes patogénicos (8).

Outros alcalóides identificados em *Argemone maxicana* são berberina, protopina e coptisina (8). A complexa mistura alcaloide desta planta pode ser a base para os seus efeitos alelopáticos, nematicidas e bactericidas. Assim, *Argemone mexicana* tem muitas utilizações potenciais, algumas das quais se devem à presença de alcalóides, enquanto outras podem ser dificultadas pelos mesmos compostos tóxicos.

Muito trabalho tem sido colocado no estudo do biodiesel e da produção de biogás a partir de biomassa vegetal. No entanto, não parece ter sido efectuado até à data qualquer estudo detalhado sobre a utilização de sementes e resíduos de sementes da mesma planta para produzir biodiesel e biogás.

2. MATERIAIS E MÉTODOS:

2.1 Material

As sementes de *Argemone Maxicana* foram colhidas como amostras para este trabalho. As amostras de plantas foram cultivadas no Jardim Botânico da Universidade de Devi Ahilya.

2.2 métodos:

2.2.1 Padrões de colheita e avaliações de rendimento: As plântulas de *Argemon maxicana* foram cultivadas e transplantadas no campo do jardim botânico em canteiros de um metro por um metro com uma distância de 50 cm de linha a linha e de planta a planta com diferentes fertilizantes como a ureia, N.P.K., $_{P2O5}$.

2.2.2 Extracção e purificação de óleo:

O óleo foi obtido a partir das sementes pelo processo de extracção com solvente utilizando éter de petróleo como solvente (40-60 c) por meio do aparelho Soxhlet (9). Para purificá-lo, o óleo foi removido juntamente com água (100 ml), éter (200 ml) e cloreto de sódio saturado num funil separador, o conteúdo foi agitado bem e deixado em repouso, a camada aquosa foi descartada e o processo foi repetido duas vezes com a camada orgânica. Finalmente, o extracto etanolico foi seco num frasco de Erlenmeyer sobre sulfato de sódio anidro (20 g) e evaporado a 40 c para obter óleo purificado. Para o tornar mais económico, o óleo pode ser extraído pelo expulsor.

2.2.3 Preparação laboratorial de biodiesel a partir de óleo Argemone maxicana:

Na transesterificação do óleo, os triglicéridos reagem com um álcool na presença de um ácido forte ou base para formar uma mistura de ésteres alquílicos de ácidos gordos e glicerol.

2.2.4 Análise detalhada das sementes de Argemone maxicana:

O teor de humidade total e os componentes voláteis da *Argemone maxicana*, resíduos de sementes são determinados utilizando métodos padrão (11).

Duas gramas da amostra foram colhidas num cadinho de sílica e secas num forno de ar a 105-1100°C durante cinco horas até o peso ser constante, sendo o peso do resíduo expresso como o conteúdo total de sólidos do material. A diferença entre o peso da amostra e o do resíduo deu o teor de humidade. Os componentes voláteis e o teor de cinzas dos resíduos foram determinados num forno de mufla a 5500°C. Foram utilizadas placas de petri cobertas e abertas para manter a amostra no forno para a determinação dos componentes voláteis e do teor de cinzas, respectivamente. Os componentes voláteis e o teor de cinzas foram determinados através da recolha da diferença entre o peso das amostras recolhidas e o resíduo deixado nas respectivas experiências.

2.2.5. determinação do valor calorífico dos resíduos de sementes e óleo de Argemone maxicana:

O poder calorífico dos resíduos de sementes e do óleo foi determinado com o calorímetro da bomba.

2.2.6 Determinação do ponto de inflamação e ponto de fogo do óleo de Argemone maxicane: O ponto de flash e o ponto de fogo do óleo *Argemone* maxicana foram determinados com o aparelho Pensky Marten Flash Point.

2.2.7 Análise de gás:

A composição do produto biogás foi analisada com o cromatógrafo de gás modelo n° 5700 utilizando um detector de condutividade térmica com uma coluna Porkpie q. O hidrogénio a um caudal de 20 ml por minuto foi utilizado como gás de transporte. A temperatura do forno, injector e detector foi mantida a 80, 120 e 140 graus Celsius, respectivamente.

3. Configuração experimental:

Construção de reactores para biogás

A instalação experimental para a produção de biogás consistiu em garrafas de vidro de um litro com graduação, que foram equipadas com tampas de borracha (Figura 1). A garrafa foi ligada com tubos para conduzir o gás do fermentador para o colector de gás e para deslocar a água do colector de gás para outra garrafa. Um regulador de fluxo ou tampão em forma de tubo de plástico foi utilizado como clipe ao encher de novo a garrafa. Os tampões foram colocados abertos em tubos macios que ligam os fermentadores à garrafa colectora de gás (12). O biogás produzido nos fermentadores era medido uma vez por dia através da leitura do rótulo da água deslocada na garrafa de vidro. As garrafas do fermentador foram expostas tanto à luz solar como à temperatura ambiente durante 33 dias. Uma unidade de visualização do sensor de temperatura também foi suspensa para medições de temperatura.

RESULTADO E DISCUSSÃO:

Argemone maxicana é uma das mais promissoras ervas selvagens anuais tolerantes à seca e é adaptável a diferentes tipos de condições de solo. Cresce bem à beira das estradas e em terrenos baldios, pelo que a sua produção não exerce pressão sobre as terras agrícolas. Não requer muita manutenção e o seu cultivo não é muito caro. A planta é cultivada directamente a partir de sementes. O momento certo para a germinação das sementes é o mês de Dezembro. As sementes frescas de *Argemone* maxicana contêm 30% de óleo. Este óleo é então convertido em éster metílico através do processo de transesterificação. *Argemone* maxicana methyl ester mostrou as melhores propriedades do combustível em comparação com o petróleo. O rendimento máximo de éster (biodiesel) é alcançado com o catalisador NaOH numa concentração de 0,35 gm com 100 ml de crude na proporção 5:1 com metanol a 60 $^{0C.}$ O etanol mostra uma má separação em comparação com o metanol (Tabela 1). O metanol foi utilizado para a produção de biodiesel porque é o mais barato e dá melhores resultados do que o álcool etílico. Os componentes ácido gordo e álcool contribuem funcionalmente para as propriedades globais de um éster gordo (13)

O valor calorífico do óleo *Argemone* maxicana é baixo (8463 Kcal/Kg) em comparação com o seu biodiesel (9753 Kcal/kg) e diesel de petróleo (10,693 Kcal/Kg). O ponto de inflamação do petróleo era muito elevado (235 $^{0C)\ em\ comparação\ com\ o}$ seu biodiesel (170 ^{0C}) e gasóleo (66 $^{0C)}$. Todos os parâmetros de *Argemeone maxicana* estão resumidos no quadro 2.

Os resíduos de sementes *Argemone* maxicana foram utilizados como amostra para a produção de biogás. Valor calórico dos resíduos de sementes 4621Kcal/Kg. Todos os parâmetros dos resíduos de sementes foram examinados, que se encontram resumidos no quadro 3.

O teor de metano no reactor era de 52%. O rendimento do biogás em ambos os reactores foi de 3 L 650 ml. e 260 ml. O reactor colocado à luz solar mostrou melhores resultados. O rendimento do biogás aumentou de dia para dia e atingiu o seu valor mais alto no dia 10, com a produção de biogás a mudar em função da temperatura. As figuras 1 e 2 mostram a representação gráfica do deslocamento de água de cada dia.

CONCLUSÃO:

Este é o primeiro estudo sobre a utilização de resíduos de sementes *Argenmone* maxicana tanto para biogás como para biodiesel. O nosso estudo mostrou que as sementes *de Argemone maxicana* contêm 30% de óleo, que pode ser utilizado para a produção de éster metílico. Os resíduos de sementes podem então ser utilizados para produzir biogás com 52% de metano. Do resultado podemos concluir que *a Argemone maxicana* é uma fonte viável para a produção de biodiesel e biogás. A eficiência de produção de biogás dos resíduos de sementes *Argemone* maxicana é maior à luz solar ($^{22-300°C)}$ do que à temperatura ambiente (16-200°C). Isto poderia ser investigado mais aprofundadamente à escala de uma planta piloto a temperatura controlada para uso comercial.

REFERÊNCIA

Srivastava A. Prasad R. (2000) Combustíveis diesel à base de triglicéridos. Revisões sobre energias renováveis e sustentáveis; 4: 111-33.

Meher L.C., D.Vidyasagar. S.N. Naik, (2006) Technical Aspect of Biodiesel production by transestrification-A Review. Revisões sobre energia renovável e sustentável; 10:248-268ª classe DL. (1998) Biomassa para energias renováveis, combustíveis e produtos químicos. Nova Iorque: Academic Press, p. 333.

Yadvika, Santosh, T.R.Sreekrishnan Sangeeta Kohli Vineet Rana, (2004) Enhancement of biogas production from solid substrates using different technique-A review Bioresource Technology;95: 1-10.

Gujer W. Zehnder AJB. (1983) Processo de transformação em digestão anaeróbica. Tecnologia Water Sc Sc; 15: 127-67

Rao, T.V.R. e Dave, Y.S. (2001). Investigações morfo-histogénicas sobre o pericarpo de *Argemone mexicana* L. (Papaveraceae). *Acta Botanica Hungarica*, Setembro, Volume 43, No. 3-4, p. 391-401.

Garcia, V.P.; Valdes, F.; Martin, R.; Luis, J.C.; Afonso, A M. e Ayala, J.H. (2006) Biossíntese de sanguinarina antitumoral e bactericida. Journal of Biomedicine and Biotechnology, Volume, No. 635 18, pp. 1-6.

Facchini, Peter J. (2001) Alkaloid biossíntese em plantas: Bioquímica, biologia celular, regulação molecular e aplicações da engenharia metabólica. Relatório Anual sobre Fisiologia Vegetal e Biologia Molecular Vegetal, Junho, Volume 52, pp. 29-66.

Southcombe, J.E., (1962).química da indústria petrolífera,Constable and Co.Ltd.London,p:144.

Ma. F e Hanna, M.A., (1998) Biodiesel production an overview Bioresource Technology, 70.1-15.

Chichilo P. Reynolds H. (1970) Co-editor Fertilizantes em métodos analíticos oficiais da Associação de químicos analíticos oficiais11 ed Horwitz W (editor) Washington Association of official analytical chemist pp- 16-20.

S.P. Singh, Surbhi Tyagi e N.S. Rathod. (2006) Um estudo sobre o efeito combinado do catalisador metálico Mg e Zn na produção de biogás. SESI Volume 16 No. 2 Pp35-42.

Knothe G. (2005) Dependência das propriedades do biodiesel combustível na estrutura dos ésteres alquílicos de ácidos gordos. Engenharia de Processos de Combustível; 86:1059-70.

MECANISMO MOLECULAR DA PATOGÉNESE DA SALMONELA E PROTECÇÃO CONTRA A FEBRE TIFÓIDE

Jasmine Kaur e S.K. Jain*

Departamento de Biotecnologia
Hamdard University, Nova Deli 110062

** Autor correspondente: Endereço do Departamento
de Comunicação de Biotecnologia, Faculdade de
Ciências da Universidade Hamdard, Hamdard Nagar*

Nova Deli 110062
Tel: 91-11-26059688, fax 91-11-26059663

E-mail skjain@jamiahamdard.ac.in

INTRODUÇÃO

A febre tifóide é causada pela bactéria Gram-negativa *Salmonella enterica* serovar Typhi. Os humanos são o único hospedeiro natural conhecido e reservatório de infecção (Evanson et al., 2008). A febre tifóide continua a ser um grande problema de saúde, particularmente nos países em desenvolvimento onde existe um abastecimento de água inadequado e falta de saneamento. As práticas de gestão de águas pouco seguras podem também ter contribuído para a sua propagação (Bhunia R, et al, 2009). A doença está associada a uma morbilidade e mortalidade significativas, com uma carga global anual estimada em cerca de 21,6 milhões de casos, resultando em 216.000 mortes (Crump et al. 2004) (Figura 1). Crianças mais novas (Sinha 1999), viajantes e pessoas que trabalham em laboratórios de microbiologia têm um risco particularmente elevado de exposição à doença (Parry 2002).

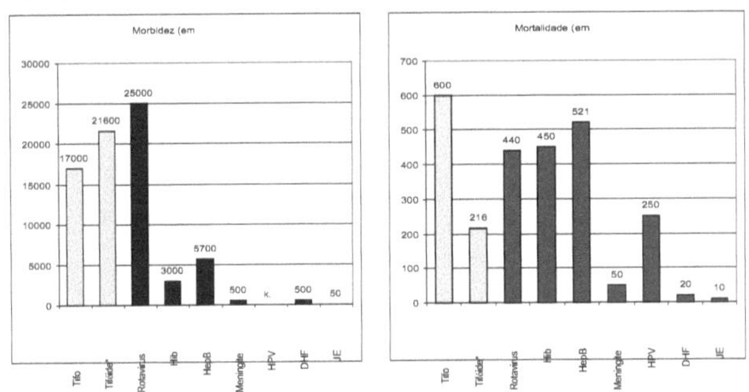

Figura 1: Carga global do tifo, *boletim da OMS* (febre tifóide)

Devido à rápida e generalizada ocorrência de serótipos de *s.* typhi com resistência a vários antibióticos e formas variáveis de apresentação da bactéria, febre tifóide que são cada vez mais difíceis de diagnosticar e tratar (Feng Ying, 2000; Akinyemi et al., 2005).

Patogénese da Salmonela

A patogénese da *Salmonella* virulenta é altamente dependente da reprodução rápida na área extracelular do tecido hospedeiro. Para ser totalmente patogénica, *a Salmonella* deve apresentar uma variedade de características conhecidas como factores de virulência. Estes incluem

(1) a capacidade de penetrar nas células, (2) um envelope lipopolissacarídeo completo, (3) a capacidade de replicar intracelularmente, e (4) a elaboração de toxina(s). O surto de febre tifóide caracteriza-se por um longo período de incubação que vai de uma semana a um mês (Ivanoff et al., 1994). A dose de infecção nos voluntários varia entre [103-109] organismos (Hornick et al., 1970). Após a ingestão de alimentos e água contaminados, o organismo entra no hospedeiro por via oral e deve sobreviver à barreira do ácido gástrico no seu caminho para o intestino delgado. No intestino delgado as bactérias fixam-se primeiro às células mucosas, depois penetram e são translocadas para os folículos linfáticos intestinais e para os gânglios linfáticos mesentéricos drenantes. Algumas bactérias também chegam às células reticuloendoteliais do fígado e do baço (House et al., 2001). As salmonelas são capazes de sobreviver e multiplicar-se nas células mononucleares fagocitárias dos folículos linfóides, fígado e baço, bem como nas manchas pagadoras do íleo terminal. A medula óssea e a vesícula biliar são também locais hospitaleiros. Depois de entrar no intestino, a maioria das *salmonelas* desencadeia uma reacção inflamatória aguda que pode levar à ulceração e, se não for tratada, pode ser fatal (Takeuchi, 1967; Finlay et al., 1988). Podem produzir citotóxinas que inibem a síntese de proteínas. Não se sabe se estas citotoxinas contribuem para a resposta inflamatória ou para a ulceração. No entanto, a penetração na mucosa faz com que as células epiteliais sintetizem e libertem várias citocinas pró-inflamatórias, incluindo IL-1, IL-6, IL-8, TNF-2, IFN-U, MCP-1 e GM-CSF. Estes causam uma reacção inflamatória aguda e podem também ser responsáveis por danos intestinais. Devido à reacção inflamatória do intestino, sintomas inflamatórios como febre, calafrios, dores abdominais, leucocitose e diarreia são comuns. As fezes podem conter leucócitos polimorfonucleares, sangue e muco. (Figura 2)

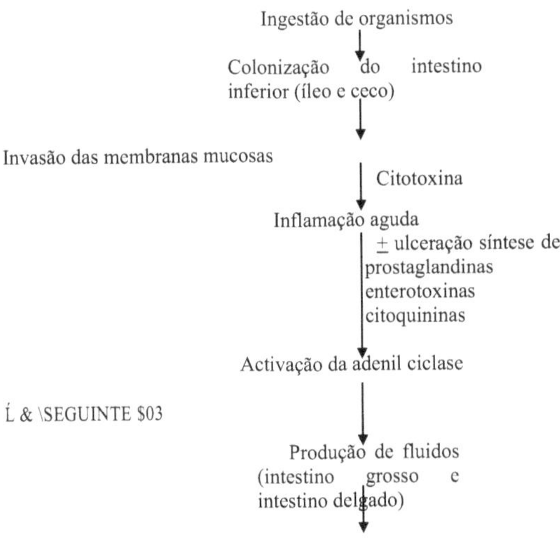

Figura 2 Diagrama esquemático da patogénese da *enterocolite por Salmonella*

As complicações são mais prováveis de ocorrer em casos não tratados ou em casos que aparecem tardiamente no curso e ocorrem em 10-15% de todos os casos. Após um período de incubação de 7-14 dias, o início da bacteremia secundária persistente leva à doença clínica (Meltzer et al., 2006; Inian et al., 2006) (Figura 3). Podem ocorrer muitas complicações, das quais a hemorragia gastrointestinal, perfuração intestinal com peritonite e encefalopatia tifóide são as mais importantes (Parry 2002). A infecção das manchas de Peyer leva à hiperplasia linfática, que pode diminuir sem cicatrizes ou progredir para trombose capilar com necrose e ulceração. A taxa de mortalidade é geralmente inferior a 1% com terapia antibiótica imediata, mas pode chegar aos 20% em casos não tratados. Entre 1-3% dos doentes tornam-se portadores a longo prazo e excretam o organismo durante mais de um ano após a doença inicial. A condição de portador ocorre mais frequentemente em mulheres e mulheres com anomalias do tracto de bilhar. Os portadores crónicos requerem curas antibióticas mais longas para a limpeza do organismo.

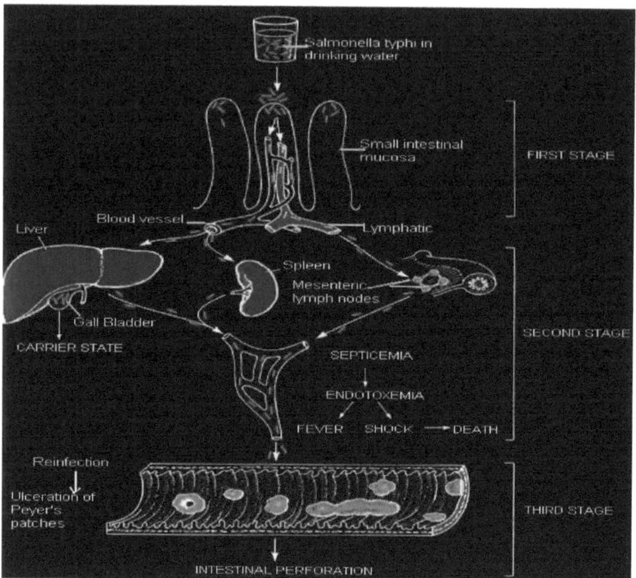

Figura 3: Fases da febre tifóide; primeira fase: invasão e reprodução das bactérias, segunda fase: infecção secundária causadora de doença clínica, e terceira fase: complicações e reinfecção.

Interacção da Salmonella com as células epiteliais do hospedeiro

O mecanismo de invasão de *Salmonella* no epitélio envolve uma ligação inicial a receptores específicos na superfície da célula epitelial. Após invasão do epitélio intestinal, os organismos proliferam intracelularmente e depois propagam-se através da circulação sistémica aos gânglios linfáticos mesentéricos e por todo o corpo; são absorvidos por células reticuloendoteliais. O sistema reticuloendotelial limita e controla a propagação do organismo. No entanto, dependendo do serotipo e da eficácia das defesas do hospedeiro contra este serotipo, alguns organismos podem infectar o fígado, baço, vesícula biliar, ossos, meninges e outros órgãos. Felizmente, a maioria dos serovares em locais extraintestinais são mortos imediatamente e a infecção mais comum da salmonela humana, a gastroenterite, permanece confinada ao intestino. Foi observada *salmonela para entrar em* enterócitos e matar activamente as células M das manchas de Peyer em modelos animais (Garcia-del Portillo e

Finley, 1994; Jones e Ghori, 1994; Valais e Galyov, 2000; Garcia-del Portillo, 2001).
(Figura 4)

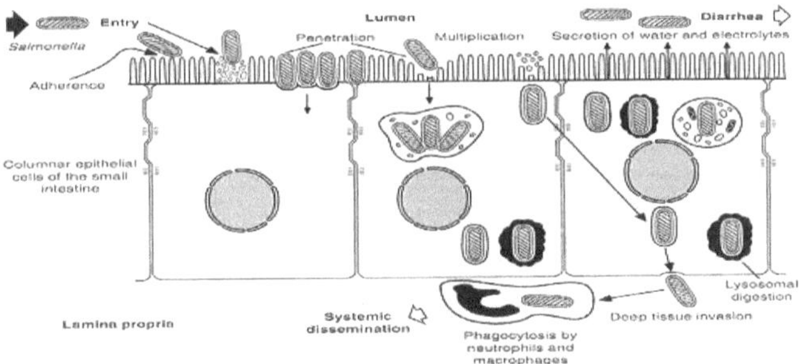

Figura 4 Invasão de *Salmonella* na mucosa intestinal

Nos modelos de cultura celular, foi sugerido que os rearranjos citoesqueléticos maciços são induzidos após contacto da bactéria com a superfície da célula hospedeira (Zierler e Galan, 1995). Isto leva à formação de pseudo-pods ou "chamados" rufos de membrana nas membranas das células hospedeiras que envolvem a bactéria e, finalmente, à absorção da bactéria no compartimento fagosomal (Ginocchio et al., 1994). Isto está provavelmente associado a um aumento na concentração celular de fosfato de inositol e cálcio. A ligação e invasão bacteriana estão sob claro controlo genético e envolvem múltiplos genes tanto nos cromossomas como nos plasmídeos.

O surgimento de resistência aos antibióticos na *Salmonella*

Um relatório sobre a ocorrência de resistência ao cloranfenicol em *S. typhi* foi publicado já em 1950, apenas após um primeiro relatório de dois anos sobre a sua utilização na terapia da tifóide (Colquhoun et al., 1950). Contudo, a maioria dos isolados permaneceu sensível ao cloranfenicol durante as décadas de 1950 e 1960. Em 1972, um grande surto de febre tifóide na Cidade do México foi causado por estirpes de *S.* typhi resistentes ao cloranfenicol, tetraciclina, estreptomicina e às sulfonamidas. Este padrão de resistência foi partilhado com *Shigella dysenteriae* e *Shigella flexneri* isolados de um surto simultâneo de disenteria bacteriana (Gangarosa et al., 1972).

Na África do Sul, três em cada seis casos de febre tifóide MDR foram notificados em 1991 devido a um atraso na administração de terapia antimicrobiana eficaz (Coovadia, et al., 1992). Surtos de infecções com estas estirpes ocorreram na Índia (Threlfall et al., 1992, Shanahan et al., 1998), Paquistão (Bhutta, 1996, Shanahan et al,

2000) Bangladesh (Hermans et al., 1996), Vietname (Hoa et al., 1998), Médio Oriente e África (Rowe *et al.,* 1990, Kariuki et al., 2000). A *S. typhi* multirresistente ainda está disseminada em muitas áreas da Ásia, embora as estirpes que são totalmente susceptíveis a todos os antibióticos de primeira linha tenham ressurgido em algumas áreas (Sood et al., 1999).

Tem havido relatos esporádicos de altos níveis de resistência à ceftriaxona nos serotipos *S.* enterica Typhi e Paratyphi A (Bhutta et al., 1992, Saha et al., 1999), embora estas estirpes sejam muito raras. O serotipo *S.* enterica Typhi com susceptibilidade reduzida a fluoroquinolonas é um grande problema na Ásia. (Brown et al., 1996, Threlfall et al., 1999, Threlfall et al., 2001). Um surto de febre tifóide foi causado por *S. typhi* resistente à quinolona (ácido nalidíxico) no Tajiquistão em 1996 e 1997 (Mermin et al., 1999). Um estudo no All India Institute of Medical Sciences, Nova Deli, Índia (de Novembro de 2001 a Outubro de 2003) sobre a infecção com *S. typhi* resistente ao ácido nalidíxico (NARST) sobre os resultados clínicos em doentes tifóides relatou uma falha clínica da terapia com fluoroquinolona em cerca de 20% dos doentes (Kadhiravan et al., 2005). As infecções com isolados NARST foram significativamente associadas a maior duração da febre na apresentação, maior frequência de hepatomegalia, maiores concentrações de aspartato aminotransferase e maior MIC de ciprofloxacina em comparação com infecções com isolados sensíveis a ácido nalidíxico. Além disso, os doentes infectados com tais estirpes podem não responder ao tratamento com ciprofloxacina, o que poderia levar a relatos de casos de falha terapêutica (Bhan et al., 2005).

Foi realizado um estudo detalhado sobre o padrão e extensão da resistência às drogas em estirpes de *Salmonella enterica* serovar Typhi isoladas do Bangladesh, China, Índia, Indonésia, Laos, Nepal, Paquistão e Vietname Central, onde foram encontradas diferentes taxas de resistência às drogas múltiplas (16-37%) e resistência ao ácido nalidíxico (5-51%). Os países envolvidos neste estudo são o lar de cerca de 80% dos casos de febre tifóide do mundo. (Quadro 1) (Chau et al., 2007)

País	% Isolados resistentes ao ácido nalidíxico	MIC de ciprofloxacina (g/ml)		% Isolados resistentes à ciprofloxacina	MIC de gatifloxacina (g/ml)		% Cloram-Fenicol isolatesa resistentes	% MDR Isolatesa
		50%	90%		50%	90%		
China	4.8 (1/21)	0.015	0.03	0	0.023	0.023	0(0/21)	0 (0/21)
Indonésia	0 (0/17)	0.015	0.015	0	0.016	0.023	0 (0/17)	0 (0/17)
Laos	0 (0/50)	0.012	0.016	0	0.016	0.023	18 (9/50)	16 (8/50)
Bangladech e	40 (16/40)	0.025	0.38	0	0.016	0.19	40 (16/40)	37.5(15/40)
Índia	47.8(11/23)	0.094	0.25	0	0.125	0.19	26 (6/23)	26 (6/23)
Nepal	51 (76/149)	0.125	0.5	4 (6/149)	0.094	0.25	19(28/149)	NAb
Paquistão	38.3(13/34)	0.012	0.25	0	0.023	0.19	26.5(9/34)	26.5 (9/34)
Vietnam e Central (IVI)	50 (23/47)	0.023	0.38	0	0.016	0.19	21.3 (10/47)	21.3 (10/47)
Vietnam e do Sul (HTD)	97 (196/202)	0.38	0.5	0	0.125	0.19	50 (101/202)	50 (101/202)

a Os números entre parênteses indicam o número de números isolados/testados resistentes.

b NA, não disponível.

Tabela 1 Resistência antimicrobiana a drogas de *S. enterica* serovar Typhi.

A actual resistência multi-droga dos isolados de *S.* typhi é mostrada na Figura 5 (R Leon Ochiai et al. 2008)

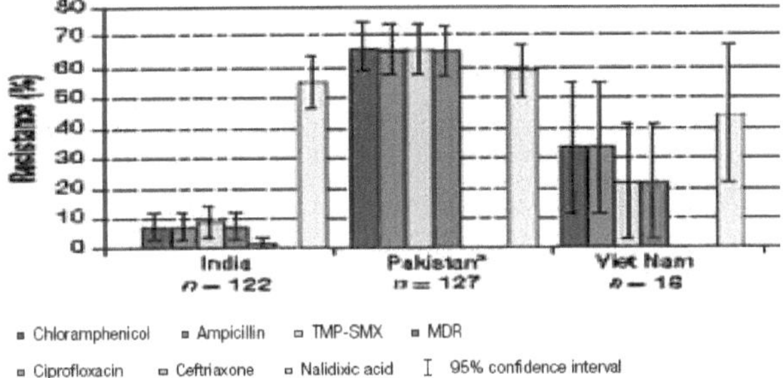

Figura 5: Padrões de resistência antimicrobiana de isolados do serotipo Typhi de *S. enterica* por área de estudo.

Mecanismo molecular de resistência às drogas

Ao transferir a resistência às drogas de *Salmonllae* para *E. coli, foi* demonstrado que um plasmídeo foi ligado ao surto de febre tifóide e foi assumido que isto também é verdade para os isolados de Shigella resistentes às drogas. Ao digitar estes dois plasmídeos por análise do grupo de incompatibilidade (*Inc.*) em comparação com um padrão

conjunto de plasmídeos, foi demonstrado que eles eram diferentes. Os plasmídeos *S.* typhi pertenciam ao grupo de incompatibilidade IncH, enquanto que os plasmídeos Shigella pertenciam ao grupo IncO (Datta et al., 1974).

Até 1984, a resistência a cada um dos três agentes de primeira linha (cloranfenicol, ampicilina e cotrimoxazol) estava presente na população de *S.* typhi. Os genes de resistência foram encontrados numa variedade de plasmídeos diferentes, e não foi possível demonstrar que um único plasmídeo codificasse a resistência aos três agentes simultaneamente. Em 1988, contudo, houve um surto de 230 casos de febre tifóide no Vale do Caxemira causado por MDR *S. typhi*, que era resistente aos três medicamentos de primeira linha (Kamili et al., 1993). MDR *S. typhi, que* foi isolada em Xangai entre 1988 e 1989, demonstrou transportar os genes de resistência num único plasmídeo que podia ser transferido para *E. coli* (Zhang, 1991). A maioria dos plasmídeos MDR isolados de *S. typhi* em todo o mundo pertencem ao grupo de intolerância HI1 (Hampton et al., 1998; Harnett et al., 1998) e são altamente transmissíveis.

MDR - desafios futuros

A ocorrência e persistência de estirpes de *S.* enterica serovar Typhi resistentes ao MDR e ao ácido nalidíxico representam um grande problema de saúde a nível mundial. Os dois principais desafios são limitar a propagação da resistência existente e detectar novas resistências suficientemente cedo para evitar a propagação de novos genes resistentes. Para ser bem sucedido, é necessário um diagnóstico e tratamento adequados e atempados em regiões onde a febre tifóide é mais comum. Ainda não foi desenvolvida nenhuma droga especificamente para a febre tifóide, e há muito poucos alvos potenciais para a *Salmonella* contra os quais novas drogas poderiam ser desenvolvidas (Becker et al., 2006). A promessa de novas tecnologias, tais como microarrays de ADN, que podem rastrear centenas de genes simultaneamente, deve ser explorada dentro do ambiente microbiológico antes de podermos avaliar completamente a resistência aos medicamentos dentro da população bacteriana.

Vacinas e terapêutica

Para o desenvolvimento bem sucedido de uma vacina definida, é crucial uma compreensão clara tanto dos componentes celulares como dos componentes humorais da resposta imunitária induzida durante a infecção e a identificação dos antigénios que desencadeiam uma resposta protectora. As moléculas candidatas para uma vacina podem ser divididas nas seguintes categorias:

1. Fracções brutas
2. Agentes patogénicos vivos que foram tornados avirulentos pela manipulação genéti
3. Subunidades (incluindo extractos ou metabolitos)
4. Antigénios recombinantes e sintéticos
5. Bactérias/vírus recombinantes que expressam antigénios específicos
6. Vacinas Anti-Idiótipo
7. Vacinas contra o ADN nu.

Apesar de estarem actualmente disponíveis várias vacinas contra a febre tifóide, nenhuma delas é perfeita. É portanto apropriado procurar novas moléculas imunogénicas que sejam adequadas para a formulação de vacinas. Embora tenham sido feitos grandes progressos na identificação e produção de antigénios potencialmente protectores, a nossa compreensão dos mecanismos de imunidade protectora contra doenças patogénicas nos seres humanos é ainda relativamente pobre (Frederico et al., 1998). As vacinas anteriores que utilizavam mutantes da Salmonella falharam devido à sobre ou subatenção das estirpes da vacina (Levine et al., 1996). Duas novas vacinas desenvolvidas nos últimos 15 anos foram aprovadas para utilização contra a febre tifóide e estão actualmente disponíveis comercialmente: Ty21a (uma estirpe atenuada de *S.* Typhi) e o polissacárido parental Vi (baseado no antigénio purificado do polissacárido capsular *S.* Typhi Vi). A eficácia acumulada destas vacinas durante um período de três anos foi estimada em 51% e 55%, respectivamente, com menos efeitos adversos do que as vacinas de células inteiras (Engels 1998a; b). Ambas as vacinas protegem 50%-80% dos receptores (Beeching *et al.,* 2004). No entanto, devido às deficiências destas vacinas, tais como certos efeitos secundários inaceitáveis e uma eficácia inferior à desejada, foram construídas várias novas estirpes atenuadas geneticamente definidas de *S. typhi* como candidatas a vacinas orais vivas (Garmony et al., 2002). Algumas destas estirpes têm o potencial de fornecer antigénios estrangeiros como vectores.

Foram realizados muitos estudos para compreender a resposta do hospedeiro a uma infecção por Salmonella. No entanto, alguns aspectos da resposta imunitária contra este microorganismo ainda não são compreendidos. Em particular, o mecanismo detalhado da imunidade de protecção não é claro e a identidade do(s) antigénio(s) protector(es) ainda não é totalmente compreendida. O desenvolvimento de vacinas eficazes para proteger contra doenças causadas por *Salmonella* sp. é uma área de investigação extensiva (Nasser et al., 2002). Nos programas de imunização, são utilizadas bactérias mortas rotineiramente ou vacinas inativadas de células inteiras. As vacinas vivas são mais eficazes na indução da imunidade do hospedeiro contra a Salmonelose do que as vacinas mortas porque as vacinas vivas têm uma maior capacidade de induzir tanto anticorpos como imunidade mediada por células (Gherardi et al., 1998). Em contraste, as vacinas mortas não se podem replicar e não são portanto infecciosas, mas são menos eficazes do que as vacinas vivas na indução de imunidade protectora. A capacidade de induzir anticorpos para além da imunidade mediada por células é importante para uma protecção óptima induzida pelas vacinas contra a Salmonella (Mastroeni et al., 1993). Algumas das proteínas da membrana exterior parecem ter um forte potencial imunogénico (Foulaki et al., 1989;

Muthukkumar & Muthukkaruppan, 1993). No entanto, apenas foi alcançado um sucesso limitado com os poros como agentes imunizadores (Kussi et al., 1981). Estudos recentes mostraram que algumas OMPs não porosas em animais podem induzir uma forte resposta imunitária e fornecer 100% de protecção contra a infestação por salmonela. Algumas destas proteínas têm um potencial muito forte para o desenvolvimento de uma vacina subunitária contra a febre tifóide (Chatfield et al., 1991; Hamid, 2001).

Situação actual do tratamento da febre tifóide

Estão actualmente disponíveis três classes de vacinas contra a febre tifóide. Estes in

1.	Vacinas de células inteiras
2.	Vi vacina
3.	Vacina Ty21a

No entanto, todas estas vacinas têm uma eficácia sub-óptima e têm efeitos secundários, alguns dos quais são inaceitáveis. As características pormenorizadas destas vacinas estão resumidas no Quadro 2.

Quadro 2: Vacinas anti-tipóides actualmente disponíveis

Nome	Entrar.	Eficácia	Duração	Rota	Efeitos adversos
Vacina de células inteiras	Fenol preservado por calor Acetona inactivada	60-70% (para duas latas)	5 anos	Parenteral	Febre e reacção sistémica

| Vi-Vacina | Homopolímeros de N-acetil-glucosaamina e ácido urónico | 55-70% (para dose única) | 2 anos | Parenteral | Febre |
| Ty2la | *S. typhi* gal E-Mutante | 35-65% (para três latas) | 7 anos | Oral | febre, não bem tolerada, especialmente em crianças |

No entanto, há necessidade de vacinas melhores e melhoradas de nova geração contra a *Salmonella*. O mecanismo de protecção fornecido por estas vacinas ainda não foi totalmente compreendido. A selecção de estirpes vacinais para a febre tifóide é empírica, as razões para o sucesso e fracasso de uma vacina são mal compreendidas, e a função protectora de uma vacina só pode ser determinada desafiando a infecção natural (Mastroeni et al., 1994). Há dois aspectos fundamentais para o desenvolvimento de vacinas contra infecções por Salmonella, incluindo a febre tifóide; um é a identificação e caracterização dos componentes moleculares das bactérias que são responsáveis por infecções a longo prazo

protecção imunológica e, por outro lado, as mutações que levam à atenuação das estirpes bacterianas que podem induzir uma forte resposta imunitária. O desenvolvimento de vacinas requer um conhecimento profundo da genética e das respostas fisiológicas da *Salmonella* sob diferentes condições durante a infecção (Calva et al., 1995). Os antigénios actualmente em uso incluem proteínas de membrana externa (OMPs), proteínas de choque térmico e o antigénio da cápsula Vi. Algumas das vacinas (s) actualmente disponíveis contra a febre tifóide são descritas abaixo.

(i) Vacina parenteral a partir de células inteiras: Vacinas deste tipo foram introduzidas em 1896 (OMS 2005). A sua eficácia só foi provada em 1960 em julgamentos controlados na Jugoslávia, na União Soviética, na Polónia e na Guiana. A versão de 1998 da revisão Cochrane mostrou que duas doses deste tipo de vacina durante três anos conduziram a uma eficácia de 73% (Engels 1998). Foram utilizados diferentes métodos de inactivação de células de *S.* Typhi para produzir estas vacinas: activadas com acetona, activadas com álcool ou activadas por calor e preservadas com fenol. Em ensaios de campo, as vacinas foram associadas a febre e reacções sistémicas em 9% a 34% dos receptores e a ausências curtas do trabalho ou da escola em 2% a 17% dos casos (OMS 2000). Por conseguinte, a vacina inactivada contra a febre tifóide de células inteiras é considerada imprópria para utilização como vacina de saúde pública e, embora autorizada, já não está disponível (Garmory 2002).

(ii) Vacina contra o Vi-polissacarídeo: *as salmonelas* são cobertas por Vi-polissacarídeo, um homopolímero de N-acetilgalactosamina e ácido urónico, que se correlaciona com a virulência (Heyns et al., 1959; Ashcroft, et al., 1964). O maior antígeno(s) protector(es) de

S. typhimurium estão provavelmente localizados no polissacarídeo do envelope bacteriano (Heyns et al., 1967). Foi demonstrada uma fraca resposta serológica ao antigénio Vi na febre tifóide aguda, enquanto que uma resposta altamente perfilada ocorre em portadores crónicos. O antigénio Vi pode proteger o antigénio O de *S. typhi* da aglutinação por anticorpos, tendo sido sugerido que os anticorpos Vi desempenham um papel importante na protecção contra a febre tifóide (Heyns et al., 1959; Ashcroft et al., 1964; Polish, 1966; Heyns et al., 1967; Klugman, 1987; Levine et al., 1989; Chilean, 1990; Ding et al., 1990; Klugman et al., 1996). No entanto, verificou-se que bactérias isoladas do sangue de doentes com febre tifóide transportam sempre um polissacarídeo capsular, o antigénio Vi (Felix et al., 1934). O antigénio Vi foi reconhecido como um importante factor de virulência em *S. typhi* porque as estirpes Vi+ demonstraram ser mais virulentas que as estirpes Vi- mutantes em voluntários humanos (Landy, 1954; Hornick et al., 1970).

O papel protector do antigénio Vi foi inicialmente proposto por Landy (Landy, 1954), que observou que uma forma altamente purificada do antigénio Vi, que é produzida pela técnica de desnaturalização

não foi capaz de proteger os voluntários (Landy, 1954). Contudo, quando o vi polissacarídeo foi purificado com CTAB utilizando técnicas não desnaturantes, era protector e podia ser utilizado como vacina parenteral (Comité Tifo Polaco 1966). Foi produzida uma vacina anti-tipóide baseada em Vi sob o nome comercial "Typhim Vi" (Robbins 1990). Num outro estudo verificou-se que duas preparações de polissacáridos Vi não desnaturados (Vi-PS) separadas, isoladas independentemente no NIH (EUA) e no Merieux Institute (França), continham 5% e 0,2% de LPS contaminantes, respectivamente. Estas duas preparações induziram altos títulos de anticorpos Vi em cerca de 90% dos recipientes, enquanto que lotes menos puros também estimularam anticorpos O em mais de 80% dos recipientes (Wong et al., 1992). Os anticorpos Vi produzidos por estas preparações persistiram durante pelo menos três anos (Tacket et al., 1986).

Em dois ensaios de campo aleatórios independentes na África do Sul e no Nepal, observou-se que uma única injecção intramuscular de polissacarídeo purificado de *S.*

typhi Vi pode proporcionar um bom grau de protecção (64% a 72%). Estes ensaios foram realizados para avaliar a segurança e eficácia da vacina Typhim Vi produzida pelo Instituto de Medicina de Merieux para utilização no Chile, Congo, Costa do Marfim, França, República da Coreia, Países Baixos, Togo, Peru, Reino Unido e Filipinas. Os resultados destes estudos demonstraram claramente a eficácia de uma vacina contra a febre tifóide baseada no antigénio Vi (Klugmen, 1987; Szu et al., 1987, Hessel et al., 1999).

A vacina Vi polissacarídeo é administrada como uma dose parenteral única. A protecção começa sete dias após a injecção, com protecção máxima 28 dias após a injecção quando é atingida a maior concentração de anticorpos (Garmory 2002). A vacina é autorizada para pessoas com mais de dois anos de idade. Recomenda-se uma vacinação impulsionadora de três em três anos. Ocorrem efeitos secundários locais ligeiros; por exemplo, 17% das vacinas para adultos e 86,7% das vacinas para crianças experimentam dores locais no local da injecção, embora estas reacções sejam geralmente transitórias e suaves (Garmory 2002).

Num ensaio aleatório, controlado por placebo realizado em Suzhou, Jiangsu, China, para avaliar a segurança e imunogenicidade da revacinação com a vacina vi-polissacarídeo produzida localmente 3 anos após a primeira dose em crianças chinesas de 9 a 14 anos, verificou-se que a revacinação com a vacina vi-polissacarídeo produzida localmente era segura e aumentava os títulos de anticorpos. A revacinação pode ser utilizada para prolongar a duração da protecção fornecida pela vacina contra o vi-polissacarídeo. (Zhou et al., 2007). Num estudo de avaliação da imunogenicidade e segurança da vacina de polissacarídeos Vi capsular contra a Salmonella typhi Vi na Coreia, verificou-se que a vacina Vi-PS é segura e imunogénica em adultos e crianças com mais de 5 anos de idade. (Lim et al., 2007).

Além disso, verificou-se que as vacinas conjugadas Vi-PS induziam respostas imunitárias mais elevadas tanto humorísticas como mediadas por células do que as vacinas não conjugadas Vi-PS (Ivanof et al., 1994) (Quadro 3).

Quadro 3 Eficácia da vacina parenteral de células inteiras activada por calor, preservada com fenol, e da vacina de polissacarídeos parentéricos de vi cápsula purificada.

	Vacina termorfen olizada (n=23, 431)	Placebo (n=24, 241)	P Valor	Vi vacina (n=5692)	Placebo (n=5692)	p-valor
anos (1983-90)				Ano (1983-86)		

contencioso	49	146	<0.001	30	66	<0.001
Ocorrência/10 5	210	602			527	
Eficácia	65% (52-75%)			55% (30-70%)	527	

Referência: Ivanoff, B., Levine, M.M. & Lambart,P.H.(1994).

Uma nova vacina Vi modificada conjugada com um recombinante não tóxico *Pseudomonas* aeruginosa exotoxina A (rEPA) foi também investigada num ensaio controlado aleatório em crianças de dois a cinco anos de idade. Esta vacina tem o potencial de ser imunogénica em bebés com menos de dois anos de idade (Parry 2002). Esta vacina está agora a ser avaliada em bebés no Vietname como parte do Programa Expandido de Imunização (EPI) da Organização Mundial de Saúde (Szu 2006).

⬛ **Vacinas vivas: A** vacinação oral contra a febre tifóide foi experimentada pela primeira vez com células bacterianas mortas. Contudo, estas vacinas revelaram-se pouco ou nada eficazes em ensaios de campo (Bhutta, 1996). Por conseguinte, foram feitas tentativas para isolar estirpes de vacinas vivas atenuadas adequadas para a imunização oral de animais e humanos (Levin et al., 1995). Das várias vacinas candidatas desenvolvidas, a mais avaliada é a estirpe mutante *S. typhi* galE Ty21a, que foi produzida por mutagénese química de uma estirpe patogénica de *S.* typhi (Germaniar et al., 1975). Como resultado da mutação no gene galE, a actividade da enzima UDP-galactose-4-epimerase, responsável pela interconversão da UDP-galactose em UDP-glucose, é inibida (Figura 6) (Ivanoff et al., 1994).

Figura 6. a incorporação de galactose exógena através da tempestade mutante. Na ausência de UDP-galactose-4-epimerase, ocorre uma acumulação de galactose-1-fosfato e UDP-galactose (Ivanoff et al, 1994).

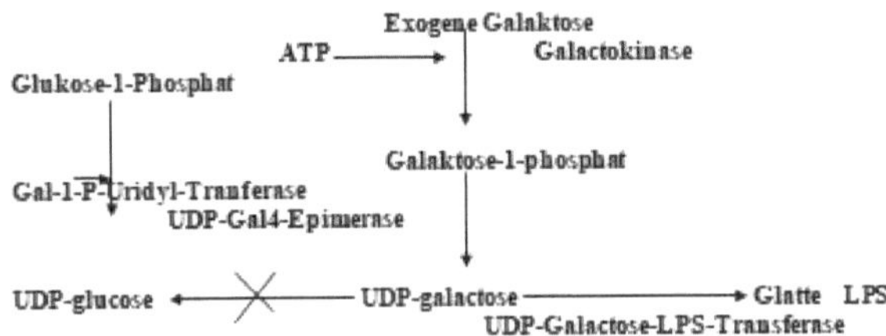

O efeito não específico da nitroso-guanidina levou a mutantes com incapacidade de produzir sulfureto de hidrogénio, a vários auxotrofetos relacionados com a dieta com uma taxa de crescimento de cerca de metade da da estirpe-mãe Ty2, e à ausência do antigénio Vi para além da mutação galE (Ivanof et al., 1994). A galactose, que é um componente importante do antigénio LPS O liso no tipo selvagem *S. typhi*, é produzida pela acção de UDP-galactose-4 epimerase. Portanto, não foi observada qualquer síntese do antigénio O liso quando a estirpe Ty21 foi cultivada na ausência de galactose. Como resultado, tornam-se mais ásperas e mais susceptíveis à lise (Germaniar, 1971).

Ty21a oferece uma protecção significativa sem causar efeitos adversos, como demonstram os resultados de três estudos controlados por placebo com métodos de vigilância activa (Levine et al., 1989). Os ensaios de campo para avaliar a eficácia da vacina Ty21a envolvendo crianças em idade escolar no Chile e Egipto e crianças de 3 anos na Indonésia (Wahdan et al., 1980; Levine et al., 1990; Simanjuntak et al., 1991) não mostraram qualquer reacção adversa (Bhutta et al., 1996; Levine et al., 1990). Verificou-se também que a formulação da vacina, o número de doses e o calendário das doses influenciaram significativamente o nível de protecção (Black et al., 1987; Ferreccio et al., 1989; Levine et al., 1989; Levine et al., 1990; Simanjuntak et al., 1991; Levine et al., 1999).

Num outro estudo realizado em Santiago, Chile, foi utilizada vacina liofilizada em cápsulas com revestimento entérico (Ivanoff et al., 1994). Mais tarde, foi relatado que quatro doses da vacina Ty21a em cápsulas entéricas administradas em oito dias tiveram um efeito protector superior a duas ou três doses (Ferreccio et al., 1989). O Swiss Serum and Vaccine Institute preparou uma formulação líquida constituída por dois componentes, uma vacina liofilizada e o tampão (Ivanoff et al., 1994; Levine et al.,

1999), que

julgado em Santiago (Chile) (Levine et al., 1990) e na Indonésia (Simanjuntak et al., 1991). Verificou-se que a suspensão líquida era superior às cápsulas entéricas e que a suspensão líquida oferecia um elevado nível de protecção tanto em bebés como em indivíduos mais velhos. No entanto, a vacina Ty21a nem sempre é bem tolerada por bebés (com idades compreendidas entre os 6 e 24 meses) e causa uma resposta de anticorpos muito inferior à das crianças mais velhas (Murphy et al., 1991). A formulação líquida de Ty21a é aprovada para utilização em crianças com dois anos ou mais, enquanto que as cápsulas entéricas são aprovadas para utilização em crianças com cinco anos ou mais (WHO2000). Tanto a formulação líquida como as cápsulas entéricas devem ser mantidas refrigeradas. Os primeiros são estáveis durante 48 horas, os segundos durante sete dias se não forem mantidos refrigerados (PHAC 2005). Embora a vacina Ty21a seja muito eficaz e bem tolerada, não é claro quais as mutações responsáveis pela atenuação estável e impressionante desta estirpe da vacina.

Tanto a vacina Ty21a como a vacina Vi polissacarídeo (PS) oferecem uma protecção significativa contra a febre tifóide através de mecanismos imunitários significativamente diferentes. Vi estimula o anticorpo IgG, enquanto Ty21a induz respostas imunitárias humorais e mediadas por células T (incluindo células T citotóxicas), mas não o anticorpo Vi (Levine M 2001).

Ty21a estimula fortes respostas imunitárias clássicas mediadas por células T específicas que se pensa estarem envolvidas através de diferentes e purificadas células T de *S*. Typhi flagella e a ocorrência de células T citotóxicas que matam células alvo infectadas com *S*. Typhi, medeia a protecção através da criação de anticorpos séricos e mucosas contra *S*. Typhi O e H e outros antigénios (Salerno-Goncalves et al, 2002).

As desvantagens da vacina Ty21a incluem (a) a sua necessidade de doses múltiplas para estimular a protecção, (b) a fragilidade da estirpe vacinal no processo de fermentação e liofilização para a produção em grande escala, e (c) o facto de um método não específico de mutagénese levar a múltiplas alterações genéticas na estirpe Ty21a. A diferença entre duas vacinas populares contra a febre tifóide foi mostrada no Quadro 4 (Levine et al., 1995).

Quadro 4 Comparação das propriedades da vacina oral viva Ty21a e da vacina vi polissacarídeo.

		Ty 21 a	Vi-Polissacarídeo
x	Tipo de vacina	Em directo	Subunidade
x	rota da administração	Oral	Parenteral
x	Calendário das vacinas	3 ou 4 doses (administradas de dois em dois dias)	1 dose
x	Cadeia de frio necessária	Sim	Não
x	Bem tolerado	Sim	Sim
x	Eficácia	60-96%	64-72%
x	duração de validade	7 anos	3 anos
x	Demonstração da imunidade do rebanho	sim	?
x	Interferência com a utilização de anticorpos do soro Vi como teste de rastreio para para detectar portadores crónicos de tifo	não	sim

Esta vacina é aprovada em 56 países em África, Ásia, Europa, América do Sul e EUA (WHO2003). Um problema teórico associado com a vacina Ty21a é se ela se tornará novamente virulenta; contudo, tais efeitos hipotéticos não foram documentados em nenhum dos numerosos ensaios de campo de grande envergadura.

Nova geração de vacinas atenuadas

Para ultrapassar os problemas associados a Ty21a, a engenharia genética está a ser utilizada para produzir novas estirpes atenuadas de *S. typhi* que poderiam servir como vacinas orais. Mutações não-reversivelmente definidas, tais como a inactivação de genes de codificação de enzimas envolvidas em diferentes vias bioquímicas (Salva-Salinas et al., 1987) e sistemas reguladores (Curtiss et al., 1987), outros genes reguladores (Pickard et al., 1994) e várias propriedades de virulência importantes (Miller et al., 1993) podem ser introduzidas para produzir estirpes de vacinas vivas (Chatfield et al., 1989). O potencial de atenuação destas mutações é estimado alimentando cepas mutantes de *S.* typhimurium a ratos e comparando os resultados com cepas isogénicas do tipo selvagem. Contudo, há vários exemplos em que mutações específicas que atenuaram com sucesso *S. typhimurium* não foram capazes de atenuar *S. typhi* (Hone et al., 1987; Hone et al., 1992; Tacket et al., 1992a). A vida atenuada de lesões portadoras de *Salmonella* em genes que codificam a via biossintética dos aminoácidos aromáticos torna-se dependente do ácido p-aminobenzóico (PABA), que não está disponível em tecido de mamíferos (Stocker, 1990). Vacinas anti-Salmonella, que são

As estirpes são eficazes em ratos (Hoiseth et al., 1981), bovinos (Smith et al., 1984; Jones et al., 1991), galinhas (Barrow et al., 1991) e também em humanos (Tacket et al., 1992b). Outra importante mutação de eliminação está *presente* no gene *purA*, o que leva a um requisito específico de adenina ou adenosina. Estas necessidades nutricionais tornam a estirpe incapaz de manter o crescimento dos tecidos dos mamíferos (Mc Fralane et al., 1987; O'Collaghan et al., 1988).

Várias novas estirpes de vacinas atenuadas estão a ser desenvolvidas como candidatas a vacinas contra a febre tifóide. Algumas das estirpes de vacinas recentemente desenvolvidas são apresentadas no Quadro 5. Estas vacinas têm demonstrado ser bem toleradas e imunogénicas em ensaios clínicos. Por exemplo, as estirpes atenuadas S. enterica var. typhi CVD 908-htrA (aroC aroD htrA), Ty800 (phoP phoQ) e chi4073 (cya crp cdt) são todas candidatas promissoras à vacina contra a febre tifóide. (Garmory et al., 2002). Estas linhagens encontram-se em diferentes fases de avaliação. A maioria das vacinas candidatas desenvolvidas com estas estirpes requerem várias doses para uma protecção eficaz contra a febre tifóide. Algumas não são bem toleradas pelas crianças. Como a doença está mais disseminada nos países em desenvolvimento com saneamento relativamente deficiente e as crianças são mais susceptíveis à doença, isto torna a vacina menos aceitável (exigindo doses múltiplas). Dada a gravidade da actual situação da doença, há fortes razões para desenvolver uma nova geração de vacinas contra a febre tifóide.

Tabela 5: Nova geração de estirpes atenuadas de *tifo de Salmonella typhi*

Tribos	Entrar.	Imunidade Resposta	Efeito adverso
541 Pneu	Vi-positivo (Aro 'Pur' e 'Vi')	MaisCMI e menos humorístico	Nenhum
543 Pneu	Vi-negativo (Aro 'Puro' e Vi')	MoreCMI e Menos humoral	Nenhum
CVD 906	Eliminação em aroC e aroD em Strain *S.typhi* ISPI 1820	MoreHumoral e Mucosal	Diarreia
CVD 908	Escolha em aroC e aroD na estirpe *S.typhi* Ty 2	MHumoral e CMI	Vacinações silenciosas
CVD 908 htr A	Inactivação do gene htr A codificado para proteína de choque térmico	Humoral	Vacinações silenciosas

PhoP/ PhoQ	Dois sistemas genéticos reguladores	CMI	Sem bactérias
SobreA-Sobre B	Expressão do antigénio Vi	Humoral	Sem bactérias
OmpR-envZ	Regulação da biossíntese das OMP	CMI e Humoral	Sem bactérias

Usando o seu sistema vectorial proprietário, spi-VEC, a Emergent Biosolutions desenvolveu uma nova vacina contra a febre tifóide, M01ZH09, baseada numa estirpe atenuada de *S. enterica* serovar *Typhi* (Ty2 aroC-, ssaV-). Trata-se de uma vacina oral de dose única, que se encontra actualmente em ensaios clínicos. Os dados clínicos sugerem que a vacina é bem tolerada por voluntários, é altamente imunogénica, produz amplas respostas imunitárias e tem potencial para ser utilizada em programas de imunização em massa. Há acontecimentos adversos, mas estes parecem estar dentro de limites aceitáveis. No entanto, poderia facilmente extrapolar-se que a vacina deveria ser protectora. Uma vez que se trata de uma formulação de dose única, deve ser conveniente administrar. Como é uma forma liofilizada, a estabilidade à temperatura ambiente deve ser elevada. Estes pontos positivos fazem dele um bom candidato para o desenvolvimento de vacinas. O grau de atenuação deve ser suficiente para a tornar segura.

Além disso, foi demonstrado que as vacinas recombinantes contra Salmonella protegem contra um amplo espectro de agentes patogénicos em modelos animais, e os resultados preliminares de estudos clínicos mostram que a imunidade protectora contra antigénios heterólogos é alcançável (Dunstan et al., 1996). Um desenvolvimento significativo diz respeito à utilização de *Salmonella* para a administração de vacinas de ADN. A utilização de estirpes bivalentes de Salmonella para a administração de vacinas de ADN permite a indução da imunidade contra o portador da Salmonella, o(s) antigénio(s) heterólogo(s) expresso(s) pela *Salmonella* e o(s) antigénio(s) codificado(s) pelas vacinas de ADN. Além disso, deve ser possível expressar simultaneamente os antigénios heterólogos integrados tanto no cromossoma da Salmonella como clonados no(s) plasmídeo(s) transportado(s) pela *Salmonella*. Pode até ser possível gerar um "prime" e um "impulso" dentro de uma única imunização administrada oralmente, entregando a vacina de ADN a células de apresentação de antigénio adequadas (APCs) para expressão do antigénio e co-distribuindo um antigénio expresso. Este sistema de entrega de vacinas de ADN é muito promissor e oferece uma nova e excitante abordagem à entrega da vacina por via mucosa (Mollenkopf et al., 2001; Niethammer et al., 2001).

Proteínas de membrana externa de Salmonella como vacina contra a febre tifóide

A salmonela tem uma membrana celular interna, um envelope celular e a membrana externa entre uma estrutura de parede celular peptidoglicano. A membrana interna é a estrutura típica do bocal fosfolípido que envolve o citoplasma e outras inclusões celulares, enquanto a membrana externa é constituída por dois pínulas com caracteres diferentes. A membrana exterior tem 7,5 nm de espessura e é constituída por lipopolissacáridos (LPS), proteínas, fosfolípidos (PLs) e antígeno enterobacteriano comum (ECA). O folheto interior é constituído por PLs e o folheto exterior principalmente de LPS (Samuelson et al., 2002). Desde que a

Os componentes expostos da parede celular das bactérias Gram-Ve interagem directamente com células hospedeiras e anticorpos, uma resposta imunitária contra elas seria capaz de reconhecer e proteger contra os agentes patogénicos invasores. O LPS e os componentes proteicos das membranas externas provocam uma resposta imunitária. As proteínas (OMPs), que incluem proteínas de membrana integral, bem como proteínas ancoradas à membrana externa, constituem cerca de 50% da membrana externa (Lin et al., 2001). As proteínas de membrana externa abrangem a membrana várias vezes e diferem das outras proteínas de membrana, na medida em que a estrutura de cobertura é principalmente anti-SDUDOOHO ù EDUUUHO VWUXFWXUH (6DPXHOVRQ HW DO. , 2002). &KDUDFWHUL]HG E\ ù Estruturas de barris, OMPs integrais são essenciais para manter a integridade e a permeabilidade selectiva da membrana bacteriana. Embora existam alguns relatórios que descrevem o papel das OMP na imunidade à salmonelose (Kuusi et al., 1979; Bhatnagar et al., 1982), falta um estudo completo do seu envolvimento nos aspectos humorais e celulares da resposta imunitária. O desenvolvimento de uma boa vacina contra a salmonela é de grande relevância e é seguido por uma série de trabalhadores. Uma série de estirpes de *S.* typhi bem toleradas e atenuadas demonstraram ser imunogénicas em estudos clínicos (Hone, 1987).

As preparações de OMP (proteína da membrana externa) de *Salmonella typhi* têm várias propriedades imunomoduladoras. A preparação do OMP melhora tanto a resposta celular como a resposta humoral. Quando tratado com OMP, o isótipo predominante do anticorpo passa da imunoglobulina G1 (IgG1) para a IgG2a. Aumenta tanto a reacção de hipersensibilidade retardada (DTH) como os títulos de anticorpos. O tratamento de ratos com a preparação OMP melhora a eficiência da apresentação do antigénio in vitro pelas células peritoneais e também induz as células a secretar a interleucina-1. O tratamento com a preparação OMP neutralizou os efeitos supressores do LPS. A preparação OMP também tem um efeito de reforço nos mecanismos imunitários inatos dos ratos. A injecção intraperitoneal da preparação de OMP aumenta a actividade microbicida das células peritoneais e estimula a produção de intermediários de óxido nítrico. A injecção da preparação OMP nas bolas de pés de ratos ingénuos e não imunes induz uma reacção de hipersensibilidade sustentada. Os poros purificados da preparação OMP poderiam induzir tanto a modulação imunitária como a hipersensibilidade (Vidula e Ramesh, 1997).

A maioria dos trabalhos sobre OMPs tem sido limitada a Porine. Os poros são uma classe importante de OMPs que formam poros não selectivos para pequenas moléculas hidrofóbicas. Foram amplamente documentados no que diz respeito à imunogenicidade e patogenicidade da febre tifóide. Os poros são excelentes antigénios que interagem eficazmente com ambos os braços do sistema imunitário hospedeiro e podem desempenhar um papel na protecção contra a doença.

(Natarajan et al., 1985, Sharma et al., 1990). Contudo, as porinas não são específicas para a Salmonella, e a sua eficácia como imunogéneo protector depende da sua associação com LPS (Nakae, 1976; Muthukkumar e Muthukkaruppan, 1993). Além dos grandes OMPs OmpC, OmpF e OmpA, muitas classes mais pequenas de OMPs são também sintetizadas, embora a níveis mais baixos. Por exemplo, uma família de OMPs em *S. typhi mostra* muitas semelhanças a nível molecular com os poros principais, que não são expressos em altas concentrações em condições laboratoriais (Fernandez- Mora et al., 1995). A electroforese bidimensional de *S. typhimurium* mostrou um maior número de proteínas com maior peso molecular (>80kDa). A maioria das proteínas identificadas no gel bidimensional parece estar localizada nas membranas exteriores (Molloy, 2000). Além dos poros, muitas outras proteínas da gama de peso molecular médio e alto estão presentes nas membranas externas das bactérias Gram-negativas, incluindo a Salmonella, algumas das quais são específicas da espécie. A presença de OMPs para além dos poros tem sido relatada por muitos trabalhadores (Ames, 1974, Ortiz et al, 1989, Blanco *et al,* 1993).

Singh et al (2003) relataram o isolamento e caracterização de um painel de anticorpos monoclonais (MAbs) contra *Salmonella* OmpA e mostraram que um epitópo único, altamente conservado e sequencial no domínio C-terminal do OmpA era imunodominante na resposta do rato à infecção com serovar typhimurium.

O nosso grupo tem estado a trabalhar em OMPs não porosas para avaliar o seu potencial como potenciais candidatos a vacinas. Foram rastreadas várias proteínas e uma proteína com um peso molecular aparente de 49 kDa demonstrou ser altamente imunogénica e proporcionar protecção contra salmonelose experimental em ratos e ratazanas (Jain, Hamid et al., (2003). O gene para esta proteína foi clonado, expresso e a proteína recombinante está actualmente a ser avaliada para o desenvolvimento de um candidato a vacina (Hamid N Thesis, 2007; Hamid e Jain, 2008; Jain, 2008). Algumas das propriedades da proteína estão resumidas no Quadro 6.

Quadro 6: Propriedades de 49 kDa de proteína

➢ A 49kDa OMP, uma proteína antigénica de *S. typhimurium,* induz um forte DTH e a resposta ELISA em ratos
➢ Mostra 100% de protecção a uma dose elevada de 50 x LD50 *S. typhimurium* em ratos por proteínas recombinantes e nativas 49kDa.
➢ Mostra inibição da translocação bacteriana para o fígado usando proteínas recombinantes e nativas 49kDa de *S. typhi* e nativas 49kDa em *S. typhimurium* em Inoculação.
➢ Há uma forte e semelhante resposta DTH e PBMC em ratos que têm recombinantes e proteínas nativas 49kDa.
➢ O ELISA mostrou uma resposta humoral moderada causada pelas proteínas.

> ➤ As reacções imunológicas induzidas pela proteína recombinante e nativa 49kDa
> indicam o seu forte potencial imunogénico na formulação de vacinas de

> ➤ Estes estudos sugerem que a proteína tem um forte potencial para o
> desenvolvimento de uma vacina contra a febre tifóide.

Referência (dissertação Hamid N, 2007)

Com a ajuda de tecnologias recentemente desenvolvidas, tais como genómica funcional e microarrays de ADN, a caracterização de OMPs bacterianas pode agora ser realizada a uma escala anteriormente desconhecida. Estes sistemas em combinação com outras estratégias, tais como a mutagénese marcada por assinatura, a hibridação subtractiva e diferencial, a tecnologia de expressão in vivo, etc., irão revelar OMPs adicionais que são essenciais para a virulência bacteriana e adaptação durante a infecção in vivo. Estas OMPs serão alvos promissores para o desenvolvimento de medicamentos e vacinas antimicrobianas. A utilização de proteínas recombinantes bem definidas em combinação com um adjuvante adequado é susceptível de ultrapassar muitas limitações e proporcionar especificidade de espécies ou estirpes. Os ácidos nucleicos têm grande potencial e podem tornar-se as vacinas do futuro (Doolan et al., 1997).

CONCLUSÃO

A febre tifóide continua a ser um grande problema de saúde na Índia e noutros países em desenvolvimento. Causa uma mortalidade e morbilidade consideráveis. A combinação de más condições sanitárias e um clima que favorece o crescimento de microrganismos torna estes países vulneráveis à febre tifóide. Além disso, o custo da febre tifóide para a sociedade, incluindo o custo em termos de dias humanos perdidos, é muito elevado. A presença de estirpes MDR de *Salmonella typhi* tornou difícil o controlo da febre tifóide. Alguns antibióticos que tiveram uma elevada eficácia terapêutica há apenas alguns anos já não são eficazes hoje em dia. A eficácia das vacinas actualmente disponíveis contra a febre tifóide é inferior ao desejado, e estas estão também associadas a certos efeitos secundários. Há necessidade de desenvolver novas vacinas contra a febre tifóide. A integração da investigação sobre a patogénese das infecções bacterianas com estudos sobre os efeitos das vacinas e antibióticos proporcionará conhecimentos sem precedentes sobre o controlo das infecções bacterianas (Mastroeni e Sheppard, 2004) (Rupali, p. 2004). O trabalho incansável e a colaboração entre investigadores e clínicos de salmonela em todo o mundo contribuíram significativamente para a compreensão da interacção entre os determinantes da virulência e a imunidade que é necessária para impedir a propagação deste patogéneo (Erin et al., 2007). Os recentes desenvolvimentos em engenharia genética e biologia molecular abriram uma nova perspectiva sobre esta investigação. Disponibilidade de genómica

dados de sequência e abordagens proteómicas abriram novos caminhos. As vacinas com ácido nucleico têm um grande potencial e podem tornar-se as vacinas do futuro. Os ácidos nucleicos utilizados para a vacinação são expressos pelas células hospedeiras e activam células T citotóxicas específicas (CTL) que são capazes de matar agentes patogénicos intracelulares. Também são produzidas células T e anticorpos de ajuda. A utilização de proteínas recombinantes bem definidas em combinação com um adjuvante adequado tende a ultrapassar muitas limitações e proporciona uma especificidade de espécie ou estirpe. As membranas exteriores de bactérias Gram-negativas foram consideradas como possíveis alvos para a procura de novos antigénios com potencial para o desenvolvimento de vacinas. Estudos demonstraram que as proteínas da membrana externa (OMPs) são imunogénicas e produzem uma resposta imunitária, tanto CMI como humoral (Kussi et al., 1981), (Udhayakumar V e Muthukkaruppan VR, 1987), (Isibasi A et al., 1988). Os porins são a classe predominante de OMPs. Foram feitos esforços para desenvolver candidatos a vacinas utilizando porinos como imunogénicos (Udhayakumar V e Muthukkaruppan VR, 1987). Algumas das OMPs têm um grande potencial para o desenvolvimento de uma nova vacina de subunidade.

REFERÊNCIAS

Akinyemi K, Smith S, Oyefolu A, Coker A. (2005). *Saúde pública*; 119(4): 321-7. Ames, G. F. L. (1974). *J Bio Chem.* 249: 634-644.

Ashcroft, M.T., Morrison-Ritchie, J. e Nicholson, C.C. (1964). *Am. J. Hyg.* 79; 196.

Barrow, P.A., Hassan, J.O., Lovell, M.A. e Berchieri, A. (1991). *Res. Microbiol.* 141; 851.

Becker, D., M. Selbach, C. Rollenhagen, M. Ballmaier, T. F. Meyer, M. Mann e D. Bumann. (2006). *Natureza.* 440:303–307.

Beeching, N. J., Clarke, P. D., Kitchin, N. R., Pirmohamed, J., Veitch, K., Weber, F. (2004). *Vacina.* 23: 29-35.

Bhan MK, Bahl R, Bhatnagar S. (2005). *Lanceta.* 2: 366(9487):749-62.

Bhatnagar, N., Muller, W. e Schlecht, S. (1982). *Bacteriol Hyg Central* [A]. 253: 88-101.

Bhutta ZA. (1996). *Arch Dis Child* 75:214-217.

Bhutta, Z. A., Farooqui, B. J., Sturm, A. W. (1992). *J Infect.* 25: 215-219.

Schwarz, R.E., Levine, M.M., Clements, M.L., Losonsky, G., Herringtor, D., Berman,

S. e Formal, S.B. (1987). *J. Infect. Dis.* 155; 1260.

Blanco F, Isibasi A, Gonzalez C R, Ortiz V, Paniagua J, Arregnin C et al (1993). *Skand J infectar Dis.* 25: 73-80.

Brown, J. C., Shanahan, P. M., Jesudason, M. V., Thomson, C. J., Amyes, S. G. (19960. *J Quimioterapia antimicrobiana.* 37: 891-900.

Calva, E. e Puente, J.L. (1995). *Sudeste. J. Tropfen. Público Med. Saúde.* 26 (Suplemento.2); 1-6.

Chatfield, S.N., Dorman, C.J. Hayward, C. e Dougan G. (1991). *Infectar. Imune.* 59; 449-452.

Chatfield, S.N., Strugnell, R.A. e Dougen, C.G. (1989). *Vacina.* 7; 495.

Chau, T. T. T., J. I. Campbell, C. M. Galindo, N. V. M. Hoang, T. S. Diep, T. T. T. T. Nga. N. V. V. Chau, P. Q. Tuan, A. L. Page, R. L. Ochiai, C. Schultsz, J. Wain, Z. A. Bhutta, C. M. Parry, S. K. Bhattacharya, S. Dutta, M. Agtini, B. Dong, Y. Honghui, D. D. D. Anh, D. G. Canh, A. Naheed, M. J. Albert, R. Phetsouvanh, P. N. Newton, B. Basnyat, A. Arjyal, T. T. P. La, N. N. Rang, L. T. Phuong, P. V. B. Bay, L. von Seidlein, G. Dougan, J. D. Clemens, H. Vinh, T. T. Hien, N. T. Chinh, C. J. Costa, J. Farrar e C. Dolecek. (2007). *Antimicrobiano. Ingredientes activos Chemother.* 51:4315-4323.

Comité Typhus chileno, Black, R.E., Levine, M.M., Ferreccio, C., Clements, M.L., Lanata, C., Rooney, J. e Germanier, R. (1990). *Infectar. Imune.* 8; 81.

Colquhoun, J. e R. Weetch. (1950). *Lanceta.* 1; 2, p. 869.

Coovadia, Y.M., V. Gathiram, A. Bhamjee, R.M. Garratt, K. Mlisana, N. Pillay *e outros* , (1992). *P J Med.* 82; 298, 91-100.

Crump J, Luby S, Mintz E. (2004). *Bull World Health Organisation*; 82(5):346-53. Curtiss, R. III. e Kely, S. M. (1987). *Infectando. Imune.* 55; 3035.

Datta N. e J. Olarte. (1974). *Agentes antimicrobianos Quimioterapia.* 5; 3, 310-317. Ding, H.F., Nakoneezna, I. e Hsu, S.S. (1990). *J. Med. microbiol.* 31; 93.

Doolan, D. L., Hedstrom, R. C. & Wang, R. (1997). *Indiano J Med Res.* 106: 109-119.

Dunstan CA, Salafranca MN, Adhikari S, Xia Y, Feng L. e Harrison JK. (1996). *J. Biol Chem.* 20: 271; 51, 32770-6.

Angel EA, FalagasMA, Lau J, BennishML. (1998). *BMJ*; 316(7125):110-6.

Engels EA, Lau J. (1998). *Cochrane Database of Systematic Reviews*, número 4.

Erin, C., Boyle, E. C., Bischof, J. L., Grassl, G. A. e Finlay, B. B. (2007). *J Bacteriol.* 189: 1489-1495.

Evanson Mweu e Mike English. (2008). *Trop Med Int Health*; 13(4): 532-540.

Felix, A. e R.M. Pitt. (1934). *Lanceta*. 227; 186–191.

Feng Ying C. (2000). *American Journal of Tropical Medicine and Hygiene*; 62(5):644-8.

Fernandez- Mora, M., Oropeza, R., Puente, J. L. & Calva, E. (1995). *Gen.* 58: 67-72

Ferreccio, C., Levine, M.M., Rodriguerz, H. e Contrevas, R. (1989). *Infectando. Dis.* 159; 766.

Finlay, B., Stamback, M.M., Francis, C.L., Stocker, B.A.D., Chatfield, S.N., Dougan, G. e Falkow, S. (1988). *Mol. Microbiol* 2; 757.

Foulaki, K., Gruber, W. e Schlecht, S. (1989). *Imune Infectante*. 57; 1399-1404.

Frederico, G. C. A., Silvia, M. L. M. & Yara, M. G. (1998). *Acta Tropica*. 71: 237-254.

Gangarosa, E.J., J.V. Bennett, C. Wyatt, P.E. Pierce, J. Olarte, P.M. Hernandes *et al. J infectar Dis*. 126; 2, 215–218.

Garcia-del Portillo A.F. (2001). *Micróbios e infecções*. 95, 903-902.

Garica-del-Portillo, F., Pueciarelli, M.G., Jefferie, W.A. e Finlay, S. (1994). *J. Zelle. Sci.* 107; 2005.

Garmony, H. S., Brown, K. B. & Titball, R. W. (2002). *FEMS Microbiol Rev.* 26: 339-353.

Germanier, R. e Furer, E. (1971). *Infectando. Imune*. 4; 663.

Germanier, R. e Furer, E. (1975). *Infectar. Imune*. 131; 553.

Gherardi, M.M., J.C. Ramírez. e M. Esteban (2000). *J. Virol.* 74 (2000), pp. 6278- 6286.

Ginocchio, R., Holmgren, M. e Montenegro, G. (1994). *Revista Chilena de Historia Natural*. 67; 177-182.

Hamid N e Jain SK (2008). *Vacina clínica Immunol*. 15, 1461-71.

Hamid, N. (2007). Dissertação submetida ao Departamento de Biotecnologia, Universidade Hamdard, Nova Deli.

Hamid, T. (2001). Dissertação apresentada ao Centro de Biotecnologia, Universidade Hamdard, Nova Deli.

Hampton, M.D., L.R. Ward, B. Rowe. e E.J. (1998). *Dis. Infecto Emergente* 4; 2, 317-320. Harnett, N., S. McLeod, Y. AuYong, J. Wan, S. Alexander, R. Khakhria *e outros.* , (1998). *Can J Microbiol*. 44; 4, 356-363.

Hermans, P. W. M., Saha, S. K., van Leeuwen, W. J., Verbrugh, H. A., van Belkum, A., Goessens, W. H. F. (1996). *J Clinic Microbiol*. 34:1373-1379.

Hessel, L., Debois, H., Fleture, M. e Dumas R. (1999). *Eur J de Clini. Microbiol infectar Dis*. 18; 609.

Heyns, K. e Kiessling, G. (1967). *Res. Carboidratos* 3; 340.

Heyns, K., Kiessling, G., Lindenberg, W., Paulsen, H. e Webstar. M.E. (1959). *Chem. Ber.* 92; 2435.

Hoa, N. T. T. T. T., Diep, T. S., Wain, J., Parry, C. M., Hien, T. T., Smith, M. D., Walsh, A. L., White, M. D. (1998). *Trans Roy Soc Trop Med Hyg.* 92: 503-508.

Hoiseth, S.K. e Stocker, B.A.D. (1981). *Natureza* (Londres) 291; 238.

Hone, D., Morona, R., Attridge, S. e Hackett. J. (1987). *J. Infect. Dis.* 156; 167.

Hone, D.M., Harris, A.M., Chatfield, S.N., Dougan, G. e Levine, M.M. (1992). *Vacina.* 9; 810.

Hornick, R.B., Griesman, J.E., Woodward, T.B., Dupout, H., Dawkins, A.T. e Sydner, M. J. (1970). *N. Engl. J. Med.* 283; 688.

Hornick, R.B., Griesman, J.E., Woodward, T.B., Dupout, H., Dawkins, A.T. e Sydner, M.J. (1970). *N. Engl. J. Med.* 283; 688.

House, D., Bishop, A., Parry, C.M., Dougan, G. e Wain, J. (2001). *Opinião recente Infect Dis.* 14: 573-578.

Inian, G., Kanagalakshmi, V., Kuruvilla, P. J. (2006). *Singapore Med J.* 47: 327-328.

iniciativa de investigação de vacinas, Organização Mundial de Saúde. (2005). *Estado da arte na investigação e desenvolvimento de vacinas*

[WHO/IVB/05.XX].Genebra: Organização Mundial de Saúde   ,

Isibasi, A., Ortiz, V., Vargas, M., Paniagua, J., Gonzalez, C., Moreno, J., e Kumate, J. (1988). *Infectar Imune.* 56: 2953- 2959.

Ivanoff, B., Levine, M.M. e Lambert, P.H. (1994). *WHOBull. Microbiologia* 72; 957.

Ivanoff, B., Levine, M.M. e Lambert, P.H. *OMS.* (1994). *Taurus. Microbiologia* 72; 957. Jain SK (2008). No *Congresso Mundial de Vacinas,* S. 179.

Jain SK, Hamid T, Nasser MW, Sharma P, Haque S, Gautam P e Hamid N (2003). *HUPO-IUBMB World Congress,* Abstract 86.7 *Molecular Cell Proteomics* 2, 904.

Jones B.D., Ghori N. e Falkow S. (1994). *J Exp Med.* 1; 180, 1, 15-23.

Jones, P.W., Dougan, G., Hayward, G., Mackenise, N., Collins, P. e Chatifield, S.N. (1991). *Vacina.* 9; 29.

Kadhiravan, T., Wig, N., Kapil, A., Kabra, S. K. Renuka, K. e Misra, A. (2005). *Infectando o Dis.* 5: 37.

Kamili, M.A., G. Ali, M.Y. Shah, S. Rashid, S. Khan e G.Q. Allaqaband. (1993). *Índio J Med Sci.* 47; 6, 147-151.

Kariuki, S., C. Gilks, G. Revathi. e C.A. Hart. (2000). *Dis. Emergente Infecto* 6; 6, 649-651.

Klugman, I.T. Gilbertson, H.J. Koornhof *e outros* (1987). *Lancet.* 8569; 1165-1169.

Klugman, K.P., Koornhof, H.J., Robbins, J.B. e Lecam, N.N. (1996). *Vacina* 14; 435.

Kussi N., Nurminen M. e Sravas M. (1981). *Infectando. Imune.* 33; 750-757.

Kuusi, N., Nurminen, M., Sixen, H., Valtonen, M. e Makela, P. H. (1979). *Imune Infectante.* 25: 857-862.

Landy, M. (1954). *Am. J. Hyg.* 60; 52.

Levine M. (2001). *Centro para o Desenvolvimento de Vacinas*, UMB, 9ª Conferência sobre Diarreia e Nutrição 17-18.

Levine, M. M., Galen, J., Barry, E., Noriega, F., Chatfield, S., Sztein, M., Dougan, G. e Tacket, C. (1996). *J Biotechnol.* 44: 193-196.

Levine, M.M. Hone, D., Happner, D.G., Noriega, F. e Sriwathana, B. (1990). *Microecol. Ter.* 19; 23.

Levine, M.M., C. Ferreccio, P. Abrego, O.S. Martin, E. Ortiz. e S. Cryz. (1999). *Vacina* 17; Suplemento 2, S22-S27.

Levine, M.M., Tacket, C., Galan, J., Barry, E., Noriegan, F., Chatfield, S.N., Szetien, M. e Dougan, G. (1995). *Sudeste. Asiático. J. Tropfen. Med. Saúde Pública.* 26 (Suplemento.2): 264.

Levine, M.M., Taylor, D.N. e Ferreccio, C. (1989). *Pediatra. Infectando. Dis. J.* 8; 374;

Lim, Sang-Min, Hahn-Sun Jung, Min Ja Kim1, Dae-Won Park1, Woo-Joo Kim1, Hee-Jin Cheong1, Seung-Chul Park1, Kwang-Chul Lee2, Young-Kyoo Shin2, Hyun Kwang Tan, Sang-Lin Kim, e Jang Wook Son . *J. Microbiol. Biotechnol.* 17(4), 611-615

Lin, F.Y., V.A. Ho, H.B. Khiem *et al.* , (2001). *N Engl J Med.* 344; 1263-1269.

Mastroeni, P. & Sheppard, M. (2004). *Infecção microbiana.* 6: 398-405.

Mastroeni, P., Harrison, A. e Hormacche, C.E. (1994). *Fundam. Clin. Immunol.* 2; 83.

Mastroeni, P., Villarreal-Ramos, B. e Hormaeche, C.E. (1993). *Infectando. Imune.* 61, 3981–3984.

Mc Farland, W.C. e Stocker, B.A.D. (1987). *Microbiol. caminho.* 3; 129.

Meltzer,L.,Roditi,B.,Steinberg,J.,Biddle,K.R.,Taber,S.,Caron,   K.b.,et   al.(2006). *Austin,TX:Pro-Ed.*

Mermin, J.H., R. Villar, J. Carpenter, L. Roberts, A. Samaridden, L. Gasanova *e outros* , (1999). *J. Infecting Dis.* 179; 6, 1416–1422.

Miller, S. I., Loomis, W.P., Alpuche-Aranca, C., Behalau, I. e Haiyman, F. (1993). *Vacina.* 11; 122.

Mollenkopf, H.J., Groine-Triebkorn. D., Andersen, P., Hess, J. e Kaufmann SH (2001). *Vacina.* 16: 19; (28-29), 4028-35.

Molloy, PM (2000). *Bioquímica anal.* 280: 1-10

Murphy, L. Grez, L. Schlesinger *et al.* , (1991). Imunogenicidade da *Salmonella typhi*

Ty21a vacina para bebés. *Infectar imune.* 59; 4291–4293.

Muthukkumar, S. e Muthukkaruppan V.R. (1993). *Infectando. Imune.* 61; 3017-3925. Nakae, T. (1976). *J Sieden Chem.* 251: 2170-2178.

Nasser, M. W., Tariq Hamid e Jain, S. K. (2002). *Proc Nat Acad Sci Índia* 72: 135- 164.

Natarajan, M., Udhayakumar, V., Krishnaraju, K. & Muthukkaruppan, V. (1985). *Dis.* 8: 9-16.

Neithammer A.G., Primus, F.J., Xiang, R., Dolman, C.S., Ruehlmann, J.M., Ba Y, Gillies, S.D. e Reisfeld, R.A. (2001). *Vacina.*12: 20; (3-4), 421-9.

O'Collaghan, Maskell, D., Liew, F.Y., Easman, C.S.G. e Dougan, G. (1988). *Infectando. Imune.* 56; 419.

Ochiai RL, Acosta CJ, Danovaro- Holliday MC, Baiqing D, Bhattacharya SK, Agtini MD, *et al* (2008). *Bull World Health Organization*, 86:260-8.

Ortiz, V., Isibasi, A., Garcia-Ortigoza, E. & Kumate, J. (1989). *J Microbiol clínico.* 27: 1640-1645.

Parry, C. M., T. T. Hien, G. Dougan, N. J. White e J. J. Farrar. (2002). *N. Engl. J. Med.* 347:1770-1782.

Pickard, D., Li, J., Robert, M., Maskell, D., Hone, D., Levine, M., Dougan, G. e Chatfield, S. (1994). *Infectar. Imune.* 62; 3984.

Comité Typhus polaco. (1966). *Taurus. SEM PERSONALIDADE JURÍDICA* 34; 211.

PublicHealthAgencyofCanada . Typhoid._wwww._.. phacaspcgc.ca/im/vpd- mev/typhoid_e.html (2005).

Rama Bhunia, Yvan Hutin, Ramachandran Ramakrishnan, Nishith Pal, Tapas Sen e Manoj Murhekar. (2009). *BMC Saúde Pública*, 9:115.

Robbins, A.A. (1990) *Lancet* 335: 1436.

Rowe, B., Ward, L. R. e Threlfall, E. J. (1990). *Lanceta.* 336: 1065-1066.

Rupali, P., O.C. Abraham, Mary V. Jesudason, T. Jacob John, Anand Zachariah, Subramanian Sivaram. e Dilip Mathai (2004). *Microbiologia Diagnóstica e Doenças Infecciosas.* 49; 1, 1-3.

Saha, S. K., Talukder, S. Y, Islam, M., Saha, S. (1999). *Infecção Pediátrica Dis J.* 18: 387- 387.

Salerno-Goncalves R, Pasetti MF, Sztein MB. (2002). *J Immunol;* 169:2196-203.

Samuelson, P., Gunneriusson E, Nygren P.A. e Stahl, S. (2002). *J Biotechnol.* 26:96; 2, 129-54. Revisão

Shanahan, P. M., Jesudason, M. V., Thomson, C. J., Amyes, S. G. (1998). *J Clinic Microbiol.* 36:1595-1600.

Shanahan, P. M., Karamat, K. A., Thomson, C. J., Amyes, S. G. B. (2000). *Infecção epidemiológica.* 124: 9-16.

Sharma, P., Sharma, B. K. & Sharma, S. (1990). *J Exp Med* 60: 247-252.

Silva-Salinas, B.A., Gunenlee, C., Mena, G. C. e Cabell, O.F. (1987). *J. Infect. Dis.* 155; 1077.

Simanjuntak, C.H., Paleologo, F.P., Punjabi, N.H., Dormowigoto, R., Soeprawoto, Totosudirjo, H., Haryandto, P., Supriganto, E., Witham, N.D. e Hofmann, S.L. (1991). *Lanceta.* 338; 1055.

Singh, S. P., Williams, Y. U., Miller, S., e Nikaido, H. (2003). *Infectar. Imune.* 71: 3937-3946.

Sinha,A., Sazawal, S., Kumar, R., Sood, S., Reddiah, V., Singh, B., Rao, M., Naficy, A., Clemens, J., Bhan, M. (1999). *Lanceta.* 354: 734-737.

Smith, B.P., Riena-Guerra, M. e Hoiseth, S.K. (1984). *Am. J. Vet. Res.* 45; 59.

Sood, S., Kapil, A., Das, B., Jain, Y., Kabra, S. K. (1999). *Lanceta.* 353:1241-1242. Stocker, B.A.D. (1990). *Res. Microbiol.* 141; 787.

Szu SC (2006). (Dados não publicados). *ClinicalTrials.gov de referência: NCT00342628.*

Szu, S.C., A.L. Stone, J.D. Robbins, R. Schneerson e J.B. Robbins. (1987). *J Exp Med.* 166; 1510-1524.

Tacket, C.O., Ferreccio, C., Robbins, J.B., Tsai, C.M., Schulz, D. e Cadox, M. (1986). *J. Infect. Dis.* 154; 342.

Tacket, C.O., Hone, D.M. e Curtiss, R.III. (1992a). *Infectando. Imune.* 60; 536.

Tacket, C.O., Hone, D.S., Losonsky, G.A., Guers, L., Eddman, R. e Levine, M.M. (1992b). *Vacina.* 10; 443.

Takcuchi, A. (1967). *Am. J. Pathol.* 50; 109.

Threlfall E.J, Ward L.R, Rowe B, Raghupathi S, Chandrasekaran V, Vandepitte J, *et al* (1992). *Eur J Clin Microbid Infect Dos.* 11; 11, 990–3.

Threlfall, E, J., Skinner, J, A., Ward, L. R. (2001). *J Quimioterapia antimicrobiana* 48: 740- 741.

Threlfall, E. J., Ward, L. R., Skinner, J. A., Smith, H. R., Lacey S. (1999). *Lanceta.* 353: 1590-1591.

Udhayakumar, V. e Muthukkaruppan, V. R. (1987). *Imune Infectante.* 55: 822-824

Vidula Alurkar e Ramesh Kamat. (1997). *Infecção e Imunidade.* P. 2382–2388.

Wahdan, M.H., Serie, C., Germanier, R., Lackany, A., Crisier, H. Guerin, S., Sallam, P., Geoffroy, A.S., Tantawi, E. e Guesory, P. (1980). *Taurus. SEM DATA E HORA* 5; 469.

Valais T.S. e Galyov E.E. (2000). *Mol microbiol.* 36; 997-1005.

Wong, K.K. e McClelland. (1992). *J. Baceteriol.* 174; 1656.

Organização Mundial de Saúde (2000). Vacinas contra a febre tifóide: documento de posição da OMS. *Relatório epidemiológico semanal*; 75(32):257-64.

Organização Mundial de Saúde. Departamento de Vacinas e Biológicas. *Documento de referência: Diagnóstico, tratamento e prevenção da febre tifóide [WHO/V&B/03.07].* Genebra: Organização Mundial de Saúde, (2003).

Organização Mundial de Saúde. Vacinas contra a febre tifóide: documento de posição da OMS. (2000). *Relatório epidemiológico semanal*; **75**(32):257-64.

Zhang, L. (1991). *Chung Hua I Hsueh Tsa Chih Taipei.* 71; 6, 314–317.

Zhou, Wei-Zhong; Koo, Hye-Won; Wang, Xuan-Yi; Zhang, Jun; Park, Jin-Kyung; Zhu, Fengcai; Deen, Jacqueline; Acosta, Camilo J; Chen, Yan; Wang, Hua; Galindo, Claudia M.; Ochiai Leon; Park, Taesung; von Seidlein, Lorenz; Xu, Zhi-Yi; Clemens, John D. (2007). *A revista para as doenças infecciosas pediátricas*: Volume 26 - Edição 11 - P. 1001-1005.

Zierler, M.K. e J.E. Galán. (1995). (J. Roth, editor) *American Society for Microbiology Press,* Washington, DC. S. 21-31.

FLAVODOXINA: UMA NOVA TECNOLOGIA PARA MELHORAR O DESEMPENHO DAS CULTURAS

Vanesa B. Tognetti1 e Néstor Carrillo2

1Plant Systems Biology, VIB, Universidade de Gand, Bélgica
2Instituto de Biologia Molecular e Celular de Rosário (IBR-CONICET), Universidade Nacional de Rosário, Rosário, Argentina

Os aglomerados de ferro-enxofre e o problema do oxigénio

Nos organismos actuais, os aglomerados de enxofre-ferro (Fe-S) são provavelmente os cofactores enzimáticos mais comuns e amplamente utilizados. Em contraste com os grupos protéticos orgânicos, os grupos Fe-S consistem em compostos simples que eram abundantes nos ambientes anaeróbicos originais onde a vida na terra teve origem. É provável que os centros Fe-S primitivos sejam montados espontaneamente em estruturas polipépticas existentes, uma vez que aglomerados análogos podem ser gerados quimicamente através da incubação de sais de ferro e sulfureto com tiolatos orgânicos. O subsequente desenvolvimento de estruturas Fe-S mais complexas em organismos modernos levou ao desenvolvimento de máquinas enzimáticas especiais para a catálise da formação de clusters e incorporação em apoproteínas [1]. A utilidade biológica dos centros Fe-S baseia-se na sua versatilidade química: podem absorver e libertar electrões numa variedade de processos oxidoreductivos, actuar como ácidos Lewis na desidratação de compostos carbonílicos em hidrolisases e mediar a derivatização de metabolitos alifáticos por enzimas radicais [2].

A discussão anterior deveria destacar as propriedades dos aglomerados Fe-S que favorecem a distribuição de proteínas contendo estes co-factores em todo o mundo anaeróbio. Depois, há cerca de 2,75 mil milhões de anos, as cianobactérias deram o passo epocal de desenvolver o Photosystem II (PSII) e, após o recrutamento da ferredoxina (Fd) e da ferredoxina-NADP(H) reductase (FNR), a fotossíntese oxigenada, libertando assim estes procariotas da necessidade de doadores externos de electrões. As concentrações de oxigénio permaneceram baixas durante os cerca de dois mil milhões de anos seguintes, limitadas tanto pela falta de fósforo oceânico para apoiar a síntese de ATP como pela remoção de oxigénio por reacção com iões de ferro e sulfureto dissolvidos [3]. O aumento do teor de oxigénio no limite do Pré-Cambriano levou a uma das mais profundas pressões evolutivas desde o início da história biótica.

No lado positivo, foi oferecida aos micróbios a possibilidade de utilizar oxigénio como oxidante terminal, uma adaptação que exigiu uma evolução molecular surpreendentemente pequena [2]. Uma vez que os aerobes retiveram muitas das vias catabólicas e biossintéticas herdadas dos seus antepassados anaeróbios, a preservação da maioria das famílias de proteínas Fe-S foi assegurada. Ao mesmo tempo, a oxigenação teve vários efeitos negativos sobre a função destas metaloproteínas. Em primeiro lugar, as regras de emparelhamento de spin ditam que o oxigénio molecular aceita electrões individualmente, não aos pares, o que dificulta a reacção com a maioria das biomoléculas orgânicas, mas facilita a oxidação dos metais de transição, que são bons doadores de electrões monovalentes. Como resultado, o ferro oxidado por oxigénio no ambiente à sua forma férrica, que precipitou rapidamente como hidróxido férrico ou formou complexos insolúveis com sais aniónicos, especialmente em ambientes alcalinos (calcários). Como consequência, o ferro diminuiu a sua biodisponibilidade com o aumento do enriquecimento de oxigénio e tornou-se um nutriente limitador na maioria dos habitats aeróbicos, representando um sério desafio para a aeróbica precoce.

Em segundo lugar, o oxigénio é parcialmente reduzido durante a interacção com sistemas biológicos para formar oxidantes mais activos tais como o radical superóxido e o hidrogénio ou peróxidos orgânicos, colectivamente conhecidos como espécies reactivas de oxigénio (ROS). Mesmo em condições óptimas de crescimento, ~ 5% de todos os electrões que se movem através das cadeias fotossintéticas ou respiratórias são libertados aleatoriamente para o oxigénio e as ROS são geradas simultaneamente. Esta proporção aumenta drasticamente quando os organismos são expostos a condições ambientais desfavoráveis [4]. Os aglomerados Fe-S demonstraram ser susceptíveis a ataques de ROS em graus variáveis, dependendo da exposição a solventes e do ambiente de polipéptidos que rodeia o aglomerado. A oxidação dos centros Fe-S leva a formas instáveis que se decompõem rapidamente, resultando na inactivação de proteínas e libertação de ferro. Concentrações elevadas de ferro livre podem causar danos celulares e danos oxidativos por reacções do tipo Fenton com peróxido de hidrogénio para produzir o radical hidroxil extremamente tóxico [2]. Em resultado destes requisitos contraditórios, os organismos devem regular estritamente a absorção, armazenamento e mobilização do ferro dentro de uma gama limitada.

Portanto, as elevadas exigências de ferro herdadas pela aeróbica moderna dos seus antepassados anaeróbios não se encaixam bem num mundo rico em oxigénio. Os organismos transportados pelo ar abordaram estes problemas a vários níveis, melhorando a absorção de ferro, substituindo alvos sensíveis ao ROS por alvos mais resistentes, e desenvolvendo sistemas antioxidantes e de reparação mais sofisticados. As muitas adaptações que foram feitas são dispendiosas e dão apenas uma capacidade limitada de tolerar esta ameaça. É duvidoso que os clusters Fe-S pudessem ter surgido como catalisadores centrais se a vida se tivesse desenvolvido originalmente num ambiente aeróbico. Principalmente devido à sua dependência destes cofactores, os aerobos continuam susceptíveis às limitações do ferro e ao stress oxidativo. E no entanto mantiveram um grande número de proteínas Fe-S nas suas fileiras.

Ferredoxinas e flavodoxinas

Das muitas proteínas de enxofre de ferro presentes nos organismos fotossintéticos (plantas, cianobactérias e algas), as ferredoxinas merecem uma atenção especial. O papel central que a Fd desempenha na distribuição de electrões fotossintéticos através de uma variedade de vias metabólicas, de dissipação e reguladoras faz dela um alvo particularmente sensível quando afectada. Nos cloroplastos vegetais superiores, Fd é rapidamente reduzido (~ 800 s-1) ao nível do fotossistema I e fornece electrões de baixo potencial a várias enzimas e vias, incluindo FNR para fixação de CO_2 no ciclo de Calvin, nitrite redutase e glutamato-oxoglutarato aminotransferase para assimilação de azoto e síntese de aminoácidos, sulfito redutase e desaturase de ácidos gordos [5]. Está também envolvido na regeneração do ascorbato e na redução da tioredoxina (Trx) através da Fd-Trx reductase FTR [5] e é o doador de electrões para a síntese da fitocromobilina, o cromóforo do fitocromo do sensor de luz. Assim, Fd está envolvido em todos os aspectos da vida vegetal, incluindo o metabolismo central, mecanismos de protecção, regulação enzimática e morfogénese [5]. Os níveis deste portador de electrões e as suas correspondentes transcrições diminuem quando as plantas e as cianobactérias são expostas a carências de ferro ou a stress ambiental que provoca a acumulação de ROS [6-9], revelando a existência de mecanismos reguladores transcripcionais e/ou pós-transcritas.

Várias indicações sugerem que a diminuição de Fd prejudica a sobrevivência das células: *i) o* Fd é essencial para a viabilidade das cianobactérias, como demonstrado pela eliminação selectiva do gene [10]; *ii)* a desregulação do Fd na batata utilizando a tecnologia antisense RNA mostrou que os seus níveis não podiam ser reduzidos abaixo de 50% dos níveis do tipo selvagem (WT) sem afectar fatalmente a aptidão das plantas [11]; e *iii)* em cianobactérias e algumas algas, a diminuição de Fd durante episódios de deficiência de ferro e stress ambiental, incluindo herbicidas que aumentam a salinidade e o ROS, é compensada pela indução de flavodoxina (Fld), um vaivém isofuncional de electrões contendo flavina mononucleótido como um grupo protético. Nestas condições de crescimento desfavoráveis, Fld é capaz de substituir Fd em muitas reacções, não necessita de ferro e é resistente à inactivação de ROS [12]. A importância desta flavoproteína para a dinâmica da ecologia marinha é sublinhada pela sua utilização como o marcador mais sensível do stress do ferro nos oceanos [12,13], e a upregulação de Fld é considerada como um dos principais factores para a colonização de águas deficitárias em ferro pelo fitoplâncton [12].

A flavodoxina cianobacteriana é capaz de interagir com as enzimas vegetais

Algures ao longo do caminho evolutivo que levou à formação de plantas vasculares, o gene Fld desapareceu do genoma da planta [8], e os benefícios resultantes da sua presença e indução perderam-se ou tornaram-se dispensáveis. É interessante que pelo menos

Algumas das enzimas vegetais cujos antepassados cianobacterianos usavam Fld como substrato normal ou ocasional mantiveram a capacidade de interagir produtivamente com este portador de electrões *in vitro. Por exemplo, o* Fld de *Anabaena* (*Nostoc*) é um substrato ainda melhor para o FNR vegetal do que para a sua própria redutase bacteriana [14].

Além disso, Anabaena Fld foi capaz de mediar a fotoredução NADP+ através de tilacoides de plantas iluminadas a ~ 50% da taxa observada para o cloroplasto Fd (Figura 1A). Para determinar se Fld pode também transferir electrões para Trx via FTR, foi concebido um sistema reconstituído baseado na capacidade de Trx de reduzir 2-Cys-peroxiredoxins (Prx). Os Prx são as peroxidases cloroplásticas mais importantes e requerem Trx para a redução dos tióis funcionais, que são oxidados durante a conversão para regenerar a forma activa da enzima e completar o ciclo catalítico [15]. No sistema definido, Fld foi reduzido por NADPH e FNR e incubado com FTR, Prx e Trx *f, m* ou *x* purificados. A redução da Prx foi medida pela separação de oxidado (um dímero covalente ligado por uma ligação de dissulfureto entre subunidades) e formas monoméricas reduzidas por não redução da SDS-PAGE (Figura 1B) e estimativa de quantidades relativas por densitometria (Figura 1C). Os resultados sugerem que a cianobactéria Fld é capaz de doar electrões a alvos Fd de plantas normais.

Pode parecer surpreendente que os parceiros Fd das plantas tenham conseguido trocar electrões com Fld após eons de divergência de sequência com os seus homólogos em cianobactérias. No entanto, deve-se lembrar que Fd e Fld estão adaptados para funcionar como vaivéns de electrões que interagem com várias enzimas diferentes que não têm identidade de sequência entre si. Depois, o acoplamento a estas proteínas deve ser determinado pelas características gerais das moléculas e não por contactos entre aminoácidos específicos conservados. Tanto em Fd como em Fld de organismos fotossintéticos, os grupos protéticos são excêntricos e rodeados por manchas de resíduos carregados negativamente, enquanto os seus parceiros usam uma coroa de aminoácidos carregados positivamente em torno dos seus cofactores expostos (ver [5]). As interacções iniciais são assim controladas por forças electrostáticas de atracção, que também contribuem para a estabilização dos complexos binários, que são utilizados para posicionar os grupos protéticos correspondentes na distância e geometria correctas para permitir a transferência directa de electrões entre eles na esfera exterior (5).

Quando Fd e Fld estavam estruturalmente alinhados com base nos seus potenciais electrostáticos, utilizando o índice Hodgkin para quantificar a sua semelhança neste sentido, as duas proteínas foram completamente sobrepostas [16]. Os sítios e cofactores activos, e não os seus centros de massa, coincidiram nos alinhamentos. Estas considerações fornecem um quadro conceptual para compreender porque é que estas proteínas foram capazes de interagir com tantas enzimas diferentes com eficiência semelhante. Promiscuidade é a própria base da Fd e da Fld

papel como vaivéns de electrões. É portanto razoável que embora as plantas tenham perdido o gene Fld anos atrás, a flavoproteína cianobacteriana ainda possa estar envolvida em vias de transferência de electrões dependentes de Fd- *nas plantas.*

As plantas de Fld-expressoras podem crescer em solos e meios de cultivo limitados em

Para avaliar os efeitos da expressão Fld em plantas transgénicas, o gene correspondente de *Anabaena* foi clonado sob o controlo do promotor 35S e das regiões terminais do vírus 35S do mosaico da couve-flor, que controlam a expressão constitutiva no tabaco. Uma codificação sequencial para um peptídeo de trânsito cloroplástico foi fundida na estrutura com a extremidade de 5' do gene para direccionar o produto para plastídeos (construções e linhas pfld). Como controlo, as plantas foram também transformadas com uma construção semelhante sem o peptídeo de trânsito, resultando na expressão ectópica Fld no citosol (cfld linhas). Os transformadores independentes foram obtidos com *Agrobacterium* e feitos homozigotos por auto-polinização e selecção. Duas *linhas pfld* expressando um Fld de 80 PM foram utilizadas na maioria das experiências porque continham concentrações de Fld semelhantes às do Fd endógeno [8]. Quando as plantas de todas as linhas transformadas foram cultivadas em condições controladas de disponibilidade de água e nutrientes, não mostraram diferenças significativas na taxa de crescimento (Quadro 1), tempo de floração e produção de sementes em comparação com os seus irmãos WT [8].

As plantas foram expostas a deficiência de ferro em meios definidos contendo ou ferro 30 PM (concentração padrão) ou sem ferro, suplementado com CaCO3, pH 8,0. Amostras de todas as linhas desenvolveram sintomas de deficiência de ferro que eram graves nas linhas WT e cfld e suaves nas plantas expressando Fld em cloroplastos (Quadro 1). A gravidade dos fenótipos, incluindo o branqueamento das folhas, clorofila e carotenóides, diminuiu inversamente correlacionada com os níveis de Fld plasticóticos. As plantas foram também cultivadas no solo e irrigadas com uma solução alcalina (CaCO3, pH 9,0) para imitar as condições de campo dos solos calcários. Sob este regime, as *linhas* WT e *cfld* sofreram uma morbilidade e mortalidade significativas após 8 semanas, enquanto as plantas pfld, embora stressadas, foram capazes de completar o seu ciclo de vida e reproduzir-se (Quadro 1).

Quadro 1: A presença de cloroplastos impede a paragem do crescimento e a inibição da fotossíntese devido à deficiência

Parâmetros	Sistema de controlo			- Fe		
	WT	*pfld5-8*	*cfld1-4*	WT	*Pfld5-8*	*cfld1-4*
Altura (cm)	29.1	28.0	31.1	9.6	14.0	7.1
fw/planta (g)	46.7	44.1	48.5	16.3	20.6	11.4
Chl (Pg cm-2)	36.28	40.58	31.61	15.01	20.02	5.83
Carotenóides (Pg cm-2)	5.35	6.59	4.67	1.85	2.57	0.77
Taxa máxima de fixação de $_{CO_2}$ (pmol$_{CO_2}$ m-2 s-1)	8.45	9.12	9.80	0.86	3.65	1.59
PPDF em saturação (Pmol quantum m-2 s-1)	700	700	700	100	700	100
Taxa de sobrevivência (%)	100	100	100	40	96	62
Pés de folha (Pg g-1 dw)	405	305	353	95	125	98
Root Fe (Pg g-1 dw)	1426	1989	1706	659	563	729

As plantas WT- e transformadas foram expostas ao défice de Fe em hidropónicos durante 29 dias, como indicado em [9]. Os métodos analíticos e a determinação dos parâmetros fotossintéticos são aí descritos. Os valores apresentados são os valores médios de 7-10 plantas independentes com s. e. < 15 %. PPFD, densidade do fluxo fotónico fotossintético; fw, peso fresco; dw, peso seco. chl, clorofila.

As plantas de Fld-expressoras não melhoraram a acumulação de ferro em comparação com os seus irmãos WT (Tabela 1) e desenvolveram uma resposta normal à limitação do ferro, incluindo a indução de vários genes envolvidos na absorção, mobilização e armazenamento do metal [9], sugerindo que a presença da proteína bacteriana não interfere com as vias de detecção ou sinalização associadas à resposta à deficiência de ferro. As plantas ávidas de ferro sofreram uma diminuição geral da capacidade de fixação de CO2 (Quadro 1), acompanhada de uma forte desregulamentação das actividades metabólicas. Em contraste, as plantas transgénicas pfld foram menos afectadas pela deficiência de nutrientes (Quadro 1). O conteúdo de muitos metabolitos centrais, que fazem parte do ciclo de Calvin, armazenamento de energia e vias anabolizantes, não sofreu alterações em comparação com as condições de controlo, enquanto que o conteúdo da maioria dos aminoácidos mostrou apenas pequenas alterações sob stress [9]. Estes resultados sugerem que a Fld é capaz de assumir as funções de Fd doador de electrões no metabolismo de aminoácidos, fotossíntese e activação redutora das enzimas do ciclo de Calvin quando os níveis de proteína de enxofre de ferro diminuem devido à restrição do ferro. Em linha com esta conclusão, o estado de activação das enzimas moduladas pelo sistema Fd-FTR-Trx, como a fosforibulokinase (PRK) e a fructose-1,6-bisfosfatase (FBPase), diminuiu significativamente nas plantas WT e cfld ávidas de ferro, mas permaneceu a níveis de controlo nos irmãos que acumularam Fld nos cloroplastos (Figura 2). Os resultados sugerem que as plantas que exprimiram Fld cianobacteriano nos plastídeos foram capazes de crescer e multiplicar-se a níveis de ferro inferiores aos dos seus irmãos não transformados. A redistribuição do ferro disponível para outras rotas exigentes contribuiu provavelmente para o bem-estar geral das *linhas Fld* stressadas.

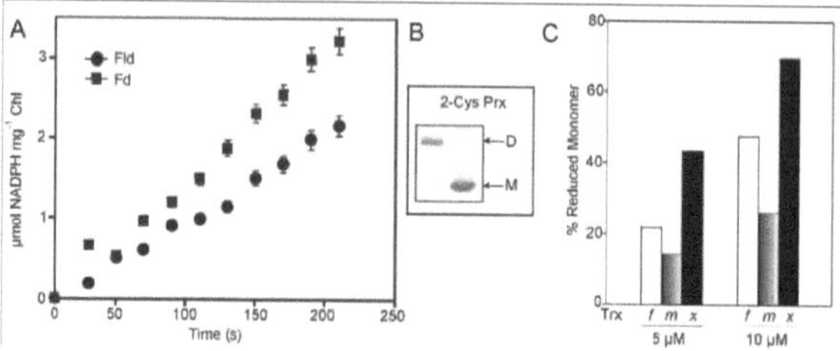

Figura 1 *Anabaena* Fld pode participar em reacções de transferência de electrões vegetais *in vitro*. (A) A Fld medeia a fotoredução NADP+ por tilacoides de tabaco. A fotoredução com água NADP+ foi medida a 2,400 molar quanta m-2 s-1 em 50 mM HEPES-K, pH 8,0, 5 mM MgCl2, 330 mM sorbitol, 0,5 mM NADP+, tilacóides correspondentes a 20 g de clorofila e 20 M Fld ou ervilhas Fd. A formação NADPH foi seguida a 340 nm. (B) A redução Prx foi realizada em 30 mM Tris-HCl, pH 8,0, 0,5 mM NADPH, 0,5 mM ervilhas FNR, 1 mM espinafres FTR, 5-10 mM Trx *f*, *m* ou *x* de espinafres, 1 mM Prx B de *A. thaliana* e 10 M Fld. Após 15 minutos a 30 qC a reacção foi extinta com N-etilmaleimida e o estado redox do Prx foi avaliado por SDS-PAGE não redutora e immunoblotting (14). D e M indicam a forma dimérica e monomérica do Prx, respectivamente. (C) Scan densitométrico de bandas obtidas em 3 experiências independentes semelhantes às descritas em (B).

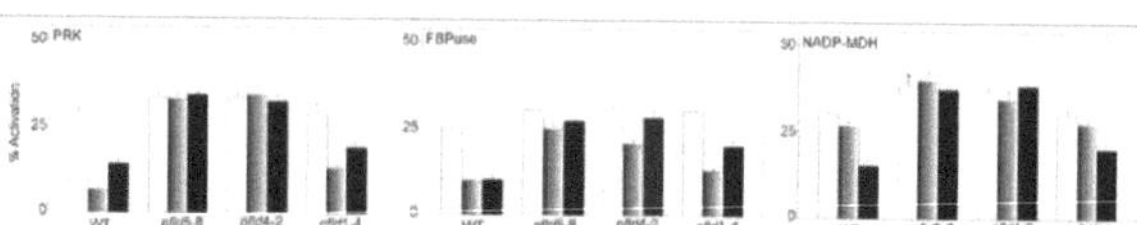

Figura 2: O estado de activação das enzimas cloroplásticas dependentes de Trx é mantido em plantas pfld stressadas. As plantas de dois meses de WT e as plantas transformadas eram submetidas a stress de ferro (varas cinzentas), pulverizadas com 30 M MV (varas fechadas) ou incubadas em condições de câmara de crescimento (varas abertas). As actividades da PRK, FBPase e NADP-MDH foram medidas em extractos de folhas antes (actividade *in* vivo) e depois da redução dos extractos com ditiotreitol (actividade total) como indicado em [9]. Os estados de activação foram calculados como a relação entre a actividade *in vivo* e a actividade total para cada estado. Meios ± s. e. de 3-5 experiências são fornecidas.

O cloroplasto Fld visado dá maior tolerância ao stress ambiental

As situações indesejáveis podem ter diferentes origens (seca, temperaturas extremas, sobre-exposição à radiação, agentes patogénicos, etc.) e, consequentemente, favorecem alvos celulares e suscitam respostas específicas das plantas [4]. No entanto, têm em comum um aumento significativo da acumulação de ROS e o estabelecimento de um estado de stress oxidativo [17]. Portanto, as plantas WT e transgénicas foram atacadas com metilviologen (MV), um herbicida de contacto que gera radicais superóxidos *in situ*, especialmente em cloroplastos, por ciclos redox. A exposição à VM resultou em lesões necróticas e murcha em folhas de amostras WT e cfld, enquanto que as linhas pfld sofreram poucos danos [8]. Os danos celulares foram detectados pela ruptura da ultraestrutura do plastidor (Figura 3A) e perda de integridade da membrana, como evidenciado por fuga de electrólitos dos tecidos tratados com MT (Figura 3B). Em contraste, as plantas pfld mostraram estruturas celulares e membranas intactas. A nível bioquímico, o efeito protector do cloroplasto específico Fld

reflectiu-se na manutenção do conteúdo de clorofila (Figura 3B), actividade fotossintética [8], acumulação de ROS inferior e peroxidação lipídica (Figura 3D-F). As linhas transgénicas eram também tolerantes a temperaturas extremas e a altas intensidades de luz, bem como à radiação UV-A/B e ao défice de água [8]. O grau de protecção pela flavoproteína estrangeira dependia estritamente da posição plastificada e da dose Fld (ver o comportamento da linha pfld12-4 na Figura 3).

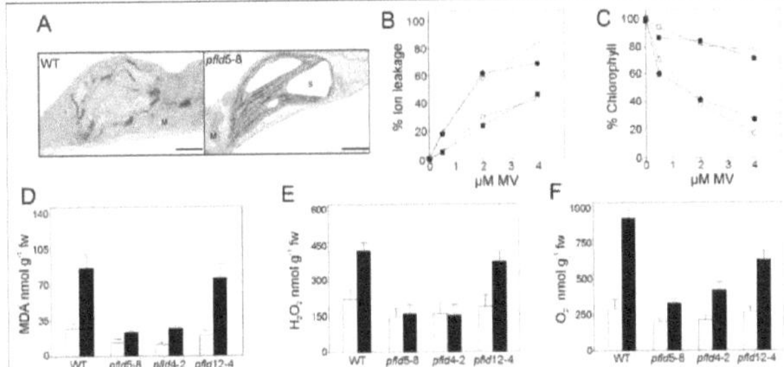

Figura 3: A expressão Fld em cloroplastos aumenta a tolerância à MT. (A) Análise ultra-estrutural de danos cloroplásticos em secções transversais de folhas de plantas WT e pfld5-8 de 6 semanas expostas a 30 M MV em hidroponia. M, mitocôndria; S, amido. Varas = 1 m. (B, C) Efeito do tratamento de MT na integridade da membrana (B) e conteúdo de clorofila (C) de WT (círculos abertos), *pfld5-8* (quadrados fechados), *pfld4-2* (quadrados abertos) e *pfld12-4* (pentagões fechados) plantas cultivadas no solo durante 8 semanas. As medições foram feitas em discos foliares incubados durante 18 horas a 500 quanta m-2 s-1 da pmol com as concentrações de herbicida dadas. (D-E) Efeito da expressão Fld nos valores de ROS em plantas tratadas com MT. As investigações foram realizadas em extractos de folhas de plantas transgénicas cultivadas no solo com 2 meses de idade e os seus irmãos WT. As folhas foram incubadas em condições de controlo (varas abertas) ou expostas a 30 M MV a 500 mol quanta m-2 s-1 durante 18 horas (varas fechadas). Os métodos para estimar os valores de malondialdeído (MDA, A), peróxido de hidrogénio (B) e superóxido (C) estão descritos em [8]. Os dados apresentados são valores médios ± s. e. de 5 experiências.

O envolvimento da Fld na redução de Trx mediada por FTR foi também evidente nas plantas pfld em stress. Os estados de activação de PRK, FBPase e NADP(H)-dependente de malato desidrogenase (NADP-MDH) foram mantidos nestas plantas, enquanto que diminuíram em WT e cfld irmãos (Figura 2). A presença de Fld em plastídeos também evitou a sobre-oxidação do Prx devido a condições oxidativas [8]. Depois os efeitos da expressão Fld são pleiotrópicos. A acumulação de ROS é responsável por grande parte dos danos celulares e tecidulares em plantas expostas a ambientes hostis, e este efeito é em grande parte causado pela má distribuição de electrões devido à deficiência de Fd. A primeira linha de defesa é a prevenção, pelo que Fld dá ampla tolerância a muitas fontes diferentes de stress, restaurando a correcta distribuição de electrões nas vias de produção e impedindo a acumulação de ROS em cloroplastos e células.

DISCUSSÃO

Embora a regulamentação de Fd durante episódios de esgotamento de ferro ou stress ambiental em cianobactérias esteja bem documentada, é concebível que durante a longa evolução que levou ao aparecimento de plantas terrestres, outros alvos potenciais possam ter sido mais sensíveis a ROS e/ou deficiência de ferro a tal ponto que o acompanhamento de Fld se tornou insignificante. Os resultados aqui apresentados indicam o oposto: O declínio de Fd é ainda um factor crítico que determina a sobrevivência de plantas em stress, e a expressão Fld pode ainda desempenhar um papel protector nestes eucariotas. Então porque é que uma característica genética que dá vantagens tão óbvias não foi seleccionada durante a evolução das plantas terrestres? Fld foi encontrado nos plastídeos de algas eucarióticas pertencentes a todas as grandes famílias, incluindo dinoflagelados, algas vermelhas, diatomáceas e clorofila, a família das algas a partir da qual as plantas evoluíram [18], sugerindo que o gene se perdeu algures entre as algas verdes precursoras e as plantas primitivas.

A perda de áreas florestais poderia estar relacionada com adaptações ecológicas relacionadas com a disponibilidade de ferro e com as sucessivas fases de assentamento da terra. As águas costeiras contêm tipicamente concentrações elevadas de ferro devido à terra e à entrada de sedimentos. Em contraste, o ferro nos oceanos abertos tende a ser cronicamente deficiente em ferro. Para sobreviver com níveis mais baixos de ferro, as proteínas essenciais contendo ferro devem ser substituídas por equivalentes funcionais [19]. Neste contexto, a substituição de Fd por Fld parece ser particularmente importante, mas a pressão de selecção para preservar o gene Fld pode ter sido baixa nas espécies de algas neríticas a partir das quais as plantas evoluíram, sugerindo que as plantas terrestres primitivas são derivadas de algas verdes costeiras que já não possuíam o gene Fld. A colonização do solo colocou desafios completamente novos, uma vez que o problema da aquisição de ferro em habitats terrestres não é de abundância mas de biodisponibilidade. Tendo em conta a nova situação, todas as estratégias desenvolvidas pelas novas colónias foram baseadas na optimização da absorção de ferro a partir de piscinas abundantes mas esquivas na rizosfera.

Então é tentador especular que durante o percurso evolutivo das cianobactérias às plantas, dos oceanos abertos às terras sólidas, os organismos fotossintéticos nas regiões costeiras passaram por uma fase em que os serviços de Fld como recurso adaptativo já não eram necessários porque o ferro era abundante e acessível. Em tais condições, a expressão Fld não foi induzida e a selecção presumivelmente eliminou o gene Fld do genoma dos precursores de algas. Esta afirmação é apoiada pela análise da distribuição de Fld num número limitado de espécies de algas, o que mostra que a falta de Fld ocorre principalmente em clones que são cultivados a partir da costa dentro de um grupo taxonómico [12]. Será necessária mais investigação para responder correctamente a esta pergunta.

REFERÊNCIAS

D.C. Johnson, D.R. Dean, A.D. Smith, M.K. Johnson (2005) Structure, function and formation of biological iron-sulfur clusters, Annu. Rev. Biochem. **74**, 247-281.

J.A. Imlay (2006) Iron-sulphur clusters and the problem with oxygen, Mol. Mikrobiol. **59**, 1073-1082.

C.J. Bjerrum, D.E. Canfield (2002) Ocean productivity before about about 1.9 Gyr ago limited by phosphor adsorption on iron oxides, Nature **417**, 159-62.

R. Mittler, S. Vanderauwera, M. Gollery, F. van Breusegem (2004) Reactive oxygen network of plants, Trends Plant Sci. **9**, 490-498.

T. Hase, P. Schürmann, D.B. Knaff (2006) Interacção da ferredoxina com enzimas dependentes da ferredoxina. No fotossistema I: A plastocianina-feroxina oxidoreductase controlada por luz. (Golbeck, J.H., ed.). pp. 477-498, Springer, Dordrecht, Países Baixos.

P. Zimmermann, M. Hirsch-Hoffmann, L. Hennig, W. Gruissem (2004) GENEVESTIGATOR Arabidopsis Microarray Database and Analysis Toolbox, Plant Physiol. **136**, 2621-2632.

H. Li, A.K. Singh, L.M. McIntyre, L.A. Sherman (2004) Differential gene expression in response to hydrogen peroxide and the putative PerR regulon of *Synechocystis* sp. strain PCC6803. J. Bacteriol. **186**, 3331–3345.

V.B. Tognetti, J. Palatnik, M.F. Fillat, M. Melzer, M.R. Hajirezaei, E.M. Valle, N. Carrillo (2006) A substituição funcional da ferredoxina por uma flavodoxina cianobacteriana no tabaco confere uma ampla tolerância ao stress, Plant Cell **18**, 2035-2050.

V.B. Tognetti, M.D. Zurbriggen, E.N. Morandi, M.F. Fillat, E.M. Valle, M.-R. Hajirezaei, N. Carrillo (2007) Improved plant tolerance to iron deficiency through functional replacement of the chloroplast ferredoxin by a bacterial flavodoxin, Proc. Natl. Akad. Sci. USA. **104**, 11495-11500.

M. Poncelet, C. Cassier-Chauvat, X. Leschelle, H. Bottin, F. Chauvat (1998) Targeted deletion and mutation analysis of essential (2Fe-2S) plant-like ferredoxin in *Synechocystis* PCC6803 by plasmid mixing, mol. Microbiol. **28**, 813-821.

S. Holtgrefe, K.P. Bader, P. Horton, R. Scheibe, A. von Schaewen, J.E. Backhausen (2003) Reduced levels of leaf ferderoxin alteram a distribuição de electrões e limitam a fotossíntese em plantas transgénicas de batata, Plant Physiol. **133**, 1768-1778.

D.L. Erdner, N.M. Price, G.J. Doucette, M.L. Peleato, D.M. Anderson (1999) Characterization of ferredoxin and flavodoxin as markers of iron limitation in marine phytoplankton, Mar. Ecol. Prog. Ser. **184**, 43-53.

J. La Roche, P.W. Boyd, R.M.L. McKay, R.J. Geider (1996) Flavodoxin como *in situ* Marcador de stress do ferro em fitoplâncton. Natureza **382**, 802-805.

I. Nogués, J. Tejero, J.K. Hurley, D. Paladini, S. Frago, G. Tollin, S.G. Mayhew, C. Gómez-Moreno, E.A. Ceccarelli, N. Carrillo, M. Nogués, J. Tejero, J.K. Hurley, D. Paladini, S. Frago, G. Tollin, S.G. Mayhew, C. Gómez-Moreno, E.A. Ceccarelli, N. Carrillo Medina (2004) Role of the C-terminal tyrosine of ferredoxin-nicotinamide adenine dinucleotide phosphate reductase in the electron transfer processes with its protein partners ferredoxin and flavodoxin, Biochemistry **43**, 6127-6137.

J. König, M. Baier, F. Horling, U. Kahmann, G. Harris, P. Schürmann, K.J. Dietz (2002) The plant specific function of 2-Cys peroxiredoxin-mediated desintoxification of peroxides in the redox-hierarchy of photosynthetic electron flux, Proc. Natl. Akad. Sci. USA 99, 5738-5743.

G.M. Ullmann, M. Hauswald, A. Jensen, E.W. Knapp (2000) Structural alignment of ferredoxin and flavodoxin based on electrostatic potentials: implications for their interactions with photosystem I and ferredoxin-NADP+ reductase, Proteins **38**, 301-309.

K. Apel, H. Hirt (2004). Espécies reactivas de oxigénio: metabolismo, stress oxidativo e transdução de sinal, Annu. Rev. Plant Biol. **55**, 373-399.

M.D. Zurbriggen, V.B. Tognetti, N. Carrillo (2007) Stress-inducible flavodoxin from photosynthetic microorganisms. O puzzle da perda de flavodoxina do genoma da planta, IUBMB Life **59**, 355-360.

G. Peers, N.M. Price (2006) Copper-containing plastocyanin used for electron transport through an oceanic diatom, Nature **441**, 341-344.

MARCOS NA INVESTIGAÇÃO GENÉTICA E GENÓMICA

Gursharn S Randhawa* & Durga P Panigrahi

Departamento de Biotecnologia, Instituto Indiano de Tecnologia Roorkee, Roorkee-247667, Índia
Telefone: 91-1332-25808; Fax: 91-1332-276151; E-mail: sharnfbs@iitr.ernet.in (*Autor correspondente)

Em 1866, um monge austríaco, Gregor Johann Mendel, com base nas suas experiências de hibridação em ervilhas, descreveu que um personagem é controlado por um "factor de partículas", mais tarde chamado "gene" por Wilhelm Ludvig Johannsen em 1909. Foi subsequentemente descoberto que o gene consiste em ácido nucleico. Tem sido realizada investigação sobre vários aspectos dos genes, tais como mapeamento de ligação, natureza química, mutagénese, recombinação, estrutura, mecanismo de expressão, regulação da expressão, manipulação in vitro, clonagem, transferência entre diferentes organismos, síntese artificial, caracterização física, sequenciação, etc., o que abriu muitas portas para o estudo de genomas. As descobertas mais importantes na investigação genética e genómica estão documentadas cronologicamente neste artigo.

1866Ɏ Gregor Johann Mendel concluiu que as propriedades são determinadas por factores particulados (agora chamados genes) [92].

1868Ɏ Johann Friedrich Miescher isolou químicos ricos em fosfatos a partir de núcleos de glóbulos brancos e chamou-lhes nucleína [95]. A nucleína foi posteriormente renomeada ácido nucleico

1905Ɏ William Bateson e Reginald Crundall Punnett relataram sobre a ligação entre genes e interacção genética [6].

1909Ɏ Wilhelm Ludvig Johannsen cunhou o termo "gene" [72]

• Sir Archibald Edward Garrod deu o conceito de um gene mutante - um bloco metabólico no seu livro "In Born Errors of Metabolism" [38].

1910Ɏ Thomas Hunt Morgan identificou o primeiro gene ligado ao sexo em *Drosophila melanogaster* [99]

1911Ɏ Thomas Hunt Morgan sugeriu que a ligação genética é devida à presença de genes no mesmo cromossoma [100].

1913Ɏ Alfred Henry Sturtevant deu o princípio para a criação de um mapa de ligação genética [137].

1927Ɏ Herman Joseph Muller induziu mutações nos genes através de raios X [101].

1928Ɏ Frederick Griffith descobriu a transformação genética em *Diplococcus pneumoniae* e nomeou o patogénico responsável como um "princípio transformador" [47].

1941Ɣ George Wells Beadle e Edward Lawrie Tatum propuseram a hipótese "um gene, uma enzima" [8].

1944Ɣ Oswald Avery, Colin MacLeod e Maclyn McCarty provaram que o ADN (não as proteínas) era o "princípio transformador" da experiência de Griffith [4].

1946Ɣ Joshua Lederberg e Edward Lawrie Tatum descobriram a conjugação bacteriana [81]

1949Ɣ Erwin Chargaff e colegas encontraram G=C & A=T no ADN natural (primeira regra de Chargaff) [21].

1950Ɣ Com base nas suas experiências com milho, Barbara McClintock relatou sobre genes móveis, agora chamados transposons [91].

1951Ɣ Erwin Chargaff observou variações na composição base do ADN em diferentes espécies (segunda regra de Chargaff) [20].

1952Ɣ Com base nos seus estudos de isótopos radioactivos, Alfred Hershey e Martha Chase relataram que o ADN é o material genético do bacteriófago T2 [55].

• Norton David Zinder e Joshua Lederberg descobriram a transdução bacteriana em *Salmonella typhimurium* [157].

Ɣ5. 0DUNKDP DQG J.D. Smith construiu o primeiro 'aparelho de electroforese' [89].

1953Ɣ James Watson e Francis Crick publicaram o modelo de dupla hélice para ADN na edição da Nature1953 de 25 de Abril de 1953 [149].

• Maurice Wilkins e os seus colegas [154] e Rosalind Franklin e Raymond Gosling [36] publicaram também os seus resultados sobre a estrutura do ADN no mesmo número da Nature

1955Ɣ Seymour Benzer foi o primeiro a demonstrar o mapeamento da estrutura fina da região rII do bacteriófago T4 utilizando a técnica de mapeamento de eliminação [9].

• Oliver Smithies demonstrou a separação das proteínas do soro humano utilizando géis de amido (introdução da técnica de electroforese em gel) [133].

• Severo Ochoa e colegas isolaram a polinucleotídeo fosforilase, uma enzima que pode catalisar a síntese de proteínas de alto peso molecular Poliribonucleótidos de difosfatos de nucleósidos, de *Azotobacter vinelandii* [48, 49].

1957γ Heinz Ludwig Fraenkel-Conrat e Beatrice Brandon Singer descobriram que o RNA é o material genético do vírus do mosaico do tabaco [35].

1958γ Arthur Kornberg e colegas relataram o isolamento da DNA polimerase I de *E. coli* [11, 83].

• Matthew Meselson e Franklin Stahl demonstraram a replicação semiconservadora de ADN em *E. coli* (modelo semiconservador de replicação de ADN) [93].

1959-60 γ Samuel B. Weiss e Leonard Gladstone [152] e Jerard Hurwitz e colegas [61] descobriram independentemente a RNA polimerase dependente do ADN

1961γ François Jacob e Jacques Monod propuseram um modelo de ópero para a regulação dos genes da laceração em *E. coli1961*   [68].

γSidney Brenner, François Jacob e Matthew Meselson descobriram o mRNA [15].

• Mary F. Lyon explicou pela primeira vez a inactivação do cromossoma X em células femininas [86].

1965γ Robert Holley publicou a sequência nucleotídica completa de um tRNA [57].

1966γ Marshall W. Nirenberg e colegas [73, 107, 116], e Har Gobind Khorana e colegas [76] decifraram o código genético

• 9LQ 7KRUQH LQWURGXFHG DJDU JHO HOHFWURSKRUHVLV WR DQDO\]H DNA [144].

1967γ Martin Gellert relatou no início de 1967 a formação de círculos covalentes de ADN lambda utilizando extracto de células de *E. coli* [41].

• No final de 1967, quatro grupos, incluindo o de Martin Gellert, isolaram independentemente a enzima ligase de ADN [39, 109, 151, 156].

1968γ Stuart Linn e Werner Arber mostraram uma restrição *in* vitro de ADN de fd phages por extracto de *E. coli* [85].

1969γ Joseph G. Gall e Mary Lou Pardue desenvolveram a técnica de hibridação in situ [37].

1970γ Hamilton O. Smith e colegas isolaram e caracterizaram a primeira enzima de restrição tipo II, endonuclease R (mais tarde rebaptizada *HindII*) [74, 131].

γDavid Baltimore [5], e Howard Temin e Satoshi Mizutani [138] descobriram a transcriptase inversa

• 0RUWRQ 0DQGel e Akiko Higa desenvolveram um método de

transfecção para *E. coli*, que se tornou a base para os seguintes métodos de transformação bacteriana [87].

1971Ɣ Kathleen Janet Danna e Daniel Nathans foram pioneiros no uso de enzimas de restrição: clivagem específica do ADN SV40 [28].

1972Ɣ Paul Berg e colegas informaram sobre a construção in vitro de ADN recombinante [67].

- C. Aaij e P. Borst apresentaram a utilização de brometo de etídio para a coloração de ADN não rotulado em géis [1].

- Stanley Cohen e colegas conseguiram a transformação genética de *E. coli* por ADN de factor R (ADN plasmídico purificado) [24].

1973Ɣ Stanley Cohen, Herbert Boyer e colegas realizaram a primeira experiência de clonagem de genes, inserindo um gene bacteriano kanamycinR num vector plasmídeo em 1973 [23].

1974Ɣ Três grupos de investigação informaram independentemente sobre a construção de um vector de clonagem para o ADN da bactéria Lambda [104, 111, 143].

1975Ɣ Edward Mellor Southern desenvolveu a técnica da mancha sul [135]

- Jeff Schell e Marc van Montagu identificaram o (Ti)-plasmídeo indutor de tumores em *Agrobacterium tumefaciens* [147]

- Michael Grunstein e David S. Hogness desenvolveram um método de hibridação de colónias [50].

- De 24 a 27 de Fevereiro de 1975, realizou-se uma conferência (Conferência de Asilomar) no Centro de Conferências de Asilomar, Califórnia, para avaliar os riscos da engenharia genética [108].

1976Ɣ = DOWHU)LHUV DQG FRZRUNHUV UHSRUWHG FRPSOHWH VHTXHQFH RI EDFWHULRSKDJI MS2-RNA [32]

1977Ɣ Francisco Bolívar, Raymond Rodriguez e colegas construíram o vector plasmídeo pBR322 [13].

- Joachim Messing e os seus colegas relataram a construção de um vector de clonagem para o bacteriófago M13 (M13 mp1) [94].

- Allan M. Maxam e Walter Gilbert [90] e Frederick Sanger e colegas [123] relataram métodos de sequenciação de ADN

-

Bacteriófago ïX174 [121]

Ɣ Phillip Sharp e colegas [10], assim como Richard E. Gelinas e Richard J.

Roberts e colegas [40] descobriram independentemente intrusos em genes eucarióticos

ɣ Paul Berg e os seus colegas forneceram a tecnologia de tradução nick para
Radiomarcação de ADN [112]

ɣ A Genentech Inc. anunciou a produção de somatostatina, um
hormona, em *E. coli* usando tecnologia de ADN recombinante [66].

1978 ɣ John Collins e Barbara L. Hohn construíram um vector de clonagem cósmica
[25]

ɣ AlbertHinnen   ,   JamesB   .   HicksandGeraldR   . Finkberichte
Transformação de levedura [56]

1979 ɣ David V. Goeddel e colegas relataram sobre a expressão de produtos químicos
genes de insulina humana sintetizados em *E. coli* [44].

1Į 6KLJHND]X IDJDWD DQG FRZRUNHUV FORQHG DQG H[SUHVVVHG JHQH IRU KXPDQ OHXFRF\WH (,)1 Į) LQWHUIHURQ > 106@

- P. van Duijn e colegas desenvolveram a técnica de hibridação in situ da fluorescência (FISH) (método directo) [7].

- David Botstein, Raymond L. White, Mark Skolnick e Ronald W. Davis explicaram o conceito da técnica RFLP (Restriction Fragment Length Polymorphism) [14].

- Mario Renato Capecchi relatou a transformação altamente eficiente por microinjecção directa de ADN em células de mamíferos cultivados [19].

- Jon W. Gordon e colegas transformaram embriões de rato por microinjecção de ADN purificado [46].

- O Supremo Tribunal dos EUA concedeu à General Electric Company a primeira patente mundial sobre um organismo geneticamente modificado para uma bactéria Pseudomonas geneticamente modificada por Anand Chakraborty para biodegradação por derramamento de petróleo [132].

1981ɣ Pennina R. Langer, Alex A. Waldrop e David C. Ward desenvolveram a técnica de hibridação in situ da fluorescência (FISH) (método indirecto) [79].

- Gary Ruvkun e Frederick M. Ausubel desenvolveram um método geral para a mutagénese dirigida ao local em procariotas [118].

o mercado sob o nome comercial Humulin [60]

Ɣ Gerald M. Rubin e Allan C. Spradling relataram a transformação genética
em *Drosophila melanogaster* [117]

Ɣ Frederick Sanger e colegas receberam o nucleotídeo completo
sequência do ADN da bacteriófago lambda [122].

Ɣ Thomas Cech e colegas informaram sobre a auto-composição de um RNA intron,
e assim, pela primeira vez, a função catalítica do ARN foi provada [78].

1983   Ɣ Jeff Schell, Mark van Montagu e funcionários relataram a declaração de
genes quiméricos transferidos para células vegetais por meio de um plasmídeo de Ti derivado de um plasmídeo de Ti
Vector [54]

Ɣ R. Simon, U. Priefer e Alfred Pühler [129] e G. Selvaraj e V. N.
Iyer [126] constructedsuicidal plasmide-fortransposon
Mutagénese em bactérias Gram-negativas

Ɣ James F. Gusella e colaboradores introduziram o comprimento do fragmento de restrição
técnica de polimorfismo   (RFLP)
(localizadaamakeronhumana
Cromossoma 4 com uma ligação estreita com o locus da doença de Huntington
nascimento de um novo campo e clone de posição) [51]

1984   Ɣ David C. Schwartz e Charles R. Cantor introduziram o gradiente do campo de pulso
Tecnologia de electroforese em gel [125]

Ɣ Genes comuns de nodulação do *Rhizobium leguminosarum* [115] e
Rhizobium meliloti [145] clonado e sequenciado

1985   Ɣ Alec J. Jeffreys e associados apresentou as impressões digitais de ADN
Tecnologia [69, 70]

Ɣ Kary Banks Mullis e empregados da Cetus Corporation desenvolveram o
Técnica de Reacção em Cadeia da Polimerase (PCR) [102,103, 119, 120].
Ɣ
R. E. Martelo e empregados produziram coelhos transgénicos, ovelhas e Suínos [53]

1987   Ɣ Maynard Olson e o pessoal relataram sobre a construção de levedura
cromossoma artificial (YAC) vector para clonagem de grandes fragmentos de
ADN exógeno [17]

Ɣ Oliver Smithies e colegas [30], bem como Kirk R. Thomas e Mario

Renato Capecchi [142] relatou no local mutagénese dirigida pelo rato

- Bruce Chassy e Jeannette Flickinger apresentaram a "tecnologia da electroporação" [22].
- Theodore M. Klein, Edward D. Wolf, R. Wu e John C. Sanford [77] desenvolveram microprojectos de alta velocidade para introduzir ácido nucleico nas células

1988Ɣ Alexander Varshavsky e os seus colegas desenvolveram o ensaio de imunoprecipitação de cromatina (ChIP) [134].

1989Ɣ Lap-Chee Tsui, John Riordan, Francis Dolan Collins e colegas identificaram e clonaram o gene humano responsável pela fibrose cística [113].

1990Ɣ Primeiro estudo aprovado sobre terapia genética humana realizado no National Institute of Health (NIH), EUA [97].

- O projecto do genoma humano teve início [59, 150].
- Stephen F. Altschul e os seus colegas apresentaram o instrumento básico de pesquisa para o alinhamento local (BLAST) [3].
- Nat Sternberg (1990) desenvolveu o vector de clonagem bacteriófago P1

[136]   1992ƔMelvinSimonandcoworkersconstructedbacterial künstlich Cromossoma (BAC) [128]

Ɣ   Gurmukh Singh Johal e Steven Briggs identificaram e clonaram a planta Gene de resistência a doenças HM1 no milho [71].

1993 Ɣ   Victor Ambros e colegas identificaram o primeiro microRNA, que Produto do gene Lin-4 de *Caenorhabditis elegans* [82].

1994 Ɣ   Mark Skolnick e colaboradores clonaram a primeira susceptibilidade ao cancro da mama gene (*BRCA1*) [96] [96

- 3LHWHU GH -RQJ DQG FRZRUNHUV GHYHORSHG 31 DUWLILFLDO FKURPRVVRP Vector de clonagem [65]
- O tomate Flavr-Savr produzido pela Calgene tornou-se a primeira planta alimentar geneticamente modificada cultivada comercialmente com a aprovação da FDA a 18 de Maio de 1994 [58].

1995Ɣ Patrick O. Brown e colegas apresentaram a tecnologia de microarranjos [124].

- John Craig Venter e colegas publicaram a sequência de todo o genoma da bactéria *Haemophilus influenzae* [34].

A colaboração publicou a sequência completa de ADN da levedura de padeiro,

Saccharomyces cerevisiae [45]

ɣ   John Craig Venter e vários cientistas americanos, em colaboração,

publicou a sequência completa de ADN de um arquebactéria, *Methanococcus*

jannaschii confirma a arcaea como o terceiro grande ramo da vida [16]

ɣ   Julie R. Pear e colegas clonaram uma síntese de celulose de algodão (*CesA*)

gene, o primeiro gene de parede celular vegetal a ser clonado [110].

ɣ   A Monsanto introduziu o algodão Bt sob o nome comercial Bollgard cotton
[52]

ɣ   Dolly, uma ovelha, foi o primeiro mamífero a ser clonado por um adulto

utilizando tecnologia de transferência nuclear. A clonagem foi feita por Ian Wilmut,

Keith Campbell e pessoal do Instituto Roslin, Edimburgo,

Escócia [18]

1997   ɣ   Frederick R. Blattner, Guy Plunkett III e empregados relataram

sequência genómica completa de *Escherichia coli* [12].

1998   ɣ   O Sanger Institute e o Genome Sequencing Center em Washington

Escola Superior de Medicina, St. Louis, tem em cooperação

genoma de *Caenorhabditis elegans* [140].

ɣ   Mostafa Ronaghi, Mathias Uhlén e Pål Nyrén no Instituto Real

em Estocolmo desenvolveu uma técnica de sequenciação de ADN

conhecida como pirosesquência ou sequenciação por síntese [114].

ɣ   Craig Cameron Mello, Andrew Zachary Fire e pessoal descobertos

Tecnologia de interferência RNA (RNAi) [33].

1999   ɣ   Os cientistas do Projecto Genoma Humano completaram a sequência completa

do ADN do cromossoma humano 22 [31].

2000   ɣ   Os colaboradores internacionais informaram sobre a sequência completa do genoma

da mosca da fruta, *Drosophila melanogaster* [2, 105]

ɣ   A sequenciação completa da planta modelo *Arabidopsis thaliana*

Relatórios genómicos [139]

2001   ɣ   Roger Kornberg e colegas de trabalho descrevem os princípios estruturais da transcrição
[26, 43]

ɣ   Consórcio internacional para a sequenciação do genoma humano [62] e Celera

Genomics [148] publicou dois rascunhos de sequências e análises de seres humanos
genoma

2003   • Robi D. Mitra e colegas introduziram uma nova sequenciação de ADN
Técnica: Sequência in situ da fluorescência em colónias de polimerase
(Sequenciação da polonia) [98]

2004Ɣ Num projecto conjunto, o Laboratório Europeu de Biologia Molecular (EMBL), o Instituto Europeu de Bioinformática (EBI), o Wellcome Trust Sanger Institute (WTSI) e o Broad Institute desenvolveram um sistema de software ENSEMBL para criar e manter anotações automáticas sobre genomas eucarióticos [27].

• International Human Genome Sequencing Consortium relatou a sequência completa do genoma humano [63].

• Kanwarpal Singh Dhugga e os seus colegas clonaram o gene *ManS* (mannan synthase) do guar (*Cymopsis tetragonoloba*) e forneceram as primeiras provas directas do envolvimento de um gene *CesA* ou Csl da planta em ù formação de glicanos [29].

2005Ɣ International Rice Genome Sequencing Project reportou a sequência completa do genoma Oryza *sativa* (arroz) de   2005 [64].

• Jay Shendure e colegas [127], e Jonathan M. Rothberg e colegas [88] relataram uma nova técnica de sequenciação de ADN (sequenciação de polonia multiplex)

• O consórcio internacional HapMap publicou o primeiro mapa haplótipo do genoma humano [141].

2006Ɣ 6WHYH (. -DFREVRQ, -RVHSK 5th Ecker e colegas publicaram o mapa da metilação do ADN em *Arabidopsis thaliana* [155].

• Gerald A. Tuskan e colegas publicaram a sequência completa do genoma do álamo (*Populus trichocarpa*) [146].

2007Ɣ A 17 de Abril, James Watson foi a primeira pessoa a receber os dados da sua sequência de genoma pessoal [153].

• A ⁴ de Setembro, John Craig Venter foi a primeira pessoa a receber os dados da sua sequência do genoma pessoal (sequência diplóide) [84].

• -RKQ &UDLJ 9HQter e colegas relataram o transplante do genoma em bactérias: Mudança de uma espécie para outra [80].

2008Ɣ John Craig Venter e os seus colegas relataram a síntese química completa, montagem e clonagem do genoma *do Mycoplasma genitalium*

[42].

OBRIGADO

Agradecemos ao Dr. K. S. Dhugga, Pioneer Hi-Bred International Inc., U.S.A., D. S. Brar (IRRI, Manila), K. S. Gill (Washington State Univ.) e Debasis Chakrabarty (NBRI, Lucknow) pelos seus comentários críticos. Estamos muito gratos a Vijay Kumar Tiwari, Pranita Bhatele e Nagesh K. A. pelas suas valiosas sugestões.

REFERÊNCIAS

Aaij C, Borst P (1972) A electroforese em gel do ADN. Biochim Biophys Acta 269: 192-200

Adams MD, Celniker SE, Holt RA et al (2000) A sequência genómica de *Drosophila melanogaster*. Ciência 287: 2185-2195

Altschul SF, Gish W, Miller W et al (1990) Ferramenta básica de pesquisa de alinhamento local. J Mol Biol 215: 403-410

Avery OT, MacLeod CM, McCarty M (1944) Estudos sobre a natureza química da substância que induz a transformação de tipos pneumocócicos J Explora Med 79: 137-158 Baltimore D (1970) DNA polimerase dependente do RNA: DNA polimerase dependente do RNA em viriões de vírus tumorais de RNA. Espécie 226: 1209-1211

Bateson W, Saunders ER, Punnet RC (1905) Estudos experimentais sobre a fisiologia da hereditariedade. Relatórios para Evol Comm Royal Soc 2: 1-131

Bauman JGJ, Wiegant J, Borst P, van Duijn P (1980) Um novo método de localização microscópica por fluorescência de sequências específicas de ADN por hibridação in-situ de RNA marcado com fluorocromo. Exp Cell Res 128: 485-490

Beadle GW, Tatum EL (1941) Controlo genético das reacções bioquímicas em *Neurospora* Proc Natl Acad Sci EUA 27: 499-506

Benzer S (1955) Estrutura fina de uma região genética em bacteriófagos. Proc Natl Acad Sci USA 41: 344-354

Berget SM, Moore C, Sharp PA (1977) Segmentos emendados no terminal de 5' do último mRNA do adenovírus 2 Proc Natl Acad Sci USA 74: 3171-3175

Bessman MJ, Lehman IR, Simms ES, Kornberg A (1958) Síntese enzimática do ácido desoxirribonucleico II. Propriedades gerais da reacção. J Biol Chem 233: 171-177

Blattner FR, Plunkett G [3rd], Bloch CA et al (1997) A sequência completa do genoma de *Escherichia coli* K12. Ciência 277: 1453-1462

Bolivar F, Rodriguez RL, Greene PJ et al (1977) Concepção e caracterização de novos veículos de clonagem. II Um sistema de clonagem polivalente, Gen 2: 95-113

Botstein D, White RL, Skolnick M, Davis RW (1980) Construção de um mapa de ligação genética em humanos usando polimorfismos de comprimento de fragmento de restrição Em J. Hum Genet 32: 314-331

Brenner S, Jacob F, Meselson M (1961) Um intermediário instável que transporta informação dos genes para os ribossomas para a síntese de proteínas. Natureza 190: 576-581

Bult CJ, White O, Olsen GJ et al (1996) Sequência completa do genoma do arquebactéria metanogénico, *Methanococcus jannaschii.* Ciência 273: 1058-1073

Burke DT, Carle GF, Olson MV (1987) Clonagem de grandes secções de ADN exógeno em leveduras utilizando vectores cromossómicos artificiais. Ciência 236: 806-812

Campbell KHS, McWhir J, Ritchie WA et al (1996) Ovelhas clonadas por transferência nuclear a partir de uma linha de células cultivadas Natureza 380: 64-66

Capecchi MR (1980) Transformação altamente eficiente por microinjecção directa de ADN em células de mamíferos cultivados. Célula 22: 479-488

Chargaff E (1951) Estrutura e função dos ácidos nucleicos como componentes celulares. Fed Proc 10: 654-659

Chargaff E, Vischer E, Doniger R et al (1949) A composição dos ácidos nucleicos de desoxipentose do timo e do baço. J Biol Chem 177: 405-416

Chassy BM, Flickinger JL (1987) Transformação de *Lactobacillus casei* por electroporação. FEMS Microbiol Lett 44: 173-177

Cohen SN, Chang ACY, Boyer HW, Helling RB et al (1973) Construção de plasmídeos bacterianos biologicamente funcionais *in vitro.* Proc Natl Acad Sci USA 70: 3240- 3244

Cohen SN, Chang ACY, Hsu L (1972) Resistência a antibióticos não cromossómicos em bactérias: Transformação genética de *Escherichia coli* por ADN de factor R. Proc Natl Acad Sci USA 69: 2110-2114

Collins J, Hohn B (1978) Cosmids: Um tipo de vector de clonagem do gene plasmídeo que pode ser embalado *in vitro* LQ EDFWHULRSKDJH 3 KHDGV. 3URF 1DWO $FDd Sci USA 75: 4242- 4246 Cramer P, Bushnell DA, Kornberg RD (2001) Base estrutural de transcrição: RNA polimerase II com uma resolução de 2,8 angstroms. Ciência 292: 1863-1876

Curwen V, Eyras E, Andrews TD et al. (2004) O sistema automatizado de anotação de genes Ensembl. Genoma Res 14: 942-950

Danna K, Nathan's D (1971) Clivagem específica do vírus do macaco 40 DNA por restrição endonuclease de *Hemophilus influenzae.* Proc Natl Acad Sci USA 68: 2913-2917

Dhugga KS, Barreiro R, Whitten B et al (2004) A semente de guar ß-mannan synthase é um membro da família supergénica da celuloses synthase. Ciência 303: 363-366

Doetschman T, Gregg RG, Maeda N et al (1987) Targeted correction of a mutated HPRT gene in rato embrionic stem cells Espécie 330: 576-578

Dunham I, Shimizu N, Roe BA et al (1999) The DNA sequence of the human chromosome 22nd nature 402: 489-495

Fiers W, Contreras R, Duerinck F et al (1976) Sequência nucleotídica completa do RNA bacteriófago MS2 - estrutura primária e secundária do gene de replicação. Natureza 260: 500-507

Fire A, Xu S, Montgomery MK et al (1998) Strong and specific genetic interference by double-stranded RNA in *Caenorhabditis elegans*. Espécie 391: 806-811

Fleischmann RD, Adams MD, White O et al (1995) Whole-genome random sequencing and assembly of *Haemophilus influenzae* Rd. Wissenschaft 269: 496-512

Fraenkel-Conrat H, Cantor B (1957) Reconstituição do vírus. II. combinação de proteínas e ácido nucleico de diferentes estirpes. Biochim Biophys Acta 24: 540-548

Franklin RE, Gosling RG (1953) Configuração molecular em tiomonucleato de sódio. Espécie 171: 740-741

Gall JG, Pardue ML (1969) Formação e detecção de moléculas híbridas de RNA-DNA em preparações citológicas. Proc Natl Acad Sci USA 63: 378-383

Garrod AE (1909) Erros inatos congénitos do metabolismo. Imprensa da Universidade de (

Gefter ML, Becker A, Hurwitz J (1967) The enzymatic repair of DNA, I. Formation of circular DNA Proc Natl Acad Sci EUA 58: 240-247

Gelinas RE, Roberts RJ (1977) Um predominante ₅₉ undecanucleotide em adenovirus 2 RNAs de mensageiro tardio. Célula 11: 533-544

Gellert M (1967) Formação de círculos covalentes de ADN lambda por extractos de *E. coli*. Proc Natl Acad Sci USA 57: 148-155

Gibson DG, Benders GA, Andrews-Pfannkoch C et al (2008) Síntese química completa, montagem e clonagem de um genoma *de Mycoplasma genitalium*. Ciência 319: 1215-1220

Gnatt AL, Cramer P, Fu J et al (2001) Structural principles of transcription: an RNA polymerase II elongation complex with a resolution of 3.3 Å. Ciência 292: 1876-1882

Goeddel DV, vestir DG, Bolivar F et al (1979) Expressão em *Escherichia coli* de genes quimicamente sintetizados para a insulina humana. Proc Natl Acad Sci USA 76: 106-110 Goffeau A, Barrell BG, Bussey H et al (1996) Life com 6000 genes. Ciência 274: 546- 567

Gordon JW, Scangos GA, Plotkin DJ et al (1980) Transformação genética de embriões de rato por microinjecção de ADN purificado. Proc Natl Acad Sci USA 77: 7380-7384

Griffith F (1928) A importância dos tipos pneumonocócicos. Journal of Hygiene 27:

113- 159

Grunberg-Manago M, Ochoa S (1955) Síntese enzimática e degradação de polinucleótidos; polinucleotide fosforilase. J Am Chem Soc 77: 3165-3166 Grunberg-Manago M, Ortiz PJ, Ochoa S (1955) Síntese enzimática de polinucleótidos do tipo ácido nucleico. Ciência 122: 907-910

Grunstein M, Hogness DS (1975) Colony hybridization: Um método para isolar DNAs clonados contendo um gene específico. Proc Natl Acad Sci USA 72: 3961-3965 Gusella JF, Wexler NS, Conneally PM et al (1983) Um marcador de DNA polimórfico geneticamente ligado à doença de Huntington Natureza 306: 234-238

Halcomb J, Benedict J, Cook B et al (1996) Survival and growth of bollworm and tobacco budworm on non-transgenic and transgenic cotton expriming a CryI A insecticidal protein (Lepidoptera: Noctuidae). Umweltentomologie 25: 250-255

Hammer RE, Pursel VG, Rexroad CE Jr et al (1985) Produktion von transgenen Kaninchen, Schafen und Schweinen durch Mikroinjektion. Natur 315: 680-683

Herrera-Estrella L, Depicker A, van Montagu M e Schell J (1983) Expressão de genes quiméricos transferidos para células vegetais usando um vector derivado de plasmídeos Ti. Natureza 303: 209-213

Hershey AD, Chase M (1952) Funções independentes da proteína viral e do ácido nucleico no crescimento de bacteriófagos. J gene Physiol 36: 39-56

Hinnen A, Hicks JB, Fink GR (1978) Transformação de levedura. Poc Natl Acad Sci USA 75: 1929-1933

Holley RW, Apgar J, Everett G et al (1965) Estrutura de um ácido ribonucleico. Ciência 147: 1462-1465

http://www.accessexcellence.org/RC/AB/BA/Flavr_Savr_Arrives.php

http://www.genome.gov/25520329

http://www.munichre.com/en/ts/biosciences/bio_basics/history_genetic.aspx

Hurwitz J, Bresler A, Diringer R (1960) A incorporação enzimática de ribonucleótidos em poli-ribonucleótidos e o efeito do ADN. Biochem Biophys Res Comm 3: 15-18

International Human Genome Sequencing Consortium (2001) First sequencing and analysis of the human genome. Natureza 409: 860-921

International Human Genome Sequencing Consortium (2004) Conclusão da sequência eucromática do genoma humano. Natureza 431: 931-945

International Rice Genome Sequencing Project (2005) A sequência baseada no mapa do genoma do arroz. Natureza 436: 793-800

Ioannou PA, Amemiya CT, Garnes J et al (1994) Um novo vector derivado de bacteriófagos P1 para a propagação de grandes fragmentos de ADN humano. Nature

Genetics 6: 84-89 Itakura K, Hirose T, Crea R et al (1977) Expressão em *Escherichia coli* de um gene sintetizado quimicamente para a hormona somatostatina. Ciência 198: 1056-1063

Jackson DA, Symons RH, Berg P (1972) Método bioquímico para a inserção de nova informação genética no ADN do vírus símio 40: moléculas circulares de ADN SV40 contendo genes de fago lambda e o ópero galactose de *Escherichia coli*. Proc Natl Acad Sci USA 69: 2904-2909

Jacob F, Monod J (1961) Genetic regulation mechanisms in the synthesis of proteins. J Mol Biol 3: 318-356

JeffreysAJ, Brookfield JFY, Semeonoff R (1985) Positive identification of an immigration test case using human DNA fingerprints. Espécie 317: 818-819

Jeffreys AJ, Wilson V, Thein SL (1985) Regiões hipervariadas "minisatélite" em ADN humano. Natureza 314: 67-73

Johal GS, Briggs SP (1992) Reductase activity encoded by the HM1 disease resistance gene in more. Wissenschaft 258: 985-987

Johannsen W (1909) Elementos da teoria exacta da hereditariedade. Gustav Fischer, Jena Kellogg DA, Doutor BP, Loebel JE, Nirenberg M et al (1966) RNA codons e síntese de proteínas, IX. Reconhecimento de códon sinónimo por vários tipos de valina, alanina e metionina sRNA Proc Natl Acad Sci USA 55: 912-919

Kelly TJ, Smith HO (1970) Uma enzima de restrição do *Hemophilus influenzae*. II. Sequência base do local de reconhecimento. J Mol Biol 51: 393-409

Kent WJ, Sugnet CW, Furey TS et al (2002) The Human Genome Browser at UCSC. Genoma Res 12: 996-1006

Khorana HG (1968) Síntese do ácido nucleico no estudo do código genético. Palestra Nobel, 341-369

Klein TM, Wolf ED, Wu R, Sanford JC (1987) Microprojectos de alta velocidade para a introdução de ácidos nucleicos em células vivas. Natureza 327: 70-73

Kruger K, Grabowski PJ, Zaug AJ et al (1982) Self-splicing RNA: Autoexcision and autocyclization of the ribosomal RNA intervention sequence of *Tetrahymena*. Célula 31: 147-157

Langer PR, Waldrop AA, Ward DC (1981) Síntese enzimática de polinucleótidos com rótulo de biotina: Novas sondas de afinidade do ácido nucleico. Proc Natl Acad Sci EUA 78: 6633- 6637

Lartigue C, Glass JI, Alperovich N et al (2007) Transplante de genoma em bactérias: Mudança de uma espécie para outra. Ciência 317:632-638

Lederberg J, Tatum EL (1946) Recombinação de genes em *Escherichia coli*. Natureza

158: 558-558

Lee RC, Feinbaum RL, Ambros V (1993) O gene heterochronic *lin-4 de C. elegans* codifica pequenos RNAs com complementaridade antisense para *lin-14*. célula 75: 843-854 Lehman IR, Bessman MJ, Simms ES e Kornberg A et al (1958) Síntese enzimática do ácido desoxirribonucleico. I. Produção de substratos e purificação parcial de uma enzima a partir de *Escherichia coli*. J Biol Chem 233: 163-170

Levy S, Sutton G, Ng PC et al (2007) A sequência diplóide do genoma de um único ser humano PLoS Biol 5: 2113-2144

Linn S, Arber W (1968) Host specificity of *Escherichia coli*, X. In vitro restriction of the replication form of the phage fd. Proc Natl Acad Sci USA 59: 1300-1306 Lyon MF (1961) Gene activity in the X chromosome of the mouse (*Mus musculus musculus* L.) Nature 190: 372-373

Amêndoa M, Higa A (1970) Infecção por ADN bacteriófago dependente do cálcio. J Mol Biol 53: 159-162

Margulies M, Egholm M, Altman WE et al (2005) Sequenciação do genoma em reactores microfabricados picolitros de alta densidade. Natureza 437: 376-380

Markham R, Smith JD (1952) A estrutura dos ácidos ribonucleicos I. Nucleotídeos cíclicos produzidos por ribonuclease e por hidrólise alcalina. Bioquímica J 52: 552-557

Maxam AM, Gilbert W (1977) Um novo método para sequenciar o ADN. Proc Natl Acad Sci USA 74: 560-564

McClintock B (1950) A origem e comportamento dos loci variáveis no milho. Proc Natl Acad Sci USA 36: 344-355

Mendel G (1866) Experiências com híbridos de plantas. Negociações da associação naturalista em Brno, Vol. IV para o ano de 1865, tratados 3-47, tradução inglesa disponível em http://www.esp.org/timeline/

Meselson M, aço FW (1958) A replicação do ADN em *Escherichia coli*. Proc Natl Acad Sci USA 44: 671-682

Messing J, Gronenborn B, Muller-Hill B et al (1977) Filamentous coliphage M13 como veículo de clonagem: Inserção de um fragmento HindII da região reguladora da lacuna em forma de réplica da M13 *in vitro*. Proc Natl Acad Sci USA 74: 3642-3646

Miescher F (1871) Sobre a composição química das células pus.

Miki Y, Swensen J, Shattuck-Eidens D et al (1994) Um forte candidato para o gene BRCA1 de susceptibilidade ao cancro da mama e dos ovários. Ciência 266: 66-71

Miller AD (1992) A terapia genética humana chega à idade Natureza 357: 455-460

Mitra RD, Shendure J, Olejnik J et al (2003) fluorescência in situ sequenciada em colónias de polimerase. Bioquímica anal 320: 55-65

Morgan TH (1910) Herança sexualmente restrita em *Drosophila.* Ciência 32: 120-122

Morgan TH (1911) Segregação aleatória versus acoplamento na herança mendeliana. Ciência 34: 384-384

Muller HJ (1927) Transmutação artificial do gene. Ciência 66: 84-87

Mullis K, Faloona F, Scharf S et al (1986) Specific enzymatic amplification of DNA *in vitro*: The polymerase chain reaction. Cold Spring Harb Symp Quantum Biol 51:

Myers EW, Sutton GG, Delcher Al et al (2000) Um grupo inteiro do genoma de *Drosophila.* Ciência 287: 2196-2204

Nagata S, Taira H, Hall A et al (1980) Síntese em *E. coli* de um polipéptido com actividade de interferon leucócitos humanos. Espécie 284: 316-320

Nirenberg MW, Matthaei JH (1961) The dependence of cell-free protein synthesis in *E.coli* on naturally occurring or synthetic polyribonulceotides. Proc Natl Acad Sci USA 47: 1588-1602

Norman C. (1975) A Conferência de Berg defende a utilização de estirpes fracas. Natureza 254: 6-7

Olivera BM, Lehman IR (1967) Ligação de polinucleótidos através de ligações fosfodiéster por uma enzima de *Escherichia coli.* Proc Natl Acad Sci USA 57: 1426-1433 Pear JR, Kawagoe Y, Schreckengost WE et al (1996) As plantas superiores contêm homólogos dos genes da bactéria celA que codificam a subunidade catalítica da celulose sintase. Proc Natl Acad Sci USA 93: 12637-12642

5DPEDFK $, 7LROODLV 3 (1974) %DFWHULRSKDJH 3 KDYLQJ EcoRI endonuclease sites apenas na região não essencial do genoma Proc Natl Acad Sci USA 71: 3927-3930

Rigby PWJ, Dieckmann M, Rhodes C et al (1977) Labelling of deoxyribonucleic acid to high specific activity *in vitro* by Nick translation with DNA polimerase I. J Mol Biol 113: 237-251

Riordan JR, Rommens JM, Kerem B et al (1989) Identification of the cystic fibrosis gene: cloning and characterization of complementary DNA. Ciência 245: 1066-1073

Ronaghi M, Uhlén M, Nyrén P (1998) Um método de sequenciação baseado no pirofosfato em tempo real Ciência 281: 363-365

Rossen L, Johnston AWB, Downie JA (1984) DNA sequence of the *Rhizobium* leguminosarum nodule genes Nódulos *A, B* e *C,* que são necessários para o encaracolamento da raiz do cabelo, Nucl Acids Res 12: 9497-9508

Rottman F, Nirenberg M (1966) Síntese. XI. Códones de RNA e actividade de modelos de proteínas de códones de RNA modificados. J Mol Biol 21: 555-570

Ruby GM, Spradling AC (1982) Transformação genética de *Drosophila* com vectores de elementos transponíveis. Ciência 218: 348-353

Ruvkun GB, Ausubel FM (1981) Um método geral para a mutagénese dirigida ao local em procariotas. Natureza 289: 85-88

Saiki RK, Gelfand DH, Stoffel S et al (1988) Primer-directed enzymatic amplification of DNA with a thermostable DNA polymerase. Ciência 239: 487-491

6DLNLNL 5., 6FKDUI 6,)DORRQD) HWDO (1985) (Q]\PDWLF DPSOLLFDWLRQ RI ù-globin sequências genómicas e análise do local de restrição para o diagnóstico de anemia falciforme. Ciência 230: 1350-1354

Sanger F, Air GM, Barrell BG et al (1977) 1XFOHRWLGH VHTXHQFH RI EDFWHULRSKDJH ɪ X174 ADN. Natureza 265: 687-695

6DQJHU), &RXOVRQ $5, +RQJ *) HWDO (1982) lXFOHRWLGH VHTXHQFH RI EDFWHULRSKDJH 3 ADN. J Mol Biol 162: 729-773

Sanger F, Nicklen S, Coulson AR (1977) sequenciação de ADN com inibidores de terminação em cadeia. Proc Natl Acad Sci USA 74: 5463-5467

Schena M, Shalon D, Davis R W et al (1995) Monitorização quantitativa de padrões de expressão genética com um microarranjo de ADN complementar. Science 270: 467-470

Schwartz DC, Cantor CR (1984) Separação de DNAs cromossómicos de levedura por electroforese de gel de gradiente de campo de pulso. Célula 37: 67-75

Selvaraj G, Iyer VN (1983) Suicide plasmid vehicle for insertion mutagenesis in *Rhizobium meliloti* e bactérias relacionadas. J Bacteriol 156: 1292-1300

Shendure J, Porreca GJ, Reppas NB et al (2005) Sequência exacta de polonia multiplex de um genoma bacteriano desenvolvido. Ciência 309:1728-1732

Shizuya H, Birren B, Kim U-J et al (1992) Clonagem e manutenção estável de fragmentos de par de 300 kilobase de ADN humano em *Escherichia coli* usando um vector baseado no factor F. Proc Natl Acad Sci USA 89: 8794-8797

Simon R, Priefer U, Pühler A (1983) Um sistema de mobilização de amplo espectro hospedeiro para a engenharia genética *in vivo*: transposição de mutagénese em bactérias Gram-negativas. Biotecnologia/Tecnologia 1: 784-791

Smith HO, Hutchison III CA, Pfannkoch C et al (2003) Geração de um genoma sintético E\ ZKROH JHQRPH DVVHPEO\: ɪ;174 EDFWHULRSKDJH IURP V\QWKHWLF ROLJRQXFOHRWLGHV. Proc Natl Acad Sci USA 100: 15440-15445

Smith HO, Wilcox KW (1970) Uma enzima de restrição do *Hemophilus influenzae*. I. Purificação e propriedades gerais. J Mol Biol 51: 379-391

Smith JE (1996) Biotechnologie, Cambridge University Press, Cambridge

Smithies O (1955) Electroforese de zona em géis de amido: Variações de grupo nas proteínas do soro de adultos humanos normais. Bioquímica J 61: 629-641

Solomon MJ, Larsen PL, Varshavsky A (1988) Mapping of protein-DNA interactions *in vivo* with formaldehyde: Demonstrando que o histone H4 é retido num gene altamente transcrito. Célula 53: 937-947

EM do Sul (1975) Detecção de sequências específicas entre fragmentos de ADN separados por electroforese em gel J Mol Biol 98: 503-517

Sternberg N (1990) Sistema de clonagem para bacteriófagos P1 para isolamento, amplificação e recuperação de fragmentos de ADN até um tamanho de 100 pares de kilobase. Proc Natl Acad Sci EUA 87:103-107

Sturtevant AH (1913) A disposição linear de seis factores ligados ao sexo em *Drosophila*, como demonstrado pelo seu tipo de associação. J Experimentar Zool 14: 43-59

Temin HM, Mizutani S (1970) Virus RNA-dependent DNA polimerase: DNA polimerase dependente de RNA em viriões do vírus do sarcoma rous. Natureza 226: 1211-1213 The *Arabidopsis* Genome Initiative (2000) Analysis of the genome sequence of the flowering plant *Arabidopsis thaliana*. Espécie 408: 796-815

The *C. elegans* Sequencing Consortium (1998) Genome sequence of the nematode *C. elegans*: A platform for research into biology. Ciência 282: 2012-2018

O Consórcio Internacional HapMap (2005) Um mapa haplótipo do genoma humano Natureza 437: 1299-1320

Thomas KR, Capecchi MR (1987) Mutagénese dirigida pelo local através da mira genética em células estaminais de ratos derivadas de embriões. Célula 51: 503-512

Thomas M, Cameron JR, Davis RW (1974) Híbridos moleculares viáveis de ADN lambda bacteriófago e eucariótico. Proc Natl Acad Sci USA 71: 4579-4583

Thorne HV (1966) Separação electroforética do DNA do vírus do polioma do DNA da célula hospedeira. Virologia 29: 234-239

Török I, Kondorosi E, Stepkowski T et al (1984) Nucleotide sequence of *Rhizobium* meliloti modulation genes. Ácidos nucléicos Res 12: 9509-9524

Tuskan GA, Difazio S, Jansson S et al (2006) O genoma do choupo negro, *Populus trichocarpa* (Torr. & Gray) Science 313: 1596-1604

Van Larebeke N, Genetello C, Schell J et al (1975) Acquisition of tumour-inducing capacity by non-oncogenic agrobacteria as a result of plasmid transfer. Espécie 255: 742- 743

Venter JC, Adams MD, Myers EW et al (2001) The sequence of the human genome. Ciência 291: 1304-1351

Watson JD, Crick FHC (1953) Uma estrutura para ácido nucleico deoxirribose Natureza

171: 737-738

Watson JD, Jordan E (1989) The Human Genome Programme at the National Institutes of Health. Genómica 5: 654-656

Weiss B, Richardson CC (1967) Quebra enzimática e ligação de ácido desoxirribonucleico, I. Reparação de quebras de uma só corda no DNA por um sistema enzimático de *Escherichia coli* infectado com a bacteriófaga T4. Proc Natl Acad Sci USA 57: 1021-1028

Weiss SB, Gladstone L (1959) Um sistema mamífero para a incorporação de trifosfato de ctidina no ácido ribonucleico J Am Chem Soc 81: 4118-4119

Wheeler DA, Srinivasan M, Egholm M et al (2008) O genoma completo de um indivíduo por sequenciação maciça de ADN paralelo. Natureza 452: 872-876

Wilkins MHF, Stokes AR, Wilson HR (1953) Estrutura molecular dos ácidos nucleicos deoxipentose. Natureza 171: 738-740

Zhang X, Yazaki J, Sundaresan A et al (2006) Genome-wide high-resolution mapping and functional analysis of DNA methylation in *Arabidopsis*. Célula 126: 1189-1201

Zimmerman SB, Little JW, Oshinsky CK et al (1967) Ligação enzimática de cordões de ADN: Uma nova reacção de nucleótido difosfopiridina. Proc Natl Acad Sci USA 57: 1841-1848

Zinder ND, Lederberg J (1952) Intercâmbio genético em *salmonela*. J Bacteriol 64: 679- 699

DESENVOLVIMENTO DE UMA ENZIMA DE NITRILASE A PARTIR DE UM NOVO ISOLADO PARA A MODIFICAÇÃO DA SUPERFÍCIE DE POLIACRILONITRILO

Vikash Babu, Shilpi , Saurabh Khemka e Bijan Choudhury3

Departamento de Biotecnologia, Instituto Indiano de Tecnologia, Roorkee

[3] Autor correspondente : bijanfbs@iitr.ernet.in
Fax no. - 01332-285297

Resumo: As biotransformações utilizando enzimas são mais vantajosas do que as transformações químicas porque são amigas do ambiente, exigem condições de reacção suaves e fazem uso de quimio-, regio- ou enantioselectividades. Nos últimos anos, as enzimas também têm sido utilizadas na modificação da superfície dos polímeros. Estes polímeros modificados serão valiosos para a indústria têxtil e biomédica. Foi relatado que a nitrilase e a hidratase de nitrilo / amidase hidrolisam o grupo ciano de polímeros de nitrilo ao ácido carboxílico. A fim de compreender a importância desta classe de enzimas, o isolamento e o rastreio foram realizados com várias amostras de solo e água utilizando meios minerais (MB) contendo poliacrilonitrilo. Um novo isolado bacteriano que produz nitrilase e nitrilo hidratase / amidase foi isolado da amostra de águas residuais. A actividade da enzima metabolizadora do nitrilo foi testada para diferentes nitrilos. A presença de nitrilase e de hidratase nitrilo foi confirmada com a utilização de DEPA, um inibidor de amidase. Quase a mesma actividade foi encontrada com nitrilo hexano na presença de um inibidor de amidase, confirmando que a hidrólise do nitrilo hexano é apenas por nitrilase. A actividade enzimática de toda a célula foi também testada com diferentes polímeros de nitrilo, ou seja, poliacrilonitrilo (PAN), poli(acrilonitrilo-co-metacrilonitrilo) (PMA). Observou-se que células inteiras eram capazes de libertar amoníaco do PMA. Observou-se que o amoníaco foi libertado pela nitrilase. Por conseguinte, foi realizada uma maior optimização apenas para a nitrilase. Verificou-se que a enzima nitrilase mostra a sua actividade óptima a uma temperatura de 55 °C e um pH de 5,8. A meia-vida da nitrilase foi de quase 5 horas. Este estudo demonstrou a possibilidade de modificar os polímeros de nitrilo e a enzima recentemente descoberta exibe especificidade para o polímero de nitrilo. Estes polímeros modificados melhorariam a capacidade de sintetizar polímeros completamente novos e de melhorar a coloração e o conforto dos tecidos sintéticos.

INTRODUÇÃO

O poliacrilonitrilo (PAN) é um polímero de acrilonitrilo monómero, que contribui com quase 98% como matéria-prima para a indústria têxtil (Saurer; 2004). A hidrofobicidade do PAN prejudica a processabilidade das fibras e, portanto, dificulta

Aplicação de agentes de acabamento e corantes. A hidrofobicidade também impede que a água penetre nos poros do tecido. Por conseguinte, são necessárias modificações superficiais para converter superfícies de PAN em superfícies hidrofílicas, geralmente por hidrólise química. No entanto, influencia as propriedades de resistência das fibras. As enzimas metabolizadoras do nitrilo podem ser utilizadas para a hidrólise do poliacrilonitrilo sem afectar as propriedades de resistência do PAN (Battistel et. al., 2001; Fischer-colbrie et al., 2007; Wang et. al., 2004). Esta bioconversão conduzirá ao poliacrilonitrilo mais hidrofílico com melhores propriedades de superfície.

A enzima nitrilo-metabolizante pertence à classe das hidrolases que catalisam as reacções de hidrólise (Banerjee et. al., 2002). A maioria das biotransformações úteis que são realizadas em síntese orgânica são realizadas pela classe enzimática das hidrolases. Os nitrilos são amplamente produzidos e amplamente utilizados pela indústria química. São compostos muito tóxicos e geralmente não degradáveis. Contudo, alguns microrganismos têm a capacidade de utilizar nitrilos como fontes de carbono e nitrogénio. Foi demonstrado que a degradação microbiana dos nitrilos ocorre através de duas vias enzimáticas (Fig.1) (Kobayashi et. al., 2000). A nitrilase (EC 3.5.5.1), que pertence à classe da hidrolase, catalisa a clivagem directa dos nitrilos aos ácidos e amoníaco correspondentes. Na segunda via, os nitrilos são catabolizados em duas fases, através da conversão para as amidas correspondentes por hidratase nitrílica (EC 4.2.1.84) e depois ácidos e amoníaco por amidase (EC 3.5.1.4). Espera-se que estas enzimas de conversão de nitrilo tenham um grande potencial como catalisadores no processamento químico orgânico devido às condições de reacção suave, rendimentos quantitativos, ausência de subprodutos e, em alguns casos, enantio- ou regiolectividade (Banerjee et. al. 2006; Singh et. al. 2005). $\longrightarrow$

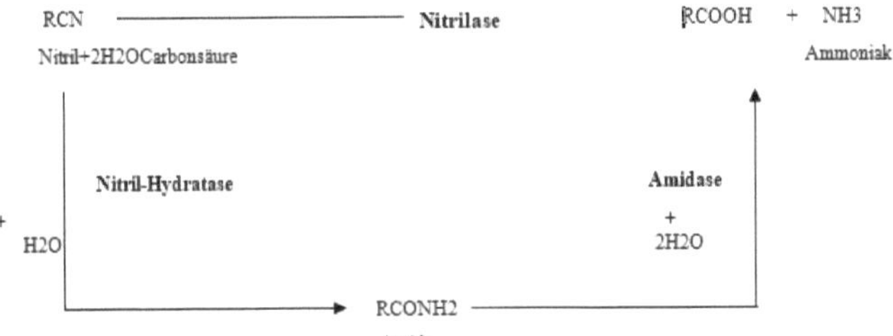

Fig.1 Metabolismo dos nitrilos por nitrilase, hidratase de nitrilo / via metabólica de amidase.

Rhodococcus rhodochrous tem sido utilizado para a hidrólise tanto de PAN granular como de fibras acrílicas por nitrilo hidratase e amidase (Tauber et al., 2000). Do mesmo modo,

Verificou-se que o *Agrobacterium tumefaciens* (BST05) converte poliacrilonitrilo em ácido poliacrílico por meio de nitrilo hidratase e amidase, como confirmado pela coloração catiónica e análise FTIR-ATR (Fischer-colbrie et al., 2006). A nitrilase também tem sido utilizada para a hidrólise superficial do poliacrilonitrilo de *Micrococcus luteus* BST20 (Fischer-colbrie et al., 2007).

Neste estudo, foi caracterizada a produção constitutiva de nitrilase, nitrilo-hidratase / amidase a partir de um novo isolado e foi descrita a sua capacidade de libertar amoníaco a partir do poli(acrilonitrilo-co-metacrilonitrilo). Inicialmente, o isolamento e peneiramento foram realizados utilizando um meio de base mineral contendo poli(acrilonitrilo-co-metacrilonitrilo) como fonte de azoto.

MATERIAIS E MÉTODOS

Materiais

Foram recolhidas amostras de solo de resíduos de diferentes indústrias químicas, farmacêuticas e de produção de estrume orgânico, nascentes quentes de Chandigarh e Himachal Pradesh (Quadro 1). Poliacrilonitrilo, poliacrilonitrilo (acrilonitrilo-co-metacrilonitrilo) e outros substratos de nitrilonitrilo foram obtidos a partir de Sigma-Aldrich (EUA). DifferentMedienkomponenten wurden von S.D. Fine Chem. (Indien) bezogen und waren von analytischer Qualität. **Isolierung und Screening von Polymer abbauenden Mikroorganismen**

O isolamento dos isolados metabólicos de nitrilo foi realizado a partir de diferentes amostras de solo (2gm/50 ml) e diferentes amostras de água (2ml/50 ml) utilizando meios de base mineral (MB). A composição do meio de base mineral foi a seguinte: 5 g/L glicerol, 0,2 g/L ácido cítrico, 0,27 g/L KH_2PO_4, 0,174 g/L K_2HPO_4, 2,5 g/L poliacrilonitrilo; base 10Xmineral (10 g/l NaCl, 2 g/L $MgSO_4$. $7H_2O$, 0,1 g/L $CaCl_2$,) e solução de oligoelementos (0,3 g/L H_3BO_3, 0,2 g/L $CoCl_2$. $6H_2O$, 0,1 g/L $ZnSO_4$. $7H_2O$, 0.03 g/L $MnCl_2$. $4H_2O$, 0.03

g/L Na_2MoO_4. H_2O, 0,02 g/L $NiCl_2$. $6H_2O$, e 0,01 g/L $CuCl_2$. $2H_2O$). Base mineral (100 ml/l) e solução de oligoelementos (1,0 ml/l) foram adicionados ao meio após a esterilização (Khandelwal et. al., 2007). Amostras de solo e água foram adicionadas a 50 ml de meio MB num frasco de 250 ml e incubadas a 45°C a 160 rpm. Após 2 semanas de incubação, 1 ml de caldo foi transferido novamente para 50 ml do mesmo meio e incubado a 45°C durante 1 semana. Após 1 semana de incubação, foi colhida uma amostra de 50 l e espalhada em placas de ágar mineral com 20 mM de acrilonitrilo. As colónias individuais que cresciam nestas placas eram limpas em placas de acrilonitrilo de 20 mM e armazenadas a 4°C.

Um ciclo de cultura de placas de acrilonitrilo foi transferido para 50 ml de meio MB em garrafas de 250 ml contendo diferentes nitrilos como única fonte de nitrogénio para determinar a fonte/indutor de nitrogénio adequado. As células foram transferidas do

Caldo de cultura por centrifugação a 20000 x g durante 10 min a 4°C e lavagem duas vezes Tampão fosfato 0,1 M (pH 7,0) com

Quadro.1 Recolha de amostras de diferentes fontes

p.no.	Lugar	Descrição da fonte	Tipo de amostra
1.	Chandigarh	Lama activada de Ranbaxy	Água
2.	Chandigarh	Lama activada da ciência da vida do néctar	Água
3	Chandigarh	Terra perto da ETP de Ranbaxy	Piso
4.	Chandigarh	Solo perto do ETP da ciência do néctar	Piso
5.	Mohali	Águas residuais	Água
6.	Mohali	Águas residuais	Piso
7.	Tatta pani (H.P.)	Nascente quente (Temp.60-65oC)	Água

8.	Tatta pani (H.P.)	Nascente quente (Temp.60-65oC)	Piso
9.	Vashishtha (Manali, H.P.)	Nascente quente (Temp.45oC)	Água
10	Vashishtha (Manali, H.P.)	Nascente quente (Temp.45oC)	Piso
11.	Shimla	Fertilizante orgânico	Piso

1 mM EDTA. Finalmente, o pellet de células foi suspenso no mesmo tampão e a suspensão de células foi utilizada para testar a capacidade de biotransformação com acrilonitrilo (10 mM), PAN e PMA (10 g/l).

Determinação da nitrilase, nitrilo hidratase / entre-zidase

A hidrólise do nitrilo foi realizada numa mistura de reacção de 1 ml contendo 10 mM de nitrilos (concentração final), 200 l de células em repouso em tampão de fosfato de potássio 0,1 M, pH 7,0. A reacção foi realizada a 45°C durante 1 h num agitador de banho-maria e terminada com a adição de 10 l 1 N HCl. As células foram removidas por centrifugação a 20000 x g durante 10 min a 4°C. O amoníaco libertado na reacção foi removido por

Método Bertholet (Weatherburn, 1967). Uma unidade enzimática foi definida como a quantidade de enzima que catalisou a hidrólise do nitrilo para libertar 1 mole de amoníaco por minuto sob as condições de ensaio.

Tratamento de polímeros com células inteiras

Constatou-se que as células cultivadas em adiponitrilo mostraram uma actividade máxima de hidrólise de polímeros (dados não mostrados). Portanto, as células cultivadas em adiponitrilo foram liofilizadas e utilizadas para outras experiências. O poliacrilonitrilo (PAN) e o poliacrilato de acrilonitrilo (PMA) foram tratados com as células inteiras da estirpe isolada a uma temperatura de 45°C, pH 7,0 no tampão fosfato 0,1 M com 1 mM EDTA durante 3 h e 12 h, respectivamente. Para distinguir entre nitrilase e nitrilo hidratase / amidase no isolado, foi utilizado fosforamidato de dietilo (DEPA, um inibidor de amidase) na mistura de reacção e a actividade foi comparada com uma mistura de reacção sem inibidor de amidase (Bauer et al.; 1998).

Especificidade do substrato de nitrilase, nitrile hydratase / amidase

As especificidades do substrato de nitrilase, nitril-hidratase / amidase foram investigadas utilizando 10mM de diferentes substratos (benzonitrilo, fenilacetonitrilo, valeronitrilo, propionitrilo, isobutironitrilo, adiponitrilo, acrilonitrilo, acetonitrilo, butironitrilo), Isovaleronitrilo, glutaronitrilo, 3-hidroxipropionitrilo, metacrilonitrilo, hexanitrilo, ciclohexanocarbonitrilo, 2-cianopiridina, 4-hidroxibenzonitrilo, 4-aminobenzilcianida, 4-fenilbutironitrilo, 3-cianopiridina, 4-cianopiridina, 3-hidroxi-glutaronitrilo, acrilamida em 0.1 M de tampão fosfato com 1 mM EDTA). Enquanto que o fenoxiacetonitrilo, feniltioacetonitrilo, hidrocinamonitrilo, mandelonitrilo, malonitrilo, indole-3-acetonitrilo foram dissolvidos em metanol a 5% em tampão de fosfato de potássio 0,1 M (pH 7) (devido à sua baixa solubilidade em fase aquosa). No entanto, a presença de hidratase nitrílica e entre as hidratas no isolado foi ainda verificada através do estudo da especificidade do substrato na presença e ausência da DEPA.

Optimização das condições de reacção para a nitrilase

A temperatura óptima para nitrilase com nitrilo hexano foi determinada medindo a actividade no intervalo de temperatura 20-70 °C em tampão fosfato 100 mM (pH-5,8) com uma concentração de células liofilizadas de 0,67 gm/l (na mistura de reacção) e incubando a mistura de reacção durante 30 min. O efeito do pH na actividade da nitrilase também foi investigado em vários tampões de pH (50 mM mM) { tampão de acetato (pH 4,0-5,8), tampão fosfato (pH 5,8-8,0), tampão borato (pH 8,0-9,2), tampão carbonato (pH 9,2- 10,5)} com 10 mM de nitrilo hexano e a mistura de reacção foi incubada a 55°C durante 30 minutos.

min. A estabilidade térmica da nitrilase também foi investigada a 40°C (os parâmetros optimizados foram mantidos constantes).

RESULTADOS E DISCUSSÃO

Isolamento e blindagem

Não foi observado qualquer crescimento no caso de amostras de fontes termais. Foi obtido um total de sete isolados e entre estes dois isolados (6/b, 4/a) verificou-se que produziam uma enzima com especificidade para um polímero à base de nitrilo. Todos os sete isolados foram cultivados em meio MB contendo diferentes nitrilos (benzonitrilo, isovaleronitrilo, fenilacetonitrilo e acrilonitrilo) quer como indutor quer como única fonte de azoto. Entre estas, 6/b foi seleccionada como a melhor estirpe em termos de actividade enzimática.

Quadro 2: Actividade de diferentes isolados com diferentes fontes de azoto

N.º Cultura	Descarregador / fonte de nitrogénio	Actividade com poliacrilonitrilo de 10g/l em 12 horas. (IU)	Actividade com 10mM Acrilonitrilo em 1 hora (UI)	Actividade com 10 g/l de poliacrilonitrilo (acrilonitrilo-co-metacrilonitrilo) (PMA) em 12 horas.

				(IU)
1/a & 1/b	Fenilacetonitrilo	N.D.	N.D.	N.D.
	Isovaleronitrilo	N.D.	N.D.	N.D.
	Benzonitrilo	N.D.	N.D.	N.D.
	Acrilonitrilo	N.D.	N.D.	N.D.
3/a	Fenilacetonitrilo	N.D.	N.D.	N.D.
	Isovaleronitrilo	N.D.	N.D.	N.D.
	Benzonitrilo	N.D.	N.D.	N.D.
	Acrilonitrilo	N.D.	N.D.	N.D.
4/a	Fenilacetonitrilo	N.D.	10.43	0.25
	Isovaleronitrilo	N.D.	15.73	0.11
	Benzonitrilo	N.D.	1.722	N.D.
	Acrilonitrilo	N.D.	N.D.	N.D.
6/a	Fenilacetonitrilo	N.D.	12.16	N.D.
	Isovaleronitrilo	N.D.	15.05	N.D.
	Benzonitrilo	N.D.	9.58	N.D.
	Acrilonitrilo	N.D.	N.D.	N.D.
6/b	Fenilacetonitrilo	N.D.	13.01	0.82
	Isovaleronitrilo	N.D.	23.32	0.05
	Benzonitrilo	N.D.	11.74	0.13
	Acrilonitrilo	N.D.	N.D.	N.D.
6/c	Isovaleronitrilo	N.D.	N.D.	N.D.
	Benzonitrilo	N.D.	N.D.	N.D.
	Acrilonitrilo	N.D.	N.D.	N.D.

*Não foi observado crescimento na amostra n.º 2,5,7,8,9,10,11

com o polímero (Tabela.2). A estirpe foi identificada por 16S r-DNA em sequência como *Amycolatopsis sp.* IITR 215. Esta estirpe poderia também crescer em placas de ágar contendo 2,5 g/l PAN (Fig.2) e mostrou a morfologia gram-positiva, em forma de bastão a 100X com imersão em óleo. (Fig.3)

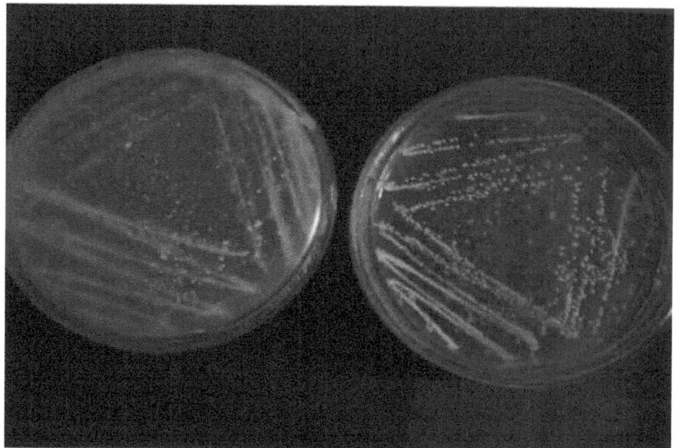

Fig.2 Crescimento isolado em placas de ágar

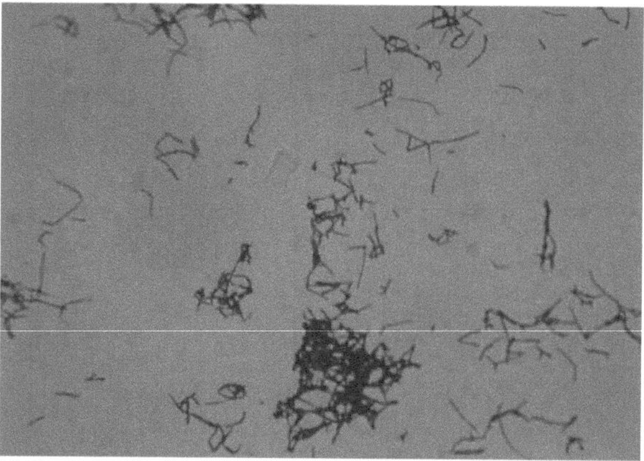

Fig.3 Coloração de Gram do isolado

Especificidade do substrato

Observou-se a libertação de amónia de vários nitrilos (quadro 3), mas para confirmar a presença de nitrilase e nitrilo hidratase/amidase, um inibidor de amidase

utilizados com estes nitrilos. Na presença de inibidor de amidase, o isolado exibia a actividade com alguns dos nitrilos (Tabela.3). Além disso, na presença do inibidor da amidase, não foi libertado amoníaco da acrilamida (confirmando a inibição da amidase). Este estudo indica assim que o isolado tinha nitrilase (produzindo a mesma quantidade de amoníaco em presença de inibidor de amidase em comparação com sem inibidor), nitrilo hidratase/amidase (sem produção de amoníaco em presença de inibidor de amidase mas produção de amoníaco na ausência de inibidor). Assim, deste estudo pode concluir-se que isolar a nitrilase e a hidratase/amidase de nitrilo produzidas. No entanto, verificou-se que a nitrilase tem uma especificidade estreita para benzonitrilo, fenilacetonitrilo, adiponitrilo, glutaronitrilo, hexanenitrilo, ciclohexanocarbonitrilo, 2-cianopiridina, 3-cianopiridina, 4-fenilbutonitrilo, 4-hidroxibenzonitrilo, 4-aminobenzonitrilo, 4-Aminobenzilcianida, fenoxiacetonitril, feniltioacetonitril, hidrocinnamonitril e Indol-3-Acetonitril, während die Hydrolyse anderer Nitrile durch die Nitrilhydratase/Amidase erfolgt, da diese keine Aktivität mit Amidaseinhibitoren zeigte. Hexannitril zeigte nahezu gleiche Aktivität mit Inhibitor und ohne Inhibitor. Die Hydrolyse von Hexannitril war also nur auf die Nitrilase zurückzuführen. Um die Rolle von Nitrilhydratase/Amidase und Nitrilase bei der Hydrolyse der auf der Oberfläche von Polymeren vorhandenenen Cyanogruppe zu bestätigen, wurde ein ähnliches Experiment mit Polyacrylnitril und Poly(acrylnitril-co-methacrylnitril) in Gegenwart und Abwesenheit von Amidaseinhibitorused with these nitriles. Na presença do inibidor de amidase, o isolado exibia a actividade com alguns dos nitrilos (Tabela.3). Além disso, na presença do inibidor de amidase, não foi libertado amoníaco da acrilamida (confirmando a inibição da amidase). Este estudo indica assim que o isolado tinha nitrilase (produzindo a mesma quantidade de amoníaco em presença de inibidor de amidase em comparação com sem inibidor), nitrilo hidratase/amidase (sem produção de amoníaco em presença de inibidor de amidase mas produção de amoníaco na ausência de inibidor). Assim, deste estudo pode concluir-se que isolar a nitrilase e a hidratase/amidase de nitrilo produzidas. No entanto, verificou-se que a nitrilase tem uma especificidade estreita para benzonitrilo, fenilacetonitrilo, adiponitrilo, glutaronitrilo, hexanenitrilo, ciclohexanocarbonitrilo, 2-cianopiridina, 3-cianopiridina, 4-fenilbutonitrilo, 4-hidroxibenzonitrilo, 4-aminobenzonitrilo, durchgeführt.

Tratamento de polímeros com células inteiras

No tratamento de polímeros de células inteiras, não foi detectada qualquer actividade com PAN, enquanto que no caso de PMA, a actividade com inibidor de amidase foi ligeiramente superior durante 3 horas de incubação, mas após 12 horas de incubação com inibidor de amidase (DEPA), a actividade enzimática foi inferior em comparação com enzimas sem inibidor (Fig.4).

Quadro.3 Actividade da enzima em diferentes substratos

p.no.	Subterrâneo	Actividade sem inibidor (I.U/g)	Actividade com inibidor de amidase (DEPA) (I.U/g)
1.	Benzonitrilo	6.74	3.32
2.	Fenilacetonitrilo	9.79	2.96
3.	Valeronitrilo	9.92	N.D.
4.	Propionitrilo	11.43	N.D.
5.	Isobutironitrilo	10.35	N.D.
6.	Adiponitrilo	4.28	1.27
7.	Acrilonitrilo	6.91	N.D.
8.	Acetonitrilo	8.49	N.D.
9.	Butironitrilo	10.71	N.D.
10.	Isovaleronitrilo	5.75	N.D.
11.	Glutaronitrilo	11.24	1.58
12.	3-hidroxipropionitrilo	9.10	0.04
13.	Metacrilonitrilo	1.75	N.D.
14.	Hexannitrilo	8.55	9.57
15.	Ciclohexanecarbonitrilo	0.44	0.43
16.	2-cianopiridina	3.37	0.58
17.	4-hidroxibenzonitrilo	3.93	1.12
18.	Cianeto de 4-aminobenzilo	3.95	0.43
19.	Fenoxiacetonitrilo (5%metanol)	9.98	1.71
20.	Feniltioacetonitrilo (5%metanol)	4.02	1.95
21.	Hidrocinnamonitrilo (5%metanol)	10.19	3.75
22.	4-fenilbutíronitrilo	8.32	1.45
23.	3-cianopiridina	6.89	0.68
24.	4-cianopiridina	2.34	N.D.
25.	3-hidroxiglutaronitrilo	2.17	N.D.
26.	Mandelonitrilo (5%metanol)	0.03	N.D.
27.	Malononitrilo (5%metanol)	3.67	N.D.
28.	indole-3-acetonitrilo (5%metanol)	1.74	1.38
29.	Acrilamida	7.63	N.D.

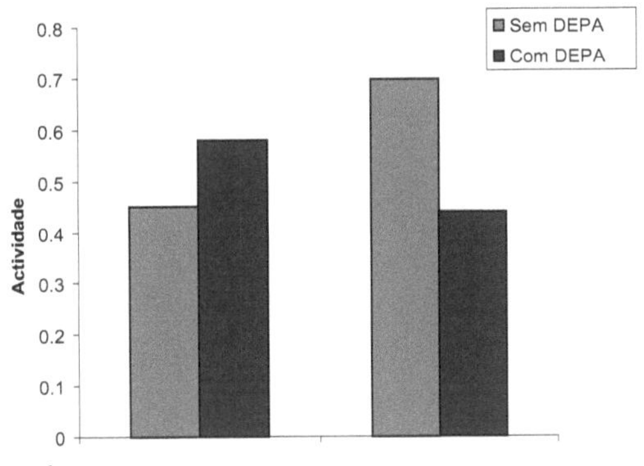

Fig.4 Tratamento de PMA por células inteiras

Optimização das condições de reacção para a nitrilase

A temperatura óptima da nitrilase foi determinada como sendo de 55°C. As actividades relativas a 20 e 70°C foram de 12 e 4% do valor óptimo, respectivamente (Fig.5). Esta diminuição da actividade da nitrilase deveu-se a uma possível desnaturação da enzima. A nitrilase desta estirpe recentemente isolada estava activa na vasta gama de pH (4-10,5). O pH óptimo para a actividade da nitrilase foi observado a 5,8 em tampão fosfato 100 mM (Fig.6). As actividades relativas a pH 4 e 10,5 foram de quase 2 e 7%, respectivamente, em comparação com a actividade enzimática a pH óptimo (5,8). A nitrilase mostrou uma meia-vida (t ½) de quase 270 min (Fig.7). no tampão fosfato 100 mM de pH 5,8 a 40 °C e menos de uma hora a 55 °C e pH 5,8 (dados não mostrados).

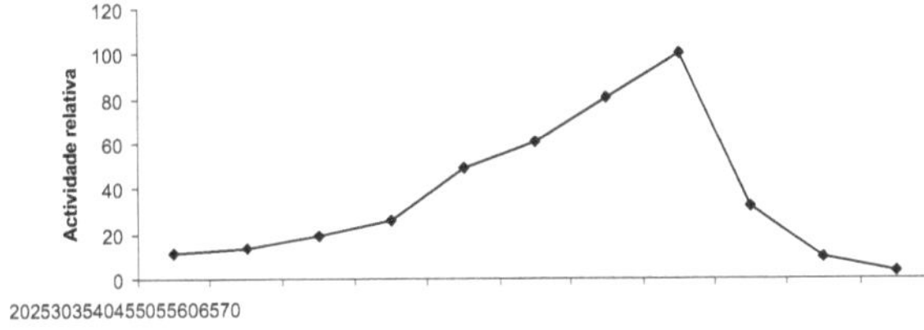

Fig.5.Influência da temperatura na actividade da nitrilase

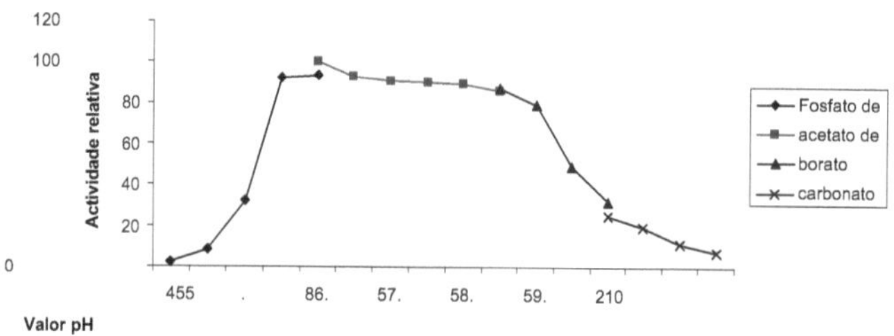

Fig.6. Efeito do pH na actividade da nitrilase

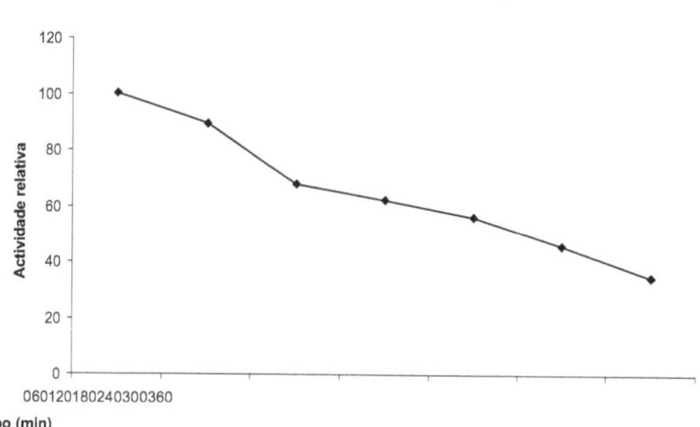

Fig.6 Estabilidade térmica da nitrilase a 40°C em tampão fosfato 100 mM, pH 5,8

DISCUSSÃO

Com base nos resultados acima referidos, 6/b foi considerado como a melhor estirpe entre sete isolados em termos da actividade enzimática que mostrou com o polímero. Observou-se que 6/b produziu uma enzima nitrile-metabolizante (derivada dos dados da libertação de amoníaco) mostrando actividade com PMA, pelo que foram realizados mais estudos com esta cultura. A estirpe foi identificada como *Amycolatopsis sp. IITR* 215 (dados não mostrados).

214

Foi utilizado um inibidor de amidase para confirmar a presença de nitrilase, nitrilo hidratase e amidase no isolado 6/b. O isolado mostrou pouca ou nenhuma alteração na actividade de alguns nitrilos (Quadro 2) na presença de um inibidor de amidase, indicando a presença de nitrilase e a sua especificidade para estes nitrilos. Enquanto o isolado não mostrou actividade com alguns nitrilos na presença de inibidor de amidase, ou seja, a hidrólise destes nitrilos só ocorre por hidratase de nitrilo, sistema de amidase. Ao tratar a acrilamida com células inteiras, não foi libertado amoníaco na presença do inibidor da amidase. Pode portanto concluir-se que o isolado produziu nitrilase, nitrile hidratase e amidase. O hexanitrilo mostrou quase nenhuma alteração na actividade com inibidor de amidase, confirmando que a hidrólise do hexanitrilo é exclusivamente pela enzima nitrilase.

Quando o polímero celular inteiro de 6/b na presença de inibidor de amidase foi tratado, observou-se que a libertação de amoníaco da PMA inicialmente (3 h) se devia principalmente à enzima nitrilase, e a actividade foi determinada usando nitrilo hexano como substrato.

Ao optimizar as condições de reacção para a nitrilase, foi encontrada uma temperatura óptima de 55°C. A diminuição observada na actividade da nitrilase a 20°C e 70°C foi devida a uma possível desnaturação da enzima. A temperatura óptima de várias nitrilases comunicadas estava na gama de 30-80 °C, e entre estas enzimas, *Pyrococcus abyssi* nitrilase tem actividade mesmo a 90 °C. (Blakey et. al., 1995; Mathew et. al.; Alatawah et. al., Mueller et. al.; 2006).

O valor pH óptimo observado para a actividade da nitrilase foi de 5,8 em tampão fosfato 100mM. A maioria das nitrilases são activas a pH quase neutro. A única nitrilase de *Rhodococcus rhodochrous* K22 estava activa a um pH ácido de 5,5 (Koboyashi et. al., 1990), enquanto as nitrilases de *Comamonas testosterona* e *Klebsiella ozaenae* mostraram uma actividade óptima a pH 7,0 e 9,2, respectivamente (Levy-schill, 1995; Stalker et. al., 1988).

CONCLUSÃO

Descobriu-se que a nitrilase desta cultura recentemente isolada tem especificidade para o grupo ciano do PMA. No entanto, é desejável ter uma enzima que possa converter o grupo ciano do poliacrilonitrilo. Por conseguinte, são necessários mais esforços para melhorar a eficiência da biotransformação desta enzima com polímero de nitrilo.

OBRIGADO

Os autores gostariam de agradecer ao Departamento de Biotecnologia da Universidade de Pune pelo apoio financeiro da bolsa de investigação júnior para Vikash Babu.

REFERÊNCIAS

Banerjee A, Kaul P e Banerjee U. C, 2006, Purificação e caracterização de uma arilacetonitrilase enantioselectiva de *Pseudomonas putida,* **Arch Microbiol.** 184(6), 407-418

Banerjee A, Sharma R, Banerjee U. C, 2002, The nitrile-degrading enzymes: current status and future prospects, **Appl. Microbiol Biotechnol.** 60, 33-34

Bauer R, Knackmuss H.-J, Stolz A, 1998, Enantioselective hydration of 2-arylpropionitriles by a nitrile hydratase from *Agrobacterium tumifaciens* strain d3, **Appl Microbial Biotechnol.** 49, 89-95

Kobayashi M, Shimizu A, 2000. nitrile hydrolases, **Current opinion in chemical biology.** 4(1), 95-102

Singh R, Banerjee A, Kaul P, Barse B, Banerjee U. C, 2005, Release of an enantioselective nitrilase from *Alcaligenes faecalis* MTCC 126: a comparative study, **Bioprocess Biosyst Eng.** 27(6), 415-424

Fischer-Colbrie G, Herrmann M, Heumann S, Puolakka A, Wirth A, Cavaco-Paulo A, Geubitz G.M., 2006. modificação da superfície de poliacrilonitrilo com nitrilo hidratase e entremeada de *Agrobacterium tumifaciens* **Bio.and Biotrans.** 24(6), 419-425.

Fischer-Colbrie G, Matama T, Heumann S, Martinkova L, Paulo A.C, Geubitz G, 2007. hidrólise superficial de poliacrilonitrilo com enzimas de hidrólise de nitrilo de *Micrococcus luteus* BST20. **J Biotechnol.** 129(1), 62-68

Khandelwal A. K, Nigam V. K, Choudhury B, Mohan, M. K, Ghosh P, 2007, Optimização da produção de nitrilase a partir de um novo isolado termófilo. **J. Chem. Technol. Biotechnol.** 82(7), 646-651

Schoemaker H. E., Mink D, Wubbolts G M, 2003. desarmar os mitos - biocatálise em síntese industrial, **ciência.** 299, 1694-1697

Ácidas. O ano da fibra 2004. Winterthur, Suíça.

Tauber M.M., Cavaco-Paulo A, Robra K.H., Gubitz.G.M., 2000. hidratase de nitrilo e entre as fibras acrílicas hidrolisadas de *Rhodococcus rhodochrous* e poliacrilonitrilo granular. **Aplicação: Ambiente. Microbiol.** 66, 1634-1638

Weatherburn M.W., 1967. reacção hipoclorito de fenol para a determinação do amoníaco. **Anal. Chem.** 39, 971-974

Battistel E, Morra M, Marinetti M, 2001 Modificação enzimática da superfície das fibras de acrilonitrilo. **Aplic. surf.** Sci. 177, 32-41

Wang N, Xu Y, Da-Nian L, Jian-He X, 2004 Modificação enzimática da superfície das fibras acrílicas. **Verificação AATCC 4**. 28-30

Müller P, Egorova K, Vorgias E. C, Boutou E, Trauthwein H, Verseck S, Antranikian G, 2006. clonagem, sobreexpressão e caracterização de uma nitrilase termoactiva do Arqueão hipertermófilo *Pyrococcus abyssi*. **Expressão e purificação da proteína.** 46, 672-681

Blakey A.J., Colby J., Williams E., O' Reilly C., 1995 Hidrólise regio- e estereoespecífica por hidratase nitrilo de *Rhodococcus* AJ 270 **FEMS Microbiol Lett.** 129, 57-62

Matthew C.D., Mauger J, Yamada H, 1993 A novel nitrilase, arylacetonitrilase from Alcaligen's faecalis JM3 purification and characterization, **Euro J Biochem.** 194, 765-772

Almatawah Q.A., espasmo R, Cowan D.A., 1999. caracterização de uma nitrilase induzível a partir de um bacilo termófilo **Extremófila.** 3, 283-291

Kobayashi M, Yanaka N, Nagasawa T, Yamada H, 1990, Purificação e caracterização de uma nova nitrilase de *Rhodococcus rhodochrous* K22 que actua sobre nitrilos alifáticos. **J Bacteriol.** 172, 4807-4815

Levy-Schill S, Soubrier F, Crutz-Le Coq A, Faucher D, Crouzet J, Petre D, 1995 Nitrilase alifática de um gene isolado no solo *Comamonas testoteroni* sp. Clonagem e sobreexpressão, purificação e estrutura primária. **Gene.** 161, 15-20

Stalker D, Malyj L, McBride K, 1988, Purificação e propriedades de uma nitrilase específica para o herbicida bromoxinil e análise da sequência nucleotídica correspondente do gene bxn. **J Biol Chem.** 263, 6310-6314

A BETAÍNA GLICINA É UMA MOLÉCULA MILAGROSA CONTRA OS DANOS CAUSADOS PELO STRESS ABIÓTICO: RELATÓRIO SOBRE O ALÍVIO DO EFEITO INIBIDOR DA TEMPERATURA ELEVADA

Prasanna Mohanty e Sujata R. Mishra

Centro Regional de Recursos Vegetais, Nayapalli, Bhubaneswar. Índia751015

INTRODUÇÃO:

A fisiologia das plantas é a biologia do stress. As plantas sobrevivem e multiplicam-se sob a constante ameaça de stress como a seca, inundações, salinização, geada, temperatura elevada, luz elevada, deficiência de iões metálicos e toxicidade como o stress, e estes factores de stress são colectivamente referidos como "stress abiótico". Para lidar com estas tensões, as plantas desenvolvem várias estratégias e um mecanismo comum é a acumulação de solutos compatíveis não tóxicos em altas concentrações, tais como açúcares e álcoois açucarados e aminoácidos tais como a prolina (1). Diferentes plantas sintetizam e acumulam diferentes soluções compatíveis sob condições de stress (2). A betaína glicina (GB) e a prolina não só são osmólitos compatíveis, como também necrófagos eficazes de radicais livres que são produzidos na maioria das condições de stress (3, 4). A betaína glicina parece ser uma molécula milagrosa que oferece tolerância a uma vasta gama de tensões abióticas (5, 6). GB, ao contrário do proline, oferece protecção contra muitas tensões em condições *in vitro* e in vivo (7, 8).

A GB ganhou importância nos estudos de fotossíntese através do trabalho do grupo Murata em Okazaki, Japão. Foi demonstrado que a GB estabilizou e protegeu tilacoides isolados e membranas enriquecidas do fotossistema II em altas concentrações - fotofunções, cianobactérias - síntese de ATP a partir de stress térmico e luminoso (7-9). Para além destes estudos in vitro, a aplicação exógena de GB a plantas em diferentes fases do ciclo de vida, tais como germinação, maturidade juvenil ou na fase reprodutiva, em vários sistemas de teste tais como *Arabidopsis*, *Avena*, *Brassica*, cevada, arroz, milho e trigo proporcionou protecção contra baixas temperaturas, congelação ou dessecação (10). Tanto a prolina como a GB demonstraram induzir níveis aumentados de enzimas antioxidantes quando aplicadas exógenas às células cultivadas do tabaco (11). Como muitos outros factores de stress abiótico, uma temperatura moderadamente elevada afecta uma variedade de funções fisiológicas das plantas, resultando na perda de produtividade das plantas. O efeito do stress térmico nas máquinas fotossintéticas é complexo porque afecta diferentes loci e alvos ao longo do tempo (9). Tanto a função

PSII como as enzimas assimiladoras de carbono, tais como Rubisco e Rubisco activase, são afectadas por temperaturas elevadas. Sabe-se que a GB proporciona tanto protecção contra o stress a altas temperaturas como tolerância ao mesmo (9,12).

Biossíntese de betaína de glicina: em plantas e bactérias

Síntese de glicina betaína começando com a desidratação da colina ou com a N-metilação da glicina da seguinte forma

Caminho metabólico 1: Desidratação da colina

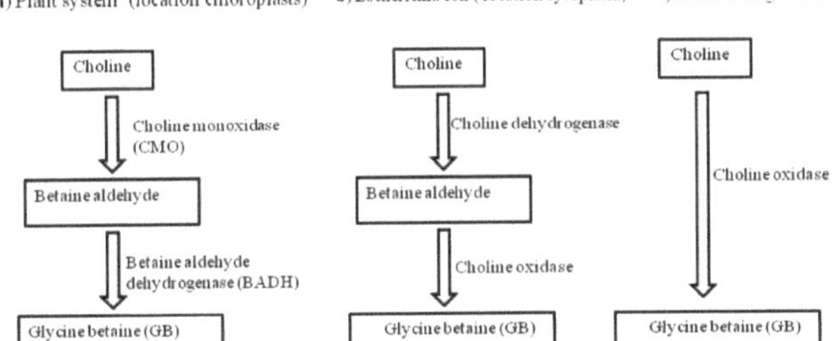

Caminho 2: Metilação da glicina

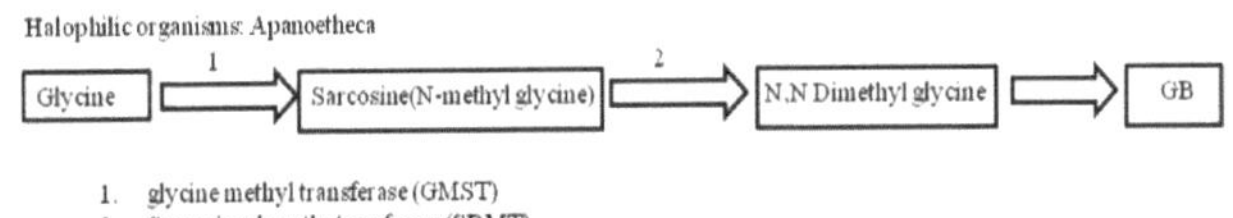

Quadro 1: Síntese de betaína glicina começando com a desidratação da colina ou com a N-metilação da glicina da seguinte forma (topo)

Algumas plantas e especialmente plantas halotolerantes têm as enzimas de biossíntese GB, enquanto outras não têm a capacidade de sintetizar GB. GB é biosintetizada de duas formas diferentes, começando com a desidrogenação da colina ou a N-metilação da glicina (Tab.1). A segunda via foi descoberta em organismos halofílicos como o Arthobacter globiformis (13). Nas plantas que acumulam naturalmente GB, os cloroplastos ou plastídeos são o local de síntese de GB (13). Muitas espécies de cianobactérias são halófitas e toleram uma salinidade elevada.

Por exemplo, a espécie Synechosystis pode crescer na presença de NaCl 1M ou superior. Estas cianobactérias acumulam glucosilglicerol, trehalose, manitol e sacarose como "soluto compatível" no citoplasma (14), e estes organismos acumulam GB como o osmólito principal no citoplasma para fazer face a uma salinidade tão elevada. A biossíntese da GB em cianobactérias tolerantes ao sal envolve a conversão em duas etapas da colina em betaína

(Quadro 1). Contudo, em espécies extremófilas como a *A. halophytica*, que vive no Mar Morto, a GB é sintetizada pela metilação em três etapas da glicina para a betaína (Quadro 1) (15). A conversão em uma etapa da colina em GB (Quadro 1) pelo gene da colina oxidase foi utilizada para a modificação metabolicamente manipulada da cianobactéria *Synechococcus* , que normalmente não cresce em condições salinas, para produzir e acumular GB para tolerar o meio de cultura salina (15,16).

Estudos transgénicos

Uma vez que, em condições sem stress, a aplicação exógena de GB melhora não só a biomassa, mas também a floração e plantação de sementes (CM), o desenvolvimento de culturas transgénicas que albergam genes para síntese de GB, em plantas que normalmente não produzem GB para controlo do stress. O quadro 2 lista algumas dessas plantas.

*****

Nomes das plantas	Genes para biossíntese de GB(in vivo)	Localização celular	Tipos de stress testados	Referências
Gossypium hirstutun (algodão)	Aposta A	Cytosol	Seca	Lv, S. et al. (2007)
Lycopersicum Esculentum(tomate)	codA	Cloroplastos	refrigeração, sal	Park, E.J. et al. (2007)
Nicotiana tabacum (tabaco)	cox betA	Citosol Citosol	Sal sal, arrefecimento	Huang, J. et al. (2000) Lv, S. et al. (2007)
Zea mays (milho)	betA	Cytosol	Seca de arrefecimento	Quan, R. et al. (2004) Quan, R. et al. (2004)
Oryza sativa(arroz)	CMO betA(alterado)	Cloroplastos Mitocôndria	Sal sal, seca	Shirasawa, K. et al. (2006) Takabe, T. et al. (1998)
Brássica jovem (mostarda)	codA	Cloroplastos	Sal	Prasad, K.V.S.K. e outros (2000)
Brassica napus	cox	Cytosol	Seca, sal	Huang, J. et al. (2000)

*Quadro 2: Plantas transgénicas que albergam genes para a biossíntese da glicina betaína, que protege contra o stress abiótico*****, estão a aumentar*

Estas culturas transgénicas abrigaram os genes GB em cloroplastos, citosol, mitocôndria, e a sua presença permitiu a estas plantas tolerar o aumento do stress, tais como geada, frio, sal, seca, temperaturas elevadas e luz forte. Em contraste com a aplicação externa de GB, a acumulação de GB nas plantas transgénicas causa acumulação na gama de concentrações micromolares, sugerindo que a GB funcionou analogamente aos phytohormones *in vivo*. Tanto os genes de oxidases de colina como de betaína aldeído desidrogenase foram utilizados na engenharia metabólica das plantas (Quadro 2).

Alívio do stress térmico através da glicina betaína: tabaco transgénico

GB demonstrou de uma forma única que oferece protecção contra temperaturas elevadas tanto em plantas mais altas como em cianobactérias, Yang et al. (17, 18) gerou linhas transgénicas de *Nicotiana* ao introduzir o gene da betaína aldeído desidrogenase (BADH) a partir do espinafre e utilizou estas linhas transgénicas que acumularam GB e comparou-as com plantas de tipo selvagem não GB (WT) para testar a sua tolerância relativa à temperatura de $^{25^\circ C}$ a $^{50^\circ C}$ durante 4 h e mostrou que as linhas transgénicas eram mais tolerantes à temperatura do que o WT, Além disso, a tolerância à temperatura era efectivamente melhor quando o tratamento de temperatura era realizado à luz do que na escuridão (18), sugerindo que a GB não só tinha a capacidade de tolerar temperaturas elevadas, como também impedia a foto-inibição da PSII a temperaturas elevadas (Suleyman review citado acima). Os testes imunológicos também mostraram que as linhas transgénicas produziram a enzima de biossíntese GB BADH e GB (17), e a extensão da tolerância a altas temperaturas correlacionada com a produção e acumulação de GB *in vivo* (17,18). A *acumulação in vivo* de GB em plantas transgénicas foi associada à diminuição da produção de espécies reactivas de oxigénio associada ao aumento dos níveis de indução de defesa antioxidante das enzimas e consequentemente ao aumento da extensão da reparação de centros de PSII danificados pelo calor (19,20). Parece, portanto, que a transformação de plantas com genes biossintéticos GB é uma estratégia eficaz para conferir termostabilidade às plantas, e esta estratégia seria útil no contexto do aquecimento global (21). *Sinecococos* transformados: PAM e PAMCOD (23).

A Terra é um planeta salino, e quase três quartos da sua superfície é água. A maior parte da água é muito salgada e contém cerca de 3 gramas de sal por litro. Portanto, muitas cianobactérias (bactérias azuis) podem tolerar um elevado teor de sal. A bactéria azul *Synecchococcus,* no entanto, não pode *tolerar um* elevado teor de sal. *Os*

Synechococcus foram transformados com o gene bacteriano choline oxidase, codA, e este mutante foi nomeado PAMCOD e o seu representante selvagem foi nomeado PAM. Na presença de colina exógena, o PAMCOD GB poderia sintetizar e tolerar o congelamento e o elevado stress de luz.

(22,23). PAM e PAMCOD foram comparados *in vivo* no que diz respeito à sua capacidade de crescer a temperaturas elevadas. A 390°C, ambos os tipos de células cresceram a taxas semelhantes, e à medida que a temperatura de crescimento foi aumentando gradualmente, as células PAM abrandaram mas os PAMCODs transgénicos produtores de GB mantiveram uma taxa de crescimento e expansão considerável. A 460°C as células PAM não cresceram, enquanto que o crescimento de PAMCOD foi significativamente elevado (Fig. 1), sugerindo que a GB deu a estas células a capacidade de crescer a temperaturas elevadas.

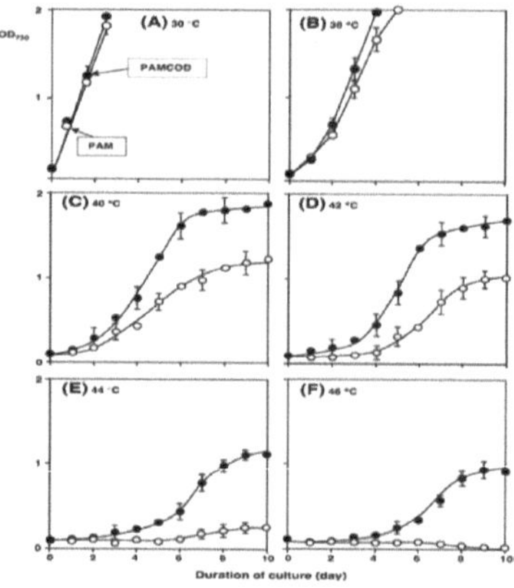

Fig. 1. Effects of various temperatures on growth of PAM and PAMCOD cells of Synechococcus sp. PCC 7942. Cells were grown in BG-11 medium supplemented with 1 mM choline chloride at 30 °C (A), 38 °C (B), 40 °C (C), at 42 °C (D), at 44 °C (E) and at 46 °C (F). Optical density at 730 nm was monitored at intervals of 24 h. Each point and bar represents the average±SE of results from four independent experiments.

A evolução do oxigénio oxidante de montanha em diferentes períodos de incubação mostrou que a perda induzida pelo calor na evolução do oxigénio PSII mudou de $^{80°C}$ para uma temperatura mais elevada devido à acumulação de GB *in vivo* (Fig. 2), e de forma semelhante, a perda de cinquenta por cento na fotofunção primária da PSII, que foi estudada como têmpera por fluorescência de Chl, foi deslocada de 510°C para células PAM para uma temperatura $^{70°C}$ mais alta, ou seja, 580°C para células PAMCOD (Fig. 3B).

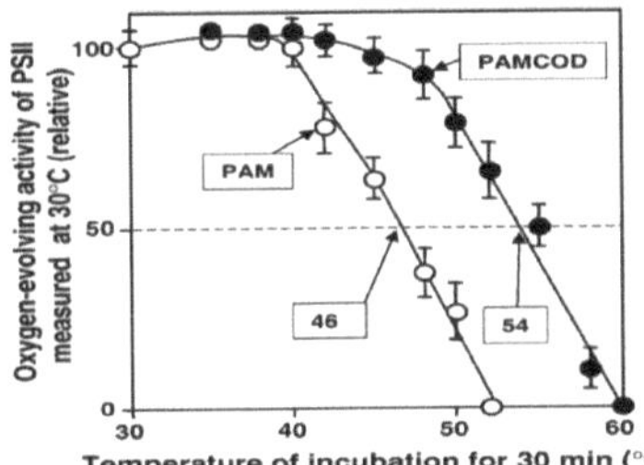

Fig. 2. Effects of incubation of PAM and PAMCOD cells of Synechococcus sp. PCC 7942 at various high temperatures on the oxygen-evolving activity of PSII. Cells suspension (5 µg Chl ml−1) were incubated in fresh BG-11 medium at designated temperature for 30 min in light at 70 µmol photons m−2 s−1 and then the oxygen-evolving activity of cells was measured at 30 °C with 1 mM BQ as the artificial acceptor. The oxygen-evolving activities of PAMCOD and PAM cells that corresponded to 100% were 613±32 and 610±36 µmol O2 mg−1 Chl h−1, respectively. Each point and bar represents the average±SE of results from four independent experiments.

Estes resultados testemunharam que a propriedade de alta tolerância à temperatura da síntese e acumulação de GB por parte das células transgénicas. O stress do calor na escuridão aumenta geralmente a foto-inibição induzida pela luz (revisão).

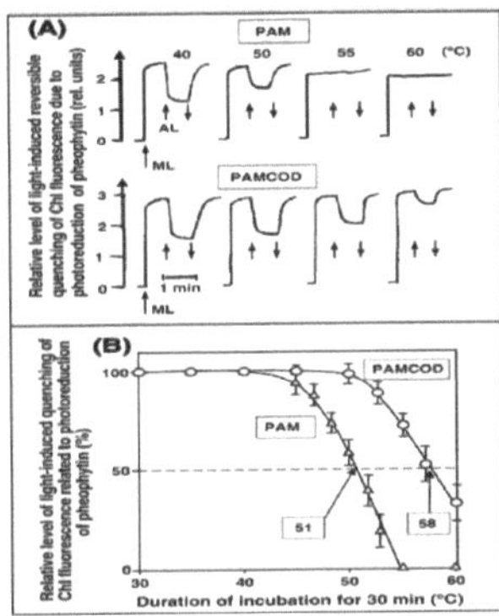

Fig. 3. Effects of incubation of PAM and PAMCOD cells of Synechococcus sp.PCC 7942 at various high temperatures on the light-induced quenching of Chl a fluorescence. Cells were suspended at a density of 5 µg Chl ml−1 and were incubated in fresh BG-11 medium at designated temperature for 30 min in light at 70 µmol photons m−2 s−1 and then the light-dependent quenching of Chl a fluorescence due to reduction of pheophytin of PSII reaction centers was measured after addition of 1 mg ml−1 sodium dithionite at 30 °C with strong actinic light (2,700 µmol photons m−2 s−1). The relative level of light-induced quenching of Chl fluorescence related to reduction of pheophytin in PAMCOD and PAMcells at 40 °C corresponded to 100%. Each point and bar represents the average±SE of results from five independent experiments. (A) Kinetics of light induced quenching of Chl fluorescence; (B) dependence on temperature of light induced quenching of Chl fluorescence.

Observou-se que a presença de GB no PAMCOD mitigou o efeito inibidor da foto-inibição e também acelerou a reparação de centros PSII fotodanizados. A foto-inibição danifica a proteína D1 dos centros de reacção PSII (RC) e esta proteína D1 é sintetizada para posterior reparação e remontagem da PSII activa RC (P Mohanty *et al.*, revisão de ref.). Foi demonstrado que o PAMCOD pode proteger D1 de danos fotoinibitórios devidos à GB e acelerar o processo de reparação subsequente (Figs. 4A e B). Uma vez que a foto-inibição causou uma inibição do processo de tradução durante a síntese da proteína PSII RC, a GB apareceu para proteger ou parar esta inibição da maquinaria de tradução (22-24).

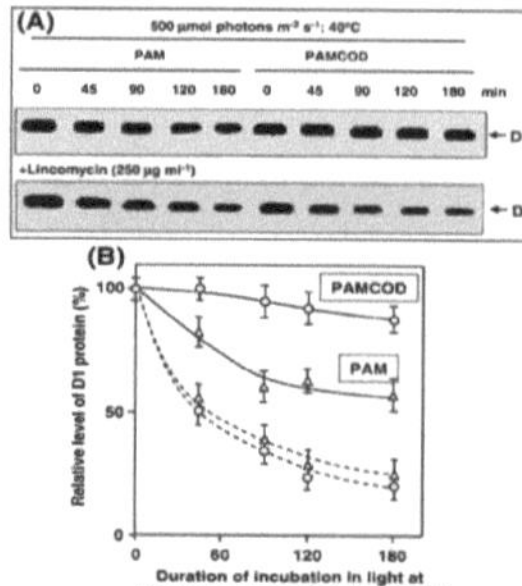

Fig. 4. Effect of photoinhibition of photosystem II in PAM and PAMCOD cells with light at 500 µmol photons m^{-2} s^{-1} at 40 °C on the level of the D1 protein. Cells were grown at 30 °C for 3 days in light at 70 µmol photons m^{-2} s^{-1} in BG-11 medium supplemented with 1 mM choline chloride plus 30 µg ml^{-1} spectinomycin. Then the cells were harvested by centrifugation and resuspended in fresh BG-11 at a density of 5 µg Chl ml^{-1} in light at 500 µmol photons m^{-2} s^{-1} at 40 °C. At designated times, aliquots were withdrawn and thylakoid membranes were isolated from cells and subjected to Western blotting analysis. (A) Results of Western blotting in the absence and in the presence of 250 µg ml^{-1} lincomycin. (B) Quantification of the results shown in (A). in the absence (solid lines) and in the presence of lincomycin (dashed lines). Values are means± SE (bars) of results from three independent experiments.

SÍNTESE

Uma variedade de genes tem sido utilizada para criar plantas transgénicas com a capacidade de sintetizar e acumular GB, e GB fornece protecção contra quase todos os tipos de stress ambiental abiótico. A presença da GB também melhora as funções fisiológicas, mesmo na ausência de stress, e a GB demonstrou ser eficaz em várias fases do desenvolvimento das plantas. Dadas estas capacidades únicas da GB, a GB é uma molécula milagrosa que permite às plantas desenvolver resistência e tolerância ao stress. Porque a GB desempenha um papel significativo na tolerância ao stress e na manutenção da integridade das biomoléculas, tem sido incluída em muitos dos protocolos de isolamento.

OBRIGADO

Os autores agradecem **ao Director do Centro Regional de Recursos de Pant, Bhubaneswar,** e à Academia Nacional de Ciências da Índia, Nova Deli, pelo seu apoio. O PM também reconhece a Universidade de Indore, Indore pela cátedra (honorária) e agradece aos Professores N, Murata, Japão, G.C. Papageorgiou, Grécia e Allakhverdiev. S, Rússia, pela sua cooperação e encorajamento e o Sr. N. Sreedhar, Bioquímica, Universidade de Hyderabad, Índia, pela sua ajuda na preparação deste artigo.

REFERÊNCIAS

Monsur MM (2000) Compostos nitrogenados e adaptação das plantas ao stress salino. Biol. Planta 43: 491-500.

Foyer CH, Noctor G (2003) Tecnologia de sensores Redox e sinalização de oxigénio reactivo em cloroplastos, mitocôndrias e peroxisomas. Physiologia Plantarum 149:355-369.

J. Matysik, Alia, B. Bhalu e P. Mohanty (2002) Molecular mechanisms of quenching reactive oxygen species by proline under stress in plants. Current Science, Volume 82, No. 5.

Tripatia B e P Gaur (2004) Relação entre o stress oxidativo induzido pelo cobre e pelo zinco e a acumulação de prolina em scenedesmus. Planta 219:319-404.

Chen THH e Murata N (2008) A betaína glicina é um agente protector eficaz contra o stress abiótico nas plantas. Tendências em Fitossanidade Vol.13 No.9 499-505.

Chen THH e Murata N (2002) Improving tolerance to abiotic stress by metabolic engineering of betaines and other compatible solvents. Declaração actual Plant Biol.5: 250-255

Papageorgiou GC e Murata N (1995) O efeito estabilizador invulgarmente forte da glicina betaína sobre a estrutura e função do complexo foto-sistema II revelador de oxigénio. Fotossíntese Res 44:243-252.

Sakamoto A e N Murata (2000) Genetic engineering of glycine-betaine synthesis in plants: current status and implications for improving stress tolerance. J Exp Bot 51:81-88.

Suleyman Allakhverdiev *et al* (2008) Heat stress: a overview of molecular responses in photosynthesis. Res .98 da fotossíntese; 541- 550

Poontariga HARINASUT, Kyoko TSUTSUI, Teruhiro TAKABE, Mika NOMURA, Tetsuko TAKABE und Sachie KISHITANI (1996) ExogenousGlycinebetaine Accumulation and Increased Salt-tolerance in Rice Seedlings Biosc Biotech Biochem, Vol.60 , No.2, pp.366-368.

Weibing Xing, C.B. Rajasheka (1999) Alleviation of water stress in beans by exogenous glycine betaine. Plant Science 148 (1999) 185-195.

Ma QQ, Wong W, Li Hy, Li DQ e Zhou Q (2006) Pulverização foliar de glicina betaína para aliviar a foto-inibição do trigo em estresse hídrico. J Fisiol vegetal 163: 165-175.

X Yang, Z Liang, e C Lu (2005) Genetic engineering of the Biosynthesis of Glycinebetaine Enhances Photosynthesis against High Temperature Stress in Transgenic Tobacco Plants Plant Physiology; 138(4): 2299 - 2309.

Françoise Joset, Robert Jeanjean, Martin Hagemann (1996) Dynamics of the response of cyanobacteria to sal stress: Deciphering the molecular events Physiologia plantarum 96:738-744

Ishitani M *et al*, Regulation of Glycine betaine accumulation in halotolerant cyanobacteria Aphanothecaa halophytica. De J Plant Physiol 20:693-703.

Joset F *et al* (1996) Dynamics of the response of the cyanobacteria to sal stress: dechiffriert molekulare Ereignisse. Physiol Planta 96:738-744.

Papageorgiou GC, Alygizaki-zobra, Ladas N e Murata N (1998) Um método para estudar a osmolalidade citoplasmática e o fluxo de água e matéria osmótica através da membrana celular citoplasmática com uma fluorescência de clorofila. Experiências com o cyanobacterium Synechococcus PCC7942. Physiol Pantarum .103: 215-224.

Yang X *et al* (2007) A modificação genética da biossíntese da glicina betaína aumenta a termotolerância da fotossíntese nas células de cultura do tabaco. Planta 225:719-733.

Alia Sakamoto e Murata N (1998) Improving the tolerance of Arabidopsis by modified genetic modification of the synthesis of glycine betaine, planta J 16155-161,

Sakamoto A und Murata (2002) The role of Glycine betaine in the protection of plants from stress: clues from transgenic clues. Die Umgebung von Pflanzenzellen 25: 163-171.

Sakamoto A e Murata N (2001) A utilização da colina oxidase, uma enzima de síntese de glicina betaína, para criar plantas transénicas resistentes ao stress. Pflanzenphysiol,125:180188.

Mohanty P, Allakhverdiev S e Murata N (2007) A aplicação de baixas temperaturas durante a foto-inibição permite a caracterização da foto-inibição e a reparação do sistema foto-sintético II. fotossíntese Res 94:217-224.

Bruce D und Vasilev S (2004) Excess light stress multiple dissipative processes. capítulo19 Na série AIPH 9 (HerausgeberPapageorgiou, GC und Govindjee) S.498-519, Springer Dodrechat ,Países Baixos

Allahkverdiev S, Los D, Mohanty P, Nishiyama Y e Murata N (2007) Glycine bataine alivia o efeito inibidor do stress térmico moderado na reparação do sistema foto-inibição II durante a foto-inibição. Biochem Biophys Acta 1767:1363-1377

Islam M M, Hoque MA, Okuma, E, Banu MN, Shimoshi Y, Nakamura Y e Murata Y (2009) A prolina exógena e a betaína glicina aumentam as actividades das enzimas antioxidantes e conferem tolerância às células de tabaco cultivadas com cádmio. Jour Plant Physiol (em impressão????)

Lv S. *et al* (2007) Aumentar a síntese da glicina betaína melhora a tolerância à seca do algodão. Mol. raça. 20, 233–248

Park EJ. *et al* (2007) A acumulação de betaína glicina em cloroplastos é mais eficaz do que no citosol para proteger as plantas transgénicas de tomateiro do stress abiótico. O ambiente das células vegetais. 30, 994–1005

Huang, J. *et al.* (2000) Genetic engineering of glycinebetaine production towards enhancing stress tolerance in plants: metabolic limitations. Plant Physiol. 122, 747-756

Lv S. *et al.* (2007) Erhöhung der Glycinbetain-Synthese zur Verbesserung der Dürretoleranz in Baumwolle. Mol. Rasse. 20, 233–248

Quan R. *et al* (2004) Melhorou a tolerância ao arrefecimento por transformação com o gene betA para aumentar a síntese de glicina e betaína no milho. Plant Sci. 166, 141-149.

Quan R. *et al* (2004) O desenvolvimento da síntese melhorada de betaína glicina melhora a tolerância à seca do milho. Biotecnologia vegetal. J.2, 477–486.

Shirasawa K. *et al* (2006) Acumulação de betaína glicina em plantas de arroz exagerando a mono-oxigenase de colina dos espinafres e avaliação da sua tolerância ao stress abiótico Ann. Bot. (Londres) 98, 565-571.

Takabe T. *et al* (1998) Evaluation of the accumulation of glycine betaine for stress tolerance in transgenic rice plants. In Proceedings of International Workshop on Breeding and Biotechnology for Environmental Stress in Rice: Sapporo, Japão, pp. 63-68.

Prasad K.V.S.K. *et al* (2000) A transformação de Brassica juncea (L.) Czern com um gene bacteriano codA aumenta a sua tolerância ao stress salino. Mol. raça. 6, 489–499.

PATOLOGIA INVERTEBRADA COMO FERRAMENTA BIOTECNOLÓGICA PARA O CONTROLO DE MICO-BIO-CONTROLO DE INSECTOS NOCIVOS

Sardul Singh Sandhu e Meera Nair

Laboratório de Biotecnologia Molecular, Centro de Investigação e Desenvolvimento Científico, Grupo do Povo, Bhanpur, Bhopal, M.P. Email:ssandhu@rediffmail. com

A crescente preocupação com os efeitos nocivos dos pesticidas químicos, juntamente com os grandes avanços na biotecnologia, têm encorajado a procura de alternativas de controlo mais seguras e amigas do ambiente, das quais o controlo biológico é uma das mais eficazes. Pode dizer-se que o controlo biológico de pragas envolve a utilização de unidades biológicas para reduzir os danos causados por uma população de pragas.

Menos de um por cento das espécies de insectos conhecidas são consideradas pragas, e controlar estas poucas espécies tem sido um desafio desde o início dos tempos. Embora sejam eficazes, os pesticidas químicos são dispendiosos e proporcionam apenas alívio temporário, uma vez que as capacidades explosivas de reprodução e evolução dos insectos lhes permitem desenvolver mecanismos que são resistentes a estas e outras estratégias de controlo. Para além dos riscos para a saúde humana, também afectam organismos não visados e causam danos irreversíveis ao ambiente. Para que o controlo orgânico se torne parte integrante da agricultura moderna, é necessário alcançar uma série de objectivos, tais como

(i) A selecção e desenvolvimento de agentes biocontroladores superiores.

(ii) O desenvolvimento de um sistema de fermentação para a produção de biomassa.

(iii)O desenvolvimento de sistemas de formulação e entrega compatíveis tanto com os requisitos microbianos como com as práticas agrícolas comuns.

Os fungos parecem ser ideais e demonstraram bom potencial como agente de controlo biológico, principalmente devido à sua elevada capacidade reprodutiva, curto tempo de geração, actividade específica do alvo e capacidade de sobreviver em dormência ou fase saprobica quando não há hospedeiro presente. O pré-requisito básico para a utilização de um fungo entomogénico como agente de controlo microbiano é a susceptibilidade do insecto por um lado e a virulência do fungo por outro lado. Esta última depende da selecção de uma estirpe com eficácia estável e específica para um hospedeiro alvo. Assim, existe um potencial considerável de melhoramento genético para o controlo microbiano.

O amplo espectro hospedeiro de fungos deuteromycetes, em particular *metarhizium* e *beauveria*, são particularmente promissores como agentes de controlo biológico e são actualmente utilizados como micotoxinas. *Beauveria bassisana* e *Metarhizium anisopliae estão* entre os primeiros fungos entomopatogénicos que foram utilizados com sucesso para controlar pragas e doenças de insectos. *Trichoderma* spp., *Gliocladium virens* e *Talaromycetes flarus* têm sido utilizados para controlar os agentes patogénicos de plantas fúngicas transmitidas pelo solo, embora o seu potencial comercial ainda não tenha sido esgotado.

Os recentes desenvolvimentos em técnicas moleculares para a engenharia genética de fungos filamentosos oferecem novas possibilidades para o estudo de fungos utilizados para o controlo biológico. O isolamento dos genes que codificam a patogénese e a virulência permite um exame rigoroso do seu papel na patogénese e deve fornecer uma base racional para a melhoria da estirpe por engenharia genética.

O conhecimento sobre a patogénese fúngica do controlo de pragas microbianas ainda é incompleto. Contudo, o desenvolvimento de técnicas de biologia molecular para fungos entomopatogénicos tais como *Beauveria bassiana* e *Metarhizium anisopliae,* juntamente com a clonagem de genes que codificam determinantes da patogénese putativa, criarão outros potenciais candidatos para o controlo destas notórias pragas. A investigação neste campo dependerá inevitavelmente do desenvolvimento de técnicas sensíveis de monitorização do comportamento ambiental de estirpes recombinantes para o controlo de pragas.

INTRODUÇÃO

O controlo biológico de pragas é um meio ambientalmente saudável e eficaz de reduzir ou mitigar os efeitos de pragas e pestes através da utilização de inimigos naturais. De acordo com uma estimativa recente do Ministério da Agricultura da União, os danos relacionados com pragas resultam numa perda anual estimada de 50.000 Rs na produção agrícola no campo e no armazenamento na Índia. O controlo biológico de pragas é a utilização de processos biológicos para reduzir a densidade de insectos com o objectivo de reduzir a actividade de produção de doenças e, consequentemente, os danos às culturas (Chet 1987, Chet *et al.*, 1993). Oferece uma alternativa atraente ou suplemento ao uso de pesticidas químicos.

Em condições naturais, os fungos são o factor de mortalidade natural frequente e muitas vezes importante nas populações de insectos. Todos os grupos de insectos podem ser afectados e mais de 700 espécies de fungos foram registadas como agentes patogénicos. Algumas espécies são agentes patogénicos generalistas facultativos, tais como *Aspergillus* e *Fusarium*. No entanto, a maioria das espécies são agentes patogénicos compulsivos, muitas vezes bastante específicos e raramente encontrados, por exemplo, muitas espécies de *cordyceps*. Ao contrário de outros potenciais agentes de controlo biológico, os fungos não precisam de ser ingeridos para infectar os seus hospedeiros, mas penetram directamente através da cutícula e podem, portanto, ser potencialmente utilizados para controlar todos os insectos, incluindo os insectos sugadores. Desde os anos 60, um número considerável de micosecticidas e micocaricidas tem sido desenvolvido em todo o mundo.

Os produtos à base de *Beauveria bassiana* (33,9 %), *Metarhizium anisopliae* (33,9 %), *Isaria fumosorosea* (5,8 %) e *B. brongniartii* (4,1 %) são os mais comuns entre os 171 produtos (de Faria e Wraight, 2001). Cerca de 75% de todos os produtos listados estão actualmente registados, sob registo ou disponíveis comercialmente, enquanto 15% já não estão disponíveis. A maioria dos alvos são insectos das ordens Hemiptera, Coleoptera, Lepidoptera, Thysanoptera e Orthoptera. A investigação centrou-se nos esporos assexuados (conidia) relativamente fáceis de produzir dos géneros Hifomycetes *Metarhizium*, *Beauveria*, *Verticillium* e *Paecilomyces*. Estes fungos têm um amplo espectro hospedeiro, embora exista uma considerável diversidade genética dentro da espécie e alguns dados revestidos mostram um elevado grau de especificidade (Driver *et al.* , 2000). Por exemplo, o *Metarhizium anisopliae* var. *acridum* (Motorista e Milner) só é eficaz contra insectos que picam (gafanhotos e gafanhotos). Os micosecticidas comerciais à base de *Beauveria bassiana* são relativamente estáveis em comparação com outros insecticidas biológicos.

Agentes de biocontrolo

Diferentes tipos de organismos, incluindo microrganismos patogénicos - vírus, bactérias, fungos, protozoários e nematódeos - são utilizados como agentes biocontroladores.

1. **Insectos parasitas** - Organismos vivos que permanecem em estreito contacto com os seus hospedeiros e que gradualmente obtêm a sua comida do hospedeiro. Vivem e alimentam-se interna ou externamente no seu hospedeiro, por exemplo, *Trichogramma chilonis*, *Epiricania melanoleuca*

2. **Insectos predadores** - insectos que matam e comem as suas presas, **por exemplo**, *Chrysoperla carnea*, *Cryptolaemus montrouzieri*

3. Microrganismos que causam doenças em pragas e inibem os fungos nocivos. **Bactérias :** *Bacillus thuringensis*

   Fungos: *Trichoderma, Nomuraea, Paecilomyces, Verticilium, Metarhizium*

   Vírus : N.P.V. (vírus da poliedrose nuclear)

Potenciais de fungos entomopatogénicos para controlo de pragas biológicas

A palavra entomógena foi derivada de duas palavras gregas, "*entomon*" significa insectos e "*genes*" significa "*genes*" que surgem em. Assim, o significado etimológico de microrganismo entomogéneo é "microrganismos que surgem nos insectos". A capacidade destes microrganismos entomogénicos de induzir um certo grau de controlo natural ou microbiano de insectos nocivos está directamente relacionada com o bem-estar humano e, por isso, tem atraído a atenção de entomologistas, microbiologistas e biólogos moleculares nos últimos anos.

Vários entomopatógenos, quando introduzidos em condições de inundação numa vasta gama de habitats, podem proporcionar um controlo eficaz a curto e longo prazo. A integração mais favorável de agentes patogénicos, predadores, reguladores do crescimento de insectos e insecticidas convencionais pode dar-nos o controlo a longo prazo de doenças graves transmitidas por vectores. Ao mesmo tempo, foram tomadas medidas para melhorar as estirpes de entomopatógenos através de várias abordagens biotecnológicas para um controlo microbiano eficaz dos insectos nocivos.

Beauveria sp

Beauveria bassiana é um fungo que cresce naturalmente em solos de todo o mundo e actua como parasita em várias espécies de insectos, causando a doença da muscardina branca; é por isso um dos fungos entomopatogénicos. É utilizado como insecticida biológico para controlar uma série de pragas tais como térmitas, moscas brancas e mosquitos transmissores da malária (Donald e McNeil, 2005). *B. bassiana* é o anamorfo (forma de reprodução assexuada) do *Cordyceps bassiana*. Este último teleomorfo (a forma de reprodução sexual) só foi recolhido na Ásia Oriental (Li *et al.*, 2001). O nome *B. bassiana tem* sido usado há muito tempo para descrever um complexo de espécies morfologicamente semelhantes e intimamente relacionadas. Rehner e Buckley (2005) mostraram que *B. bassiana* consiste em muitas linhas diferentes que devem ser reconhecidas como espécies filogenéticas diferentes. Este fungo omnipresente é há muito conhecido como sendo o agente patogénico mais comum na natureza para doenças associadas a insectos mortos e moribundos (Macleod, 1954) e tem sido estudado a nível mundial como agente de controlo microbiano para espécies hipogénicas (Ferron, 1981). Muitos gorgulhos com um estádio larval sub-terránico são muito susceptíveis a esta doença do moscardo branco (Beavers *et al.*, 1983). Como muitas espécies de fungos entomogénicos, *B. bassiana* consiste em muitas variantes geneticamente distintas associadas à localização geográfica e ao hospedeiro, que diferem significativamente na sua capacidade de patogénese. Como insecticida, os esporos são pulverizados como suspensão emulsionada ou pó molhável em culturas afectadas ou aplicados em redes mosquiteiras como agente de controlo da malária. *B. bassiana* parasita um espectro muito amplo de hospedeiros de artrópodes e é, portanto, considerado um insecticida biológico não selectivo.

Paecilomyces **sp.**

Paecilomyces é um género de fungos nematófagos que matam os nematódeos nocivos por patogénese e assim causam doenças nos nematódeos. Portanto, o fungo pode ser utilizado como um bio-nematicida para controlar os nematódeos, aplicando-o no solo. *Paecilomyces lilacinus* (Thom.) Sansão infecta e assimila principalmente ovos de nódulos radiculares e nemátodos de quisto. O fungo tem sido objecto de extensa investigação de controlo biológico desde a sua descoberta como agente de controlo biológico em 1979. *Paecilomyces fumosoroseus* (Wize) Brown & Smith (Hyphomycetes) é um dos mais importantes inimigos naturais da mosca branca em todo o mundo e causa a doença "yellow muscardine" (Nunez et al., *2008).*

Foi relatado um forte potencial epizoótico contra *Bemisia* e *Trialeurodes* spp. tanto na estufa como no campo (Wright, 2000). Diz-se que *P. lilacinus* tem o maior potencial para utilização como agente biocontrolador em solos agrícolas subtropicais e tropicais" (Wright, 2000). A capacidade deste fungo de crescer extensivamente sobre a superfície da folha em condições húmidas é uma característica que certamente melhora a sua capacidade de se espalhar rapidamente nas populações de mosca branca (Wright, 2000).

Sob certas condições, as epizootias naturais destes fungos suprimem as populações de *Bemisia tabaci*. As epizootias causadas por *Paecilomyces fumosoroseus* também levam a um declínio significativo das populaçõcs dc *B.* tabaci durante ou imediatamente após as estações chuvosas ou mesmo durante longos períodos de frio, condições húmidas no campo ou estufa (de Faria and Wraight, 2001). No entanto, em geral, não se pode confiar na epizootia para controlar os fungos que ocorrem naturalmente. Apenas algumas espécies fúngicas são capazes de causar elevada mortalidade e o desenvolvimento de epizootias naturais, que não só dependem das condições ambientais, mas também são influenciadas por várias práticas de cultivo de plantas. Além disso, as epizootias ocorrem frequentemente após já terem ocorrido lesões intensivas de moscas brancas (Faria e Wraight, 2001).

Kim *et al* (2002) relataram que *P. fumosoroseus* é mais adequado para controlar as ninfas das moscas brancas. Estes fungos cobrem o corpo da mosca branca com fios de micélio e colam-nos à parte de baixo das folhas. As ninfas têm um aspecto "tipo pena" e estão rodeadas por micélios e conídios (Nunez *et al.,* 2008).

verticilium lecânico

Verticilium lecanii é um fungo generalizado que pode causar grandes epizootias em regiões tropicais e subtropicais e em ambientes quentes e húmidos (Nunez *et al.*, 2008). Kim *et al* (2002) relataram que *V. lecanii* é um agente de controlo biológico eficaz contra *Trialeurodes vaporariorum* em estufas sul-coreanas. Este fungo infesta ninfas e animais adultos que aderem à parte inferior das folhas com a ajuda de um micélio filamentoso (Nunez et *al.*, 2008). Nos anos 70, *Verticillium lecanii* foi desenvolvido para controlar a mosca branca e vários afídeos, incluindo afídeos verdes de pêssego (*Myzus persicae*) para utilização em crisântemos de estufa (Hamlem 1979).

O fungo foi considerado o principal parasita causador de um declínio maciço das populações de nemátodos de quisto dos cereais em monoculturas de culturas susceptíveis (Kerry *et al.* ,1982). *Verticillium chlumydosporiuwz* tem um amplo espectro hospedeiro entre os nemátodos de cistos e de nós radiculares, mas é altamente variável e apenas alguns isolados podem ter potencial como agentes de controlo biológico comercial.

Nomuraea sp.

O fungo, *Nomuraea rileyi*, é um hífen dimórfico que pode levar à morte epizoótica em vários insectos. Foi demonstrado que muitas espécies de insectos pertencentes às borboletas (Lepidoptera), incluindo *Spodoptera litura* e algumas pertencentes aos *coleópteros*, são susceptíveis a *N. rileyi* (Ignoffo, 1981). A especificidade do hospedeiro *N. rileyi* e a sua natureza amiga do ambiente favorecem a sua utilização no controlo de pragas. Embora o seu modo de infecção e desenvolvimento tenha sido relatado para vários hospedeiros de insectos tais como *Trichoplusiani, Heliothis zea, Plathypena scabra, Bombyx mori, Pseudoplusia includens* e *Anticarsia gemmatalis*, não há relatório semelhante para *S. litura* (Srisukchayakul *et al.*, 2005).

Modo de acção do fungo entomopatogénico

Entre os microrganismos, os fungos entomopatogénicos representam o maior grupo único de agentes patogénicos dos insectos. Tais fungos insecticidas são muito rapidamente reconhecidos como patogénicos nos insectos. Os fungos entomogénicos são agentes de controlo biológico promissores para um certo número de pragas vegetais. Várias espécies da ordem Lepidoptera, Coleoptera, Homoptera, Hymenoptera e Diptera são susceptíveis a várias infecções fúngicas. Os fungos entomopatogénicos têm grande potencial como agentes de controlo, pois formam um grupo de mais de 750 espécies que, quando disseminados no ambiente, provocam infecções fúngicas em populações de insectos.

O processo de infecção pode ser dividido em três fases. (1) Aderência e germinação de esporos na cutícula do insecto. (2) Penetração dos esporos na hemocoell através da excreção de várias enzimas como a lipase, a quitinase e a protease.

(3) Desenvolvimento de um fungo que leva à morte do insecto (Bhattacharyya *et al.*, 2004) Estes fungos começam o seu processo infeccioso quando os esporos são retidos na superfície do revestimento uterino, onde começa a formação do tubo germinal, e o fungo começa a secretar enzimas tais como proteases, quitinases, quitobiases, lipases e lipoxigenases. *V. lecanii* só consegue penetrar a cutícula do insecto com o tubo germinativo, enquanto que *M. anisopliae* e *B. bassiana* produzem hifas de infecção específica que têm origem na appressoria. Após uma penetração bem sucedida, o fungo é então distribuído na hemolinfa pela formação de blastospores (Bhattacharyya *et al.*, 2004).

Em todo o mundo, estão a ser realizados vários estudos para diferenciar as diferentes enzimas necessárias para o mecanismo dos entomopatógenos. *Metarhizium anisopliae, M. flavovrdiae, Paecilomyces farinosus, Beauveria bassiana* e *B. brongniartii*. A especificidade do hospedeiro pode ser associada ao estado fisiológico do sistema hospedeiro (i.e. maturação do insecto e da planta hospedeira) (McCoy *et al.*, 1988), às propriedades da casca do insecto com as necessidades nutricionais do fungo (Kerwin e Washino, 1986) e à defesa celular do hospedeiro (Amer *et al.*, 2008). Ao contrário das bactérias e vírus que penetram na parede intestinal a partir de alimentos contaminados, os fungos têm uma via única de infecção. Alcançam a hemocoel através da cutícula.

Os fungos entomopatogénicos são importantes porque são virulentos, são infectados pelo contacto e persistem no ambiente durante um longo período de tempo. Podem ser produzidos em massa em meios líquidos ou sólidos. A maioria dos fungos entomopatogénicos são parasitas facultativos que existem como saprotrofos e podem, portanto, ser cultivados separadamente dos hospedeiros vivos. Alguns grupos são parasitas obrigatórios que devem ser cultivados em hospedeiros vivos. A introdução de agentes patogénicos fúngicos na população hospedeira desencadeia a epizoótica e previne ou reduz os danos causados pela praga. A introdução de epizootias artificiais foi realizada para um controlo a longo prazo, especialmente em áreas com elevada humidade. Existem vários mecanismos de defesa nos insectos que impedem a penetração e o crescimento do fungo. O mecanismo mais comum é a melanização da cutícula no local da infecção.

Os fungos entomopatogénicos ou mostram um espectro hospedeiro muito amplo como *M. anisopliae, B. bassiana* ou têm um espectro hospedeiro muito estreito como *Aschersonia* spp.

Estudos moleculares sobre fungos entomopatogénicos

A introdução de ferramentas baseadas na PCR para a caracterização de organismos fez avançar muito a compreensão das filogenias e espécies em fungos entomopatogénicos, especialmente em *B. bassiana* e *M. anisopliae*. Estes fungos têm atraído grande interesse devido ao seu potencial como agentes biocontroladores de pragas. Foram utilizados vários métodos não específicos baseados em ADN especificamente em *Beauveria* (Glare, 2004). O ADN polimórfico aleatoriamente amplificado (RAPD) tem sido utilizado em muitos estudos. Baseia-se na utilização de iniciadores gerais curtos que se ligam a regiões não especificadas no ADN modelo, enquanto que a PCR com iniciadores universais (UP) se baseia em iniciadores gerais mais longos e numa temperatura de ligação mais elevada, o que a torna mais robusta em termos de reprodutibilidade (Bulat *et al.* , 1998; Bulat *et al.* , 2000; Lübeck *et al.* , 1999). A UP-PCR foi utilizada para separar os isolados simpáticos de *Beauveria* na Dinamarca e para classificar os isolados em grupos genéticos (Meyling e Eilenberg, 2006). Para estudos ecológicos, foi utilizado ADN polimórfico amplificado randomizado (RAPD) em combinação com métodos específicos para isolar genótipos de *M. anisopliae* do solo canadiano (Bidochka *et al.*, 2001) e para relacionar estes genótipos com a origem do isolamento. Thakur *et al* (2005) examinaram quarenta e oito isolados de estirpes nativas de *B. bassiana* da Índia central usando zimografia protease e análise RAPD. A elevada diversidade genética e bioquímica foi demonstrada com um claro grupo de estirpes de hospedeiros de lepidópteros e de insectos coleópteros.

Foram também utilizadas diferentes estratégias para a análise - PCR-RFLPs (Polimorfismo de Comprimento de Fragmento de Restrição), AFLPs (Polimorfismo de Comprimento de Fragmento Amplificado). A digestão de produtos PCR de regiões específicas de ADN, tais como genes ou ITS (espaçador interno transcrito), com enzimas de restrição, produz fragmentos de tamanho variável. Estes PCR-RFLPs (Restiction Fragment Length Polymorphism) foram utilizados para a caracterização tanto de espécies *Beauveria* como de Metarhizium (Bidochka *et al.* , 2001). *B. bassiana* e *M. anisopliae* (de Muro *et al.* , 2003; Inglis *et al.* , 2008; de Muro *et al.* , 2005) foram caracterizados por AFLP (Amplified Fragment Length Polymorphism), Inter-Simple-Sequence Repeats (ISSR) PCR, Simple-Sequence Repeats (SSRs) ou microssatélites. As sequências espaciais internas transcritas (ITS) são amplamente utilizadas na sistemática fúngica (Bowman *et al.*, 1992; Driver *et al.*, 2000). No caso do género *Paecilomyces, a* análise das sequências do gene do rRNA da subunidade grande e pequena já indicou a polifilidade do género (Obornik *et al.*, 2001; Inglis e Tigano, 2006). O recente desenvolvimento de micro-marcadores por satélite (Rehner e Buckley, 2003; Enkerli *et al.*, 2005) proporcionou certamente uma visão da ecologia da população de

B. bassiana e *M. anisopliae*. *B. bassiana* foi associado às plantas como um fungo endófito (Arnold e Lewis, 2005), e *M. anisopliae* demonstrou estar associado à rizosfera das plantas (Hu e St. Leger, 2002). A análise EST (Expressed Sequence Tag) do fungo entomopatogénico *Beauveria* (*Cordyceps*) *bassiana foi* investigada utilizando as bibliotecas cDNA (Cho *et al.*, 2006). As análises EST de duas subespécies de *M. anisopliae* mostraram diferentes padrões de expressão de proteases e factores de patogenicidade. Estes padrões de expressão levaram à capacidade de estudar a expressão genética durante a infecção em diferentes hospedeiros de insectos (Freimoser *et al.* , 2003, 2005).

Uso comercial de fungos entomopatogénicos

Entre 800 espécies de fungos entomopatogénicos, várias espécies estão comercialmente disponíveis para aplicação no campo, como se pode ver no Quadro 1 abaixo

Produto	Cogumelo		Eficaz contra
Verelac	*Verticillium lecani*		Pestes sugadoras
Beevicídio	*Beauveria bassiana*		Pragas do tipo borragem
Grubkill	Fungos e seleccionadas.	bactérias	Vermes borrachudos e pragas sugadoras

Produto	Organismo	Alvo
Pelicide	*Paecilomyces lilacinus*	Nematode
Bioter	*Verticillium lecani* & agentes bacterianos	Térmitas
Biomit	*lecani* e outros organismos entomopatogénicos	ácaro
Naturalis-O™ and BotaniGard™	*Beauveria bassiana*	White flies
Trypae Mix	*Trichoderma* e *Paecilomyces*	and Nematódeos no solo.

Quadro 1: Produtos de biocontrolo comercialmente disponíveis

CONCLUSÃO

Os agentes de controlo biológico têm uma actividade generalizada e a sua eficácia é influenciada pelo grau de infestação por nemátodos, a planta hospedeira e outros factores bióticos e abióticos. A importância destes factores precisa de ser esclarecida para que as taxas de aplicação e os métodos possam ser desenvolvidos de modo a fornecer inóculos suficientes para um controlo eficaz do nemátodo em diferentes condições. Os fungos entomopatogénicos são um dos organismos importantes, uma vez que existem várias vantagens em utilizar estes agentes patogénicos fúngicos como pesticidas. Com a ajuda da engenharia genética e da biotecnologia moderna, podemos manipular as propriedades desejadas para melhorar a actividade de campo de muitos fungos.

REFERÊNCIAS

Amer MM, El-Sayed TI, Bakheit HK, Moustafa SA, Yasmin A El-Sayed (2008) Patogenicidade e variabilidade genética de cinco fungos entomopatogénicos contra *Spodoptera littoralis* Res. Agric. & Biol. Sci., 4(5): 354-367

Arnold AE, Lewis LC (2005) Ecologia e evolução dos endófitos fúngicos e os seus papéis contra os insectos. In: Insekten-Pilz-Assoziationen: Ökologie und Evolution (Hrsg. Vega

F.E. und Blackwell M.), Oxford University Press S. 74-96.

Beavers JB, McCoy CW, Capelão DT (1983) Natural enemies of the larvae of underground *Diaprepes abbbreviatus* (Coleoptera: Curculionidae) in Florida's environmental entomology 12: 840-843

Bhattacharyya A, Samal AC, Kar S (2004) Fungo entomófago no controlo de pragas. Carta de imprensa, Volume 5: 12

Bidochka MJ, Kamp AM, Lavender TM, Dekoning J, De Croos JNA (2001) Habitat association in two genetic groups of the insect-pathogenic fungus *Metarhizium anisopliae*: Revealing cryptic species? Microbiologia Aplicada e Ambiental 67, 1335-

Bowman BH, Taylor JW, Brownlee AG, Lee J, Lu SD e White TJ (1992) Molecular evolution of fungi: relationship of *basidiomycetes*, *ascomycetes* and *chytridiomycetes*. Mol Biol Evol 9:285-296.

Bulat SA, Lübeck M, Aljechina IA, Jensen DF, Knudsen IMB, Lübeck PS (2000). Identificação de um marcador de região amplificado sequencialmente caracterizado derivado de uma PCR universalmente preparada para uma estirpe antagonista de *Clonostachys rosea* e desenvolvimento de um teste de detecção PCR específico da estirpe. Microbiologia Aplicada e Ambiental, 66:4758-4763

Bulat SA, Lübeck M, Mironenko N, Jensen DF, Lübeck PS (1998) Análise UP-PCR e ribotipagem ITS1 de *estirpes de Trichoderma* e *Gliocladium*. Investigação micológica, 102:933-943.

Chet I (1987) Aplicação, modo de acção e potencial do *Trichoderma* como agente biocontrolador de fungos patogénicos vegetais no solo In: Abordagens inovadoras para controlar as doenças das plantas. Chet I (Ed.) John Wiley and Sons New York: 137-160

Chet T, Schichler H, Haran S, Appenheim AB (1993) Cloned chitinase e o seu papel no controlo biológico dos fungos patogénicos das plantas Simpósio internacional sobre a enzimologia da quitina. Senigalia Itália 47-48

Cho EM, Liu L, Farmerie W, Keyhani NO (2006) Análise EST das bibliotecas cDNA do fungo entomopatogénico Beauveria (Cordyceps) bassiana. I. Detecção da expressão genética em fase específica da conidia do ar, blastospores in vitro e conidia submersa. Microbiologia 152:2843-2854

de Faria M, Wraight SP (2001) Biological control of *Bemisia tabaci* with fungi. Crop Protection Volume 20, edição 9, Novembro de 2001, páginas 767-778.

de Muro MA, Elliott S, Moore D, Parker BL, Skinner M, Reid W, El Bouhssini M (2005) Caracterização molecular de *Beauveria* bassiana isolados obtidos de áreas de Inverno de pragas Sunn (espécies *Eurygaster* e Aelia). Investigação micológica, 109:294-306.

de Muro MA, Mehta S, Moore D (2003) A utilização de polimorfismo amplificado de comprimento de fragmento para análise molecular de *Beauveria bassiana* isolados do Quénia e outros países, e a sua correlação com o hospedeiro e a origem geográfica. FEMS Mikrobiologie Briefe 229:249- 257.

Donald G. McNeil Jr. (2005) Fungus Fatal to Mosquito May Aid Global War on Malaria, *The New York Times*, 10. Juni

Fahrer F, Milner RJ e Trueman JWH (2000) Uma revisão taxonómica do *metarhizium* baseada na análise filogenética dos dados da sequência rDNA. Mycol Res 104:143-150.

Enkerli J, Kölliker R, Keller S, Widmer, F (2005) Isolamento e caracterização de marcadores de microssatélites a partir do fungo entomopatogénico *Metarhizium anisopliae* Ecologia molecular Notas 5 (2):384-386

Ferron P (1981) Pest control by the fungi *Beauveria* and *Metarhizium* . Capítulo 24 In: Microbial control of insects and mites (Burgess H.D. Ed.) Academic Press New London pp. 465-482

Freimoser FM, Hu G, St. Leger RJ (2005) Variation in gene expression patterns as the insect pathogen *Metarhizium anisopliae* adapta-se *in vitro* a diferentes cutículas hospedeiras ou privação de nutrientes. Microbiologia 151:361-371

Freimoser FM, Screen S, Bagga S, Hu G, St Leger RJ (2003) A análise EST (Expressed Sequence Tag) de duas subespécies de *Metarhizium anisopliae* revela uma riqueza de proteínas secretadas com actividade potencial em hospedeiros de insectos. Microbiologia 149:239-247 Glare TR, Reay SD, Nelson TL, Moore R (2008) *Beauveria caledonica* é um agente patogénico natural dos escaravelhos florestais. Mycological Research Volume 112(3), 352-360 Hamlen, RA (1979) Biological control of insects and mites on European greenhouse crops: research and commercial implementation. Proc. fla. Estado de Hort. Soc. 92: 367- 368.

Hu G, St. Leger J, (2002) Estudos de campo com um insecticida de micotoxinas recombinantes (*Metarhizium anisopliae*) mostram que é competente para a rizosfera. Aplicar. ambiente. Microbiol. 68:6383-6387

Ignoffo CM (1981) O fungo *Nomuraea rileyi* como insecticida microbiano: fungos. In: Microbial control of pests and plant diseases 1970-1980 1st (Ed. von Burges HD), pp. 513-38 Academic Press, Londres

Inglis GD, Duke GM, Goettel MS, Kabaluk JT (2008) Genetic diversity of *metarhizium anisopliae* var. *anisopliae* in southwestern British Columbia. Journal of Invertebrate Pathology 98:101-113.

Inglis PW, Tigano MS (2006) Identificação e taxonomia de algumas *Paecilomyces* spp. entomopatogénicas (Ascomycota) isoladas usando sequências rDNA-ITS Genética. Mol. Biol. volume 29 (1) São Paulo

Kerry BR, Crumph D, Mullen A (1982) Studies on the cereal cyst nematode, *Heterodera avenue* under continuous cereal, 1975-1978; II. fungal parasitism of fungal females and eggs. Ann. Aplicar. Biol., 100: 489-499.

Kerwin JL, Washino RK (1986) Oosporogénese por indução e maturação de

Lagenidium giganteum são regulados por cálcio e calmodulin. Pode. J. Microbiol, 32(8): 663- 672.

Kim JJ, Lee MH, Yoon CS, Kim HS, Yoo JK, Kim KC (2002) Control of Cotton Aphid and Greenhouse Whitefly with a fungal pathogen. Zeitschrift des National Institute of Agricultural Science and Technology, (NIAST): Coreia.

Li ZZ, Li CR, Huang B, Fan MZ (2001) "Discovery and demonstration of teleomorphism of Beauveria *bassiana (Bals.)* Vuill., an important entomogenic fungus". *Boletim científico chinês* 46: 751-3.

Lübeck M, Aljechina IA, Lübeck PS, Jensen DF, Bulat SA (1999) Differentiation of *Trichoderma harzianum* into two different genotypic groups by a very robust fingerprinting method, UP-PCR, and cross-hybridization of UP-PCR products. Investigação micológica, 103:289-298.

McCoy GW, Samson RA, Boucias DG (1988) Entomogenic fungi in "CRC Handbook of Natural Pesticides, Part A. Entomogenous Protozoa and fungi" (C.M. Ignoffo, ed.), Mcleod DM (1954) Investigations on the genera *Beauveria* Vuill. and *Tritirachium* Limber. Jornal Canadiano de Botânica. 32:818-890

Meyling NV, Eilenberg J (2006) Isolamento e caracterização de *Beauveria* bassiana isola de filoplanos de vegetação de sebe. Investigação micológica 110:188-195. Nunez E, Iannacone1 J, Gomez H (2008) Efeito de dois fungos entomopatogénicos no controlo de *Aleurodicus cocois* (Curtis, 1846) (Hemiptera: Aleyrodidae). A chilena J. Agric. Res.Volume 68 (1)

Obornik M, Jirku M, Dolezel D (2001) Phylogeny of mitosporic entomopathogenic fungi: Is the genus *Paecilomyces* polyphytic? Lata J microbiol 47:813-819.

Rehner SA, Buckley E (2005) "A *Beauveria phylogeny* derived from ITS and EF1-{alpha} nuclear sequences: evidence of cryptic diversification and links to *cordyceps teleomorphs*". Mycologia 97: 84-98.

Rehner SA, Buckley EP (2003) Isolamento e caracterização de loci microsatélite do fungo entomopatogénico *Beauveria bassiana* (Ascomycota :Hypocreales). Notas sobre ecologia molecular, 3:409-411

Srisukchayakul P, Wiwat C, Pantuwatanac S (2005) Estudos sobre a patogénese dos isolados locais de *Nomuraea rileyi* contra a *Spodoptera litura*. Science Asia 31:273-276

Thakur R, Rajak RC, Sandhu SS (2005) Características bioquímicas e moleculares de estirpes nativas do fungo entomopatogénico *Beauveria bassiana* da Índia central. Ciência e Tecnologia de Biocontrolo. 15 (7):733-744

Wright SP, Carruthers RI, Jaronski ST, Bradley CA, Garza CJ, Wraight SG (2000) Evaluation of the entomopathogenic fungi *Beauveria bassiana* and *Paecilomyces fumosoroseus* para o controlo microbiano da mosca branca, *Bemisia argentifolii*. Controlo Biológico 17, 203-217.

Tabela de Conteúdos

Printed by Books on Demand GmbH, Norderstedt / Germany